Methodik zur branchen- und anwendungszentrierten Konzeptionierung von Laser Powder Bed Fusion Maschinen

Methodology for Industry and Application-centric Conceptional Design of Laser Powder Bed Fusion Machines

Von der Fakultät für Maschinenwesen
der Rheinisch-Westfälischen Technischen Hochschule Aachen
zur Erlangung des akademischen Grades eines
Doktors der Ingenieurwissenschaften
genehmigte Dissertation

vorgelegt von

Stephan Ziegler

Berichter/in:

Univ.-Prof. Dr.-Ing. Dipl.-Wirt.-Ing. Johannes Henrich Schleifenbaum
Univ.-Prof. Dr.-Ing. habil. Gerd Witt

Tag der mündlichen Prüfung: 03. November 2022

ERGEBNISSE AUS DER ADDITIVEN FERTIGUNG

Stephan Ziegler

Methodik zur branchen- und anwendungszentrierten Konzeptionierung von Laser Powder Bed Fusion Maschinen

Herausgeber:
Univ.-Prof. Dr.-Ing. Dipl.-Wirt.-Ing. Johannes Henrich Schleifenbaum

dap Digital Additive Production | RWTH AACHEN UNIVERSITY

Bibliografische Information der Deutschen Nationalbibliothek
Die Deutsche Nationalbibliothek verzeichnet diese Publikation in der Deutschen Nationalbibliografie; detaillierte bibliografische Daten sind im Internet über https://portal.dnb.de abrufbar.

Stephan Ziegler:

Methodik zur branchen- und anwendungszentrierten Konzeptionierung von Laser Powder Bed Fusion Maschinen

1. Auflage, 2022

Gedruckt auf holz- und säurefreiem Papier, 100% chlorfrei gebleicht.

Apprimus Verlag, Aachen, 2022
Wissenschaftsverlag des Instituts für Industriekommunikation und Fachmedien an der RWTH Aachen
Steinbachstr. 25, 52074 Aachen
Internet: www.apprimus-verlag.de, E-Mail: info@apprimus-verlag.de

Druck: CPI Druckdienstleistungen GmbH, Ferdinand-Jühlke-Straße 7 I 99095 Erfurt

ISBN 978-3-98555-126-2

D 82 (Diss. RWTH Aachen University, 2022)

Danke

Zusammenfassung

Moderne und innovative Fertigungstechnologien, wie das Additive Manufacturing (AM), spielen eine wichtige Rolle bei der Produktion nachhaltiger kundenindividueller kostenoptimaler Produkte. Diese Fertigungstechnologien versprechen eine ressourcenschonende, werkzeuglose Herstellung von nahezu beliebig komplexen Produkten mit einem hohen Maß an Flexibilität hinsichtlich Größe, Stückzahl und Material für vielfältige Anwendungen. Hierbei hat das laser- und pulverbettbasierte Verfahren Laser Powder Bed Fusion (LPBF) zur Herstellung metallischer Funktionsbauteile eine zentrale Bedeutung.

Bedingt durch die zunehmende Industrialisierung des LPBF in den letzten Jahren, wird der Bedarf einer Integration in ein bestehendes, auf konventionellen Fertigungstechnologien basierendes Produktionsumfeld für eine wirtschaftliche Fertigung größer. Dadurch bedingt ändern sich die Anforderungen an LPBF-Produktionsmaschinen verstärkt und der Druck auf die Maschinenhersteller zur Erfüllung dieser Anforderungen durch eine passende, unternehmerisch sinnvolle Maschinentechnik steigt zunehmend.

Zur vollen Ausschöpfung der wirtschaftlichen und technologischen Potenziale von LPBF sowie zu dessen Etablierung in der Produktion müssen bereits bei der Konzeptionierung von neuen LPBF-Produktionsmaschinen Anforderungen von den herzustellenden Produktprogrammen, aber auch von den diese Maschinen nutzenden Anwendern und Branchen berücksichtigt werden.

Das Ziel der vorliegenden Arbeit ist somit die Entwicklung und Validierung einer praxisnahen Methodik zur systematischen Ermittlung von Anforderungen zur Konzeptionierung von branchen- und anwendungsspezifischen LPBF-Produktionsmaschinen unter Berücksichtigung produktionstechnischer und wirtschaftlicher Kenngrößen aus Sicht des Maschinenbetreibers.

Der Fokus liegt hierbei auf der frühen Phase der Produktentwicklung (insbesondere Produktplanung, Aufgabenklärung und Konzipierung), um inkonsistente Entwicklungspfade schnell evaluieren sowie redundante oder konträre Aktivitäten vermeiden zu können. Die Methodik soll damit einen Beitrag zur Aufwandsreduzierung und eine damit einhergehende Verkürzung der Time-to-Market bei den Maschinenherstellern erlauben. Neben klassischen Kundenanforderungen werden ebenfalls produktionstechnische (z. B. Produktionsleistung) und wirtschaftliche (z. B. Volumenkosten) Kenngrößen basierend auf dem Produktprogramm des Maschinenbetreibers zur gezielten Entwicklung der Maschinentechnik verwendet.

Die entwickelte Methodik dient dabei den Anwendern einerseits zur Vereinfachung der Entscheidungsfindung bei der Erfassung und Auswahl der relevanten Kundenanforderungen und der Abgrenzung zu Wettbewerberprodukten. Anderseits kann der Anwender geeignete Maschinentechnik für die jeweilige Branche bzw. Anwendung auswählen, womit ein Beitrag zur produktionstechnischen Positionierung des Kunden geleistet wird.

Summary

Modern and innovative manufacturing technologies, such as Additive Manufacturing (AM), play an important role in the production of sustainable, customized, cost-optimized products. These manufacturing technologies promise resource-saving, tool-free production of almost any complex product with a high degree of flexibility in terms of size, quantity and material for a wide range of applications. The laser- and powder bed-based Laser Powder Bed Fusion (LPBF) process for the production of metallic functional components is of particular importance in this context.

Due to the increasing industrialization of LPBF in recent years, the need for integration into an existing production environment based on conventional manufacturing technologies is increasing for economical production. As a result, the requirements for LPBF production machines are changing more and more, and the pressure on machine manufacturers to meet these requirements with suitable, economically reasonable machine technology is increasing.

In order to fully exploit the economic and technological potential of LPBF and to establish it in production, the requirements of the product programs to be manufactured, as well as of the users and industries using these machines, must already be considered in the conception of new LPBF production machines.

The aim of this thesis is therefore the development and validation of a application-oriented methodology for the systematic determination of requirements for the conception of industry- and application-specific LPBF production machines, taking into account production and economic indicators from the view of the machine operator.

The focus is on the early phase of product development (in particular product planning, task clarification and conceptual design) in order to quickly evaluate inconsistent development paths and avoid redundant or contradictory activities. The methodology is thus intended to contribute to a reduction in effort and a concomitant shortening of the time-to-market for machine manufacturers. In addition to classic customer requirements, production (e.g. production efficiency) and economic (e.g. volume costs) indicators based on the product programs of the machine operator are also used for the focused development of the machine technology.

The developed methodology serves the user on the one hand to simplify the decision-making process in the collection and selection of relevant customer requirements and differentiation from competitor products. On the other hand, the user can select suitable machine technology for the respective industry or application, thus contributing to the positioning of the customer in terms of production technology.

Inhaltsverzeichnis

Formelzeichen und Abkürzungsverzeichnis

Abkürzung	Einheit	Bezeichnung
A	-	Begeisterungsmerkmale
AA	-	Prototypische Software *Additive Advisor*
A_S bzw. A_P	mm^2	Oberfläche einer Sphäre mit dem Volumen bzw. Bauteilfläche
ADT	-	Autogenetic Design Theory
ADT	-	Axiomatic Design
AEM	-	Assembly Evaluation Method
AHP	-	Analytic-Hierarch-Prozess
AM	-	Additive Manufacturing
AP	€	Automatisierungspotenzial
ARIZ	-	Algorithmus bzw. Schrittverfahren zur Lösung der Erfindungsprobleme
ASI	-	American Supplier Institute
$\overline{B_S}$	mm	Vektor mit Bauraumabmessungen bestehend aus B_x, B_y und B_z
b_h	h	Jährlichen Betriebsstunden
B_x	mm	Abmessung der Bauplattform in x-Richtung
B_y	mm	Abmessung der Bauplattform in y-Richtung
B_z	mm	max. Bauhöhe in z-Richtung
c	-	Anzahl möglicher Kunden im Segment
C&CM	-	Contact and Channel Model
$C_{SW,i}$	-	strategische Bedeutung der Kundenanforderungen CR_i
C_{AR}	-	Flächenverhältnis
C_{NH}	-	Öffnungsverhältnis
C_{PR}	-	Volumenverhältnis
C_{Cool}	$\frac{°C}{s}$	Kühlkonstante
CAE	-	Computer Aided Engineering
CE	-	Concurrent Engineering

C_{Fi}	-	relative Erfüllung der Kundenanforderungen CR_i
C_{heat}	$\frac{°C}{s}$	Heizkonstante
c_i	-	bewertete Interdependenzen zwischen Produktmerkmal DR_i und Kundenanforderungen CR_i
CPM	-	Characteristics-Properties Modelling
CR	-	Kundenanforderung
CRM	-	Customer-Relationship-Management
CS	-	Kundenzufriedenheitskoeffizienten
C_{Ti}	-	Zielwert der Kundenanforderungen CR_i
$d_{rC,i}^{Norm}$	-	normalisierte Bedeutung der Kundenanforderungen CR_i
Δy_s	μm	Spurabstand
DfA	-	Design for Assembly
DfAM	-	Design for Additive Manufacturing
D_{Fi}	-	relative Bewertung des Produktmerkmals zum Wettbewerberprodukt
DfM	-	Design for Manufacturing
DfMA	-	Design for Manufacturing and Assembly
DfX	-	Design for X
IDE	-	Integrated Design Engineering
DIN	-	Deutsche Institut für Normung e. V.
DPD	-	Dynamic Product Development
DR	-	Produktmerkmal
$d_{rT,i}$	-	normierte Bedeutung des Produktmerkmals DR_i
D_{rTi}	-	relative Bedeutung des Produktmerkmals DR_ii
D_S	μm	Schichtstärke
DS	-	Kundenunzufriedenheitskoeffizienten
DSM	-	Design Structure Matrix
$D_{SW,i}$	-	strategische Bedeutung des Produktmerkmals DR_i
D_{Ti}	-	Leistungszielwert des Produktmerkmal DR_i
eEPK	-	erweiterte ereignisgesteuerte Prozesskette

f_a	-	Anzahl Begeisterungsmerkmale
f_i	-	Anzahl indifferenten Merkmalen
FEM	-	Finite Elemente Methode
FIFO	-	First-in-First-Out
f_m	-	Anzahl Basismerkmale
FMEA	-	Failure Mode and Effect Analysis
f_o	-	Anzahl Leistungsmerkmale
f_r	-	Faktor für Prozess- und Maschinenrobustheit
$f_{Verlust}$	-	Verlustfaktor
g_z	-	Gewichtungsfaktor für das z-te Kriterium K_z
GAPS	-	Geometry for Additive Manufacturing-Methodik
HoQ	-	House of Quality
ISO	-	International Organization for Standardization
I	-	Indifferente Merkmale
j	-	Anzahl der Schichten
$k_{M,Mat}$ / $k_{modul,mat,i}$	-	Materialkosten, Einkaufkosten, etc. der Herstellung einer LPBF-Maschine / eines Moduls
$k_{M,Pers}$ / $k_{modul,perso,i}$	-	Personalkosten der Herstellung einer LPBF-Maschine / eines Moduls
$k_{Vol,Auto,max}$	$\frac{€}{mm^3}$	Volumenkosten für das vollautomatisierte Maschinenkonzept
$k_{Bauteil}$	€	Herstellungskosten
k_{EE}	$\frac{Stück}{€}$	Maschinenproduktivität
k_M	€	Maschinenkosten
k_{Vol}	$\frac{€}{mm^3}$	Volumenkosten
k_A	€	Jährliche Entsorgungskosten
k_{Baujob}	€	Kosten des Baujobs
$k_{Bauteil}$	€	Kosten des Bauteils
$k_{Energie}$	€	Energiekosten
$K_{Energie}$	$\frac{€}{kWh}$	Energiekosten pro kWh

$k_{Fix,Bauteil}$	€	Bauteilgemeinkosten
k_{FM}	€	Jährliche Flächenmietkosten
k_{kA}	€	Kalkulatorische Abschreibung
$k_{Material}$	€	Materialkosten
$K_{Material}$	$\frac{€}{kg}$	Pulverkosten je Kilogramm
k_{MB}	€	Jährlichen maschinenspezifische Betriebsstoffe
k_{MS}	$\frac{€}{h}$	Maschinenstundensatz
$k_{Personal}$	€	Personalkosten
$K_{Personal}$	$\frac{€}{h}$	Durchschnittlicher Personalstundensatz
k_{SG}	€	Schutzgaskosten
K_{MS}	$\frac{€}{l}$	Schutzgas pro Liter
$k_{Var,Bauteil}$	€	Bauteileinzelkosten
k_{W}	€	Jährlichen Wartungskosten
L_{offset}	mm	Länge, die über die Plattform hinaus vom Beschichter überfahren wird
LPBF	-	Laser Powder Bed Fusion
M	-	Basismerkmale
M_G	€	Marge
M_S	€	Marktpotenzial je Segment
MBSE	-	Model Based System Engineering
MCF	-	Modified Complexity Factor
ME	-	Methodisches Element
MVM	-	Münchener Vorgehensmodell
MVP	-	Minimum Viable Product
$n_{Bauteil.BJ}$	-	Bauteilanzahl des Baujobs
$n_{PO,theo.}$	-	theoretische Gesamtanzahl an hergestellten Bauteilen im Betrachtungszeitraum
$N_{z,i}$	-	gewichteter Teilnutzwert des Segments i

$n_{z,i}$	-	Bewertung durch den Anwender mit Punktbewertungsskala 0 bis 4
N_H	-	Anzahl der Öffnungen (z. B. Bohrungen, Schlitze) im Bauteil
η_{Laser}	-	Laserwirkungsgrad
n_{MS}	-	Gesamtmenge an abgesetzten Produkten im Marktsegment
n_{OE}	-	Anzahl der Optikeinheit
n_{PO}	-	reale Gesamtanzahl an hergestellten Bauteilen im Betrachtungszeitraum
NF	-	Nutzfaktor
n_{Laser}	-	Anzahl der Laserstrahlquellen
NWA	-	Nutzwertanalyse
O	-	Leistungsmerkmale
OVF	-	Open Vector Format
$P(DR_i)$	-	Realisierbarkeit des Produktmerkmals DR_i
p_{AM}	$\frac{€}{Stück}$	durchschnittlicher Umsatz je abgesetzter Einheit
PDD	-	Property-Driven Development
P_{Laser}	kW	Laserleistung
PLM	-	Product-Lifecycle-Management
$P_{maschine,Grund}$	kWh	Anschlusswert der Maschine
Q	-	Fragwürdige Merkmale
q, r	-	Form der Bauplattform; Rund oder Quaderförmig
QFD	-	Quaity Funciton Deployment
R	-	Rückweisende Merkmale
$r_{n,m}$	-	Bewertung des Kriteriums K_n in der n-ten Zeile zum Kriterium K_m in der m-ten Spalte
R_{ij}^{WNorm}	-	normalisierter Interdependenzkoeffizient zwischen Kundenanforderungen CR_i und Produktmerkmal DR_i NACH WASSERMAN
ρ	$\frac{kg}{mm^3}$	Materialdichte
RPZ	-	Risikoprioritätszahl

S_o	%	Scanfeldüberlapp
S_{PU} bzw S_{PN}	%	Marktanteil über den Produktumsatz bzw. -absatz im Marksegment
SCR	-	Kundenanforderungserfüllung
SiE	-	Simultaneos Engineering
SE	-	System Engineering
SP_i	-	Verkaufsschwerpunkte
t_A	$Stück$	durchschnittliche Absatzmenge je Jahr
t_{kj}	s	Interdependenzkoeffizienten zwischen DR und DR
t_{LT}	s	Durchlaufzeit
$t_{Beschichtung}$	s	Zeitdauer für das Beschichten
t_{cool}	s	Zeitdauer für das Abkühlen
$t_{Data.prep.}$	s	Zeitdauer für die Datenaufbereitung
t_{Delay}	s	Gesamtzeit der Delay-Befehle
t_{Gesamt}	s	Gesamtzeitdauer
t_{heat}	s	Zeitdauer für das Heizen
T_{heat}	$°C$	Vorheiztemperatur
t_{Jump}	s	Gesamtzeit der Jump-Befehle
t_{Mark}	s	Gesamtzeit der Mark-Befehle
TP_i	-	Technikschwerpunkte
$t_{Post-Rüst}$	s	Zeitdauer für den Post-Rüstvorgang
$t_{Pre-Rüst}$	s	Zeitdauer für den Pre-Rüstvorgang
t_{scan}	s	Scan-zeit
$t_{scan,bauteil}$	s	Gesamtbelichtung für die Bauteile
$t_{scan,support}$	s	Gesamtbelichtung für Support
$t_{SG-Abbau}$	s	Zeitdauer für den Abbau der Schutzgasatmosphäre
$t_{SG-Aufbau}$	s	Zeitdauer für den Aufbau der Schutzgasatmosphäre
U_{MS}	€	Gesamtumsatz im Marktsegment
U_P	€	Produktumsatz
UDT	-	Universal Design Theory
V_P bzw. V_b	mm^3	Bauteilvolumen bzw. Volumen der Bounding Box

$\dot{V}_{Halten}$	$\frac{l}{min}$	Schutzgasverbrauch beim Halten
$V_{bauteil}$	mm^3	Bauteilvolumen
$v_{Beschichter}$	$\frac{mm}{s}$	Geschwindigkeit des Beschichters
VDI	-	Verein Deutscher Ingenieure e. V.
VF	-	Vergleichsfaktor
V_{Fluten}	l	zu Flutendes Volumen
VoC	-	Voice of the Customer
VoE	-	Voice of the Engineer
VoP	-	Voice of the Process
$v_{Pulvervorrat}$	$\frac{mm}{s}$	Geschwindigkeit der Achse des Pulvervorrats
$\dot{V}_{Fluten}$	$\frac{l}{min}$	Schutzgasvolumenstrom beim Fluten
v_S	$\frac{mm}{s}$	Scangeschwindigkeit
$V_{Support}$	mm^3	Supportvolumen
w_i^{Norm}	-	normalisierte Gewichtung des Produktmerkmals DR_i
w_i	-	Gewichtung der Kundenanforderungen
W_i	-	Gewichtung der Kundenanforderungen CR_i
WTP	-	Zahlungsbereitschaft, engl. willingness to pay
z	-	Sicherheitsfaktor für die Materialzufuhr
β_{il}	-	Interdependenzkoeffizienten zwischen CR und CR

Abbildungsverzeichnis

Tabellenverzeichnis

Formelverzeichnis

1 Einleitung

Produzierende Unternehmen, speziell in Hochlohnländern, sind mit den durch die zunehmende Volatilität und Globalisierung der Märkte, dem wachsenden Preisdruck und kürzeren Produktinnovationszyklen sowie Aspekten der Nachhaltigkeit und Individualisierung bedingten Herausforderungen konfrontiert [Bal21a; Die15; Bra15, S. 1ff].

Hinzu kommt das Risiko des Produktionsausfalls, durch kurzfristige Änderungen in der Supply Chain, wie vor allem Ereignisse der jüngeren Vergangenheit gezeigt haben, [Sak21, S. 2ff]. Der Produktionsausfall ist auf die aktuellen Prozessketten zurückzuführen, welche durch globale Vernetzung sowie eine enge Taktung („Just in Sequence") geprägt sind und eine große Abhängigkeit von nicht beeinflussbaren oder planbaren Ereignissen globalen Ausmaßes aufweisen (z. B. COVD19, Ukraine-Krieg, Handelsembargos, Naturkatastrophen/ Starkwetterereignisse oder das Schiffsunglück im Suez-Kanal) aufweisen. [tag22; Fro21; Woe20]

Jedoch bieten diese Herausforderungen und Risiken zeitgleich auch eine Möglichkeit, neue Geschäftsmodelle zu entwickeln, sofern die Unternehmen kundenspezifische Produkte zu geringen Kosten bei optimalem und nachhaltigem Ressourceneinsatz sowie einer schnellen Anpassungsfähigkeit an die Markdynamik anbieten können. Derzeit stehen produzierende Unternehmen in Hochlohnländern oft vor der Wahl, entweder Massenproduktion zu betreiben oder kundenindividuelle Produkte herzustellen [Bre12, S. 17–76].

Moderne und innovative Fertigungstechnologien, wie das Additive Manufacturing (AM), spielen eine wichtige Rolle bei der Meisterung der vorher genannten Herausforderungen zur Produktion nachhaltiger, kundenindividueller und kostenoptimaler Produkte [Pil18]. Darüber hinaus bieten diese auch die Möglichkeit der Risikominimierung durch resiliente Lieferketten, indem die global vernetzten Prozessketten um einen lokale flexiblen Produktionsansatz unter Verwendung von AM erweitert oder ergänzt werden.

Diese Fertigungstechnologien versprechen eine ressourcenschonende, werkzeuglose Herstellung von nahezu beliebig komplexen Produkten mit einem großen Maß an Flexibilität hinsichtlich Größe, Stückzahl und Material [Woh21, S. 60ff] für vielfältige Anwendungen aus beispielweise der Automobilindustrie [Car20a; Mic21], der Luft- und Raumfahrt [Ale21], der Medizintechnik [Adr19] und dem Werkzeugbau [Wol18]. Hierbei hat das laser- und pulverbettbasierte Verfahren Laser Powder Bed Fusion (LPBF) zur Herstellung metallischer Funktionsbauteile eine besondere Bedeutung. [Woh21, S. 65ff; AMP20; Gib15, S. 19–42]

Zur vollen Ausschöpfung der wirtschaftlichen [Zäh13; Woh21, S. 205ff] und technologischen [Neu19; Woh21, S. 248ff] Potenziale von LPBF sowie zu dessen Etablierung in der Produktion [Adr20; Woh21, S. 148ff] müssen bereits bei der Konzeptionierung von neuen LPBF-Produktionsmaschinen Anforderungen von den herzustellenden Produktprogrammen, aber auch von den diese Maschinen nutzenden Anwendern und

Branchen berücksichtigt werden. Daraus ergibt sich die Frage, inwiefern in einer frühen Phase der Produktentwicklung von LPBF-Produktionsmaschinen diese diversen Anforderungen systematisch erfasst, gewichtet, bewertet und bezüglich der Auswirkungen auf die resultierenden wirtschaftlichen (z. B. Herstellungskosten) und produktionstechnischen (z. B. Durchlaufzeit, Maschinenauslastung) Kennzahlen abgeschätzt werden können.

1.1 Motivation und Problemstellung

Neben der Entwicklung und Vermarktung von Universalmaschinen war die Entwicklung von branchen- bzw. anwendungsspezifischen LPBF-Produktionsmaschinen in der Vergangenheit Bestandteil verschiedener Unternehmen, wie z. B. im Fall der Realizer 50 (der Firma Realizer) für Dental-Anwendungen [Geb10] oder der Concept X line 1000R (der Firma Concept Laser) für die Automobilbranche [Joh12]. Der Produktionsfokus dieser Maschinen lag hier jedoch immer in der Fertigung von Prototypen, Werkzeugen sowie Kleinstserien zur signifikanten Verkürzung von Innovations- und Entwicklungszyklen [Gib15, S. 475ff]. Bedingt durch die zunehmende Industrialisierung des LPBF in den letzten Jahren, wird der Bedarf einer Integration in ein bestehendes, auf konventionellen Fertigungstechnologien basierendes Produktionsumfeld für eine wirtschaftliche Fertigung größer. Dadurch bedingt ändern sich die Anforderungen an LPBF-Produktionsmaschinen verstärkt [Adr20] und der Druck auf die Maschinenhersteller zur Erfüllung dieser Anforderungen durch eine passende, unternehmerisch sinnvolle Maschinentechnik steigt zunehmend. Um die effiziente und effektive Produktentstehung im Bereich der Investitionsgüter zu ermöglichen, wurden verschiedene Methodiken und Werkzeuge entwickelt und etabliert [Bre15, S. 201ff]. Diese Methodiken können für alle Anwendungsfälle und Branchen gleichermaßen genutzt werden und verfolgen im Allgemeinen die gleichen Ziele (siehe Abbildung 1-1), welche sich nach Wert- und Kostenorientierung gliedern lassen.

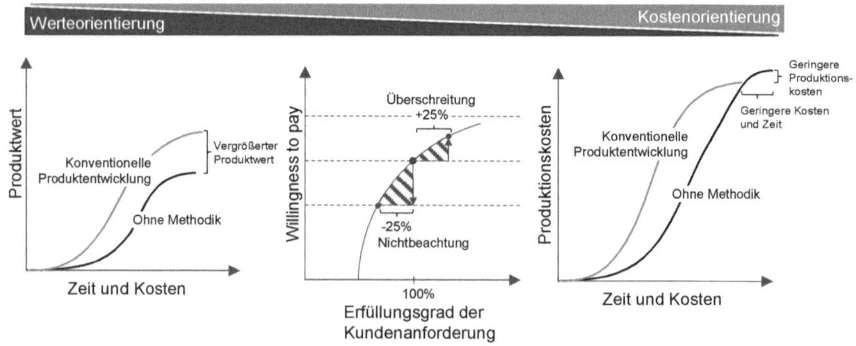

Abbildung 1-1: Die Verwendung von Produktentwicklungsmethoden soll einerseits zur Steigerung des Produktwerts (links) und zur Reduzierung der Produktionskosten (rechts) in Abhängigkeit der Zahlungsbereitschaft und Erfüllungsgrad der Kundenanforderungen (Mitte) führen [Bre15, S. 202]

Diese Allgemeine Ziele der konventionellen Produktentwicklungsmethoden können wie folgt beschrieben werden:

1) **Wertorientierung:** Die systematische und nachvollziehbare Formulierung von produkt- sowie projektbezogenen Anforderungen (u. a. basierend auf Kundenanforderungen, Regularien) führt bei der Verwendung einer Produktentwicklungsmethode zur Steigung des Produktwerts (siehe Abbildung 1-1, links) und zur Erreichung einer hohen Zahlungsbereitschaft (engl. willingness to pay, WTP) bei 100 % Erfüllungsquote der Kundenanforderung (siehe Abbildung 1-1, Mitte). In diesem (theoretischen) Punkt liegt die Kaufwahrscheinlichkeit bei annähernd 100 %. Eine Unter- oder Überschreitung führt zu einem nicht linearen Abfall bzw. Anstieg der WTP und damit einhergehend auch einer nicht linearen Änderung der Kaufwahrscheinlichkeit. [Die19; Spa01; Ben21, S. 27ff]
2) **Kostenorientierung:** Eine Reduzierung des Zeit- und Kostenaufwandes (siehe Abbildung 1-1, rechts) kann durch die in der Methodik beschriebenen Strategien auf der Tätigkeits- und Geschäftsprozessebene erfolgen [Sei05]. Die Kostenbeeinflussung ist in der frühen Phase der Produktentwicklung am größten und verhält sich damit in entgegengesetzter Richtung zu den kumulierten Kosten, die mit zunehmender Zeit steigen (siehe auch Kapitel 2.3.3). [Die19; Ehr07, S. 35ff]

Für die Entwicklung von LPBF-Maschinen bedarf es neben den oben genannten allgemeinen Zielen auch der Berücksichtigung LPBF-spezifischer Anforderungen und Abhängigkeiten. Nur so kann die wirtschaftliche Integration in eine bestehende Produktionsumgebung ermöglicht werden. Hierzu ist folglich die Kombination eines methodischen Ansatzes zur Produktentwicklung mit einer systematischen Betrachtung notwendig, bei der die resultierenden wirtschaftlichen (z. B. Herstellungskosten) und produktionstechnischen (z. B. Durchlaufzeit, Maschinenauslastung) Kennzahlen basierend auf einem branchen- oder anwendertypischen Produktionsprogramm berücksichtigt werden. Im Vergleich zu konventionellen Fertigungstechnologien wird der größte Kostenanteil von mittels LPBF gefertigten Bauteilen durch die anteilige Abschreibung der Produktionsmaschinen verursacht [Chr18; Sch16b], weswegen die resultierenden wirtschaftlichen (z. B. Herstellungskosten) und produktionstechnischen (z. B. Durchlaufzeit, Maschinenauslastung) Kennzahlen des Produktprogramms für die Bewertung von LPBF-Produktionsmaschinenkonzepten eine wesentliche Rolle im Entwicklungsprozess einnehmen. Da in der Phase der Konzipierung noch zahlreiche Freiheitsgrade in der Produktionsmaschinenentwicklung bestehen, ist eine schnelle und zielgerichtete Reduzierung des Lösungsraumes Voraussetzung für einen effizienten Entwicklungsprozess.

Bestehende Methodiken können diesen Entwicklungsprozess bisher nicht adäquat unterstützen, auch weil in dieser frühen Phase eine unvollständige Daten- und Informationsbasis eine Reihe von Annahmen und Vereinfachungen erforderlich macht. Es fehlt somit eine Methodik, die in einer sehr frühen Phase des Entwicklungsprozesses alle maßgeblichen Aspekte basierend auf möglichst robusten Informationen berücksichtigt, um anforderungsgerechte LPBF Produktionsmaschinen in den Markt zu bringen.

1.2 Zielsetzung der Arbeit

Die Gesamtzielsetzung der vorliegenden Arbeit ist die Entwicklung und Validierung einer praxisnahen Methodik zur systematischen Ermittlung von Anforderungen zur Konzeptionierung von branchen- und anwendungsspezifischen LPBF-Produktionsmaschinen unter Berücksichtigung der wirtschaftlichen (z. B. Herstellungskosten) und produktionstechnischen (z. B. Durchlaufzeit, Maschinenauslastung) Kennzahlen für das Produktprogramm. Hierbei wird im Rahmen der vorliegenden Arbeit das Produktprogramm als Menge aller Bauteile, welche mittels der zu entwickelnden LPBF-Maschine hergestellt werden soll definiert.

Der Fokus liegt hierbei auf der frühen Phase der Produktentwicklung (insbesondere Produktplanung, Aufgabenklärung und Konzipierung; siehe [Ben21, S. 58ff]), um inkonsistente Entwicklungspfade schnell evaluieren sowie redundante oder konträre Aktivitäten vermeiden zu können. Die Methodik soll damit einen Beitrag zur Aufwandsreduzierung und eine damit einhergehende Verkürzung der Time-to-Market erlauben.

Die zu entwickelnde Methodik soll bei der Berücksichtigung von technischen, leistungsbezogenen und wirtschaftlichen Kenngrößen dem Anspruch der ganzheitlichen Betrachtungsweise entsprechen, um dabei sowohl die Unternehmens- und Kunden- als auch die Marktperspektive erfassen zu können. Dabei soll eine möglichst große Automatisierbarkeit zur Vermeidung einer Überkompensation des Mehrwerts durch den etwaigen Mehraufwand bei der Anwendung der Methodik berücksichtigt werden.

1.3 Aufbau der Arbeit

Der Aufbau der vorliegenden Arbeit orientiert sich an dem Ansatz der angewandten Forschung nach ULRICH ET AL. und dem explorativen Forschungsansatz nach KUBICEK. Demzufolge ist ein starker Bezug zur Praxis in der angewandten Wissenschaft nicht nur zwingend erforderlich, sondern gleichzeitig Initiator für den Forschungsprozess. Von der aktuellen Situation in der Praxis ausgehend werden Beurteilungskriterien, Gestaltungsregeln und -modelle erarbeitet sowie anschließend im Anwendungszusammenhang geprüft (siehe Abbildung 1-2, links). [Kub76, S. 14ff; Ulr84, S. 131ff]

Abgeleitet aus diesem Ansatz gliedert sich die Arbeit in acht inhaltliche Kapitel, wie in Abbildung 1-2 dargestellt. Im Fokus des ersten Kapitels stehen die Motivation und Problemstellung, die Zielsetzung sowie der Aufbau der Arbeit.

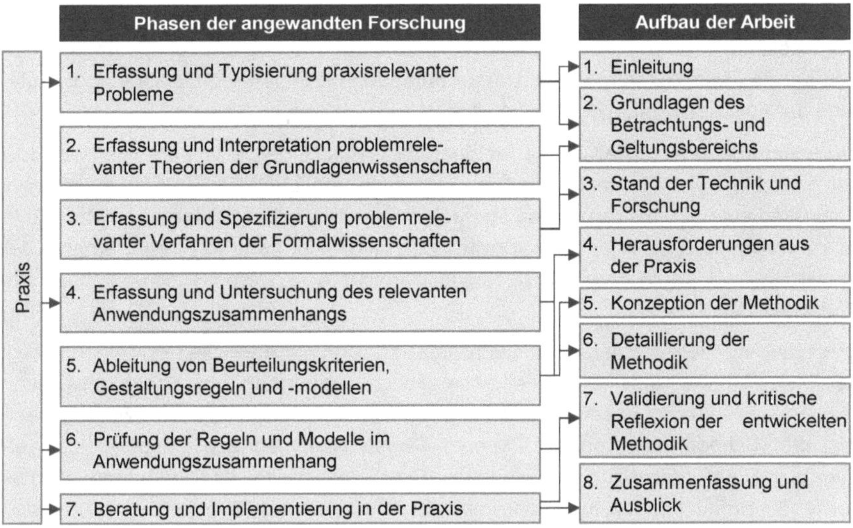

Abbildung 1-2: Aufbau der Arbeit, basierend auf dem Ansatz nach ULRICH ET AL. [Ulr16, S. 192ff]

Die für die Arbeit relevanten Grundlagen werden im zweiten Kapitel (Grundlagen des Betrachtungs- und Gestaltungsbereichs) beschrieben. Hierfür werden zunächst das Additive Manufacturing, insbesondere das Laser Powder Bed Fusion, sowie der Produktentwicklungsprozess beschrieben.

Im dritten Kapitel (Stand der Technik und Forschung) erfolgt, auf Grundlage der im vorherigen Kapitel beschriebenen Eingrenzung, die detaillierte Darstellung der komplexen Wechselwirkungen zwischen Produktentwicklungsprozess, LPBF-Maschinentechnik und der daraus resultierenden wirtschaftlichen (z. B. Herstellungskosten) und produktionstechnischen (z. B. Durchlaufzeit, Maschinenauslastung) Kennzahlen für das Produktprogramm. Gefolgt von der Erläuterung problemrelevanter Modelle und methodischer Ansätze der Produktentwicklung sowie die Analyse und Bewertung dieser Modelle und Ansätze hinsichtlich der Eignung zur Berücksichtigung der vorher genannten Wechselwirkungen sowie zur kunden- und branchenzentrierten Produktentwicklung. Davon ausgehend werden die Herausforderungen aus der Theorie abgeleitet.

Im vierten Kapitel erfolgt die Herleitung des Handlungsbedarfs aus der Praxis über eine Umfrage sowie gestützt durch die Herausforderungen aus dem Stand der Technik. Darauf aufbauend werden die Anforderungen an die zu entwickelnde Methodik dargestellt und anschließend die Forschungsfrage formuliert.

Basierend auf dem Handlungsbedarf für Praxis und Wissenschaft wird im fünften Kapitel (Konzeption der Methodik) zunächst eine wissenschaftstheoretische Einordnung der Arbeit sowie die Motivation der forschungsmethodologischen Vorgehenweise unter Berücksichtigung der Herausforderungen gegeben. Anschließend werden unter Berücksichtigung der Grundlagen der Modelltheorie und Systemtechnik die Grundlagen für die Methodik vorgestellt. Darauf aufbauend erfolgen die Darstellung Erläuterung der Grobkonzeption der Methodik.

Im sechsten Kapitel (Detaillierung der Methodik) erfolgt eine Detaillierung der Methodik zur branchen- und kundenzentrierten Gestaltung von LPBF-Produktionsmaschinen. Basierend auf der Grobkonzeption sowie den Grundlagen der System- und Modelltheorie werden der Aufbau und die verwendeten Hilfsmittel der einzelnen Elemente der Methodik sowie die dazugehörigen Begrifflichkeiten auf systematische und detaillierte Weise vermittelt.

Im siebten Kapitel (Validierung und kritische Reflexion der entwickelten Methodik) liegt der Fokus auf der Überprüfung der Anwendungszusammenhänge für die entwickelte Methodik. Hierzu wird der Anwender innerhalb von drei Phasen dazu befähigt, die entwickelte Methodik anzuwenden. Die erste Phase (Analysephase) adressiert die Aufnahme von Anforderungen vom Kunden, Markt/Wettbewerb, des Produktprogramms sowie die Herleitung von Funktions- und Kostenstrukturen. Basierend auf der ersten Phase erfolgt in der anschließenden zweiten Phase (Bewertungsphase) eine systematische Kategorisierung, Gewichtung, Bewertung und Auswahl der Anforderungen sowie die Generierung von Maschinenkonzepten und deren Vorselektion. In der dritten und letzten Phase (Gestaltungsphase) erfolgt die Beurteilung von LPBF-Produktionsmaschinen mit dem Ziel der finalen Festlegung eines anforderungsgerechten LPBF-Produktionsmaschinenkonzepts. Das Kapitel schließt mit der Zusammenfassung der Ergebnisse und einer kritischen Evaluierung der entwickelten Methodik.

Im achten Kapitel (Zusammenfassung und Ausblick) werden die zentralen Aspekte der vorliegenden Arbeit zusammengefasst und basierend auf der kritischen Evaluierung der Methodik der weitere Forschungsbedarf in Ausblick gestellt.

2 Grundlagen des Betrachtungs- und Geltungsbereichs

Im Folgenden wird der Betrachtungs- und Gestaltungsbereich der vorliegenden Arbeit dargestellt. Beginnend bei der Einordnung des LPBF in die Gruppe der Einzelverfahren des Additive Manufacturing mit den dazugehörigen Modellen für die Fertigungszeiten und -kosten. Gefolgt von der Einordnung des Betrachtungsbereichs in den Produktentstehungsprozess bzw. Produktlebenszyklus, eine detaillierte Beschreibung des in der vorliegenden Arbeit verwendeten Geltungsbereichs mit der dazugehörigen Kostentstehung.

2.1 Additive Manufacturing

Additive Manufacturing wurde im Rahmen des World Economic Forums als eine der zehn zukunftsträchtigsten Technologien eingestuft [Mey15]. Dabei handelt es sich nicht um eine einzelne, sondern um eine Gruppe von Einzelverfahren [DIN18]. Charakteristisch für alle AM-Fertigungstechnologien ist dieselbe prinzipielle Prozesskette, die sich untergliedern lässt in eine Upstream- und eine Downstream-Prozesskette (siehe Abbildung 2-1). Alle Teilprozessschritte (z. B. die Losbildung, auch als Nesting bezeichnet) bis zur Fertigstellung des mittels AM hergestellten Bauteils sind der Upstream-Prozesskette zuzuordnen. Dagegen sind alle Teilprozessschritte mit Beginn des AM-Herstellungsprozess in die Downstream-Prozesskette einzugliedern [Sti21, S. 7f].

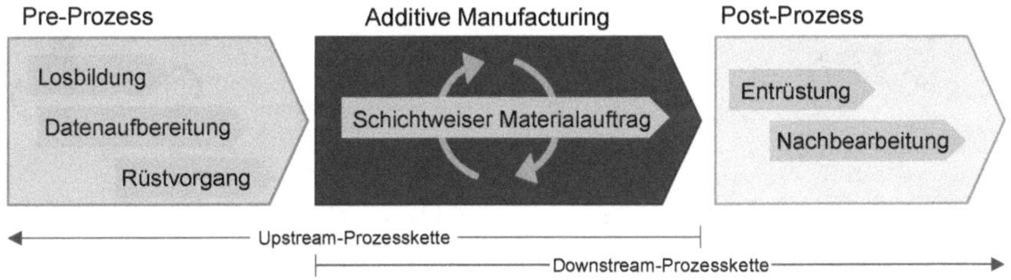

Abbildung 2-1: Prinzipielle Prozesskette der AM-Fertigungstechnologien (in Anlehnung [Sti21, S. 7])

Darüber hinaus ist allen AM-Fertigungstechnologien die schichtweise Entstehung eines Bauteils durch das Zufügen von Material auf Grundlage von 3D-CAD-Daten und ohne die Notwendigkeit der Verwendung von Werkzeugen bzw. Formen gemeinsam [Geb16, S. 21ff]. Je nach Technologie werden Werkstoffe aus den Klassen Metall, Polymer, Keramik und Komposit verarbeitet. Die Werkstoffe liegen dabei in verschiedenen chemischen Zusammensetzungen verfahrensabhängig, beispielweise als Filament, Draht, Granulat, Harz oder Pulver vor. Eine Klassifizierung der AM-Fertigungstechnologien kann in Anlehnung an die Normen DIN EN ISO/ASTM 52900 und VDI 3405 wie in Abbildung 2-2 erfolgen [VDI14; DIN18].

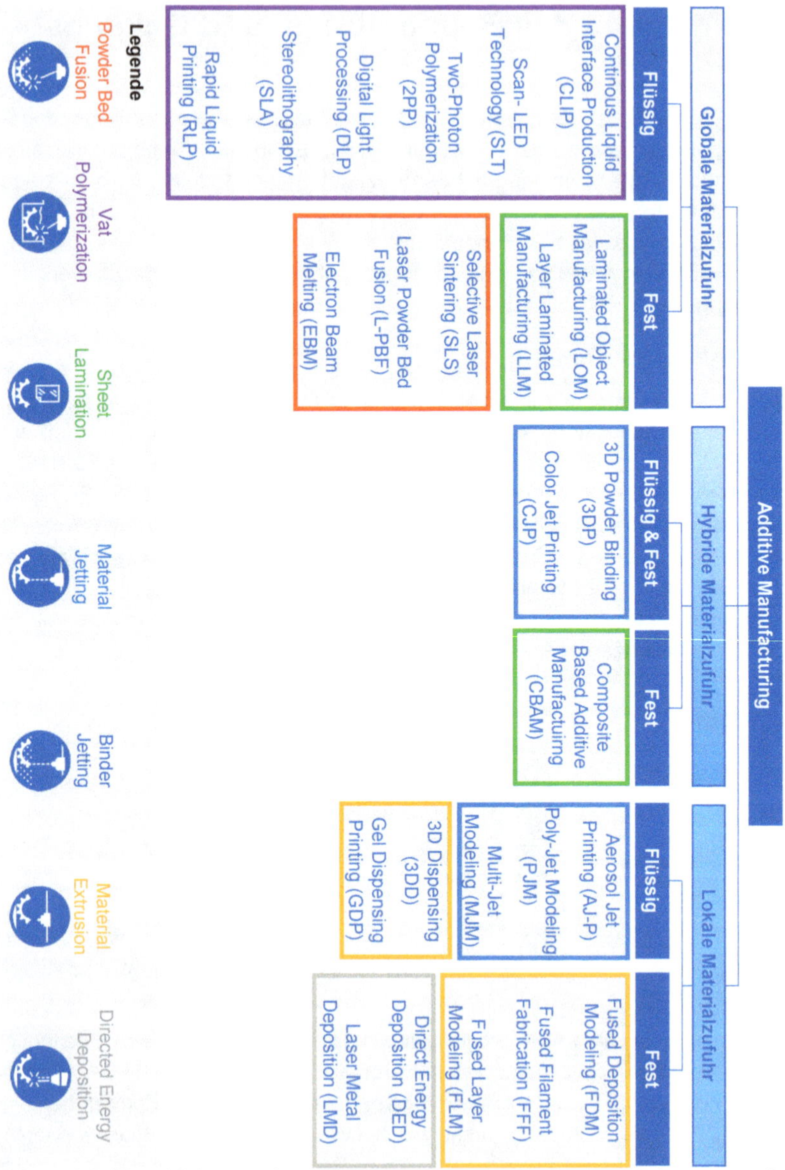

Abbildung 2-2: Klassifizierung der AM-Fertigungstechnologien in Anlehnung an die Normen DIN EN ISO/ASTM 52900 und VDI 3405 [DIN18; VDI14]

Einer nationalen Umfrage vom VDI zufolge, sehen 87,27 % der befragten Unternehmen bereits heutzutage Einsatzpotenziale von AM. 71,54 % gaben an, bereits eine oder mehrere der AM-Fertigungstechnologien im Einsatz zu haben. Die

Anwendungsgebiete erstrecken sich vom klassischen Prototyping und der Pilotserienfertigung über die Herstellung von Betriebs- und Hilfsmitteln hin zu vollständig additiv gefertigten Produktserien. Maßgeblich für die Weiterentwicklung von AM ist der Fortschritt bei der Entwicklung industrierelevanter Einzelverfahren, die Möglichkeit größere Bauteile herzustellen sowie der Know-how-Transfer in die Praxis [Mar19b]. Hierbei spielen insbesondere Fertigungstechnologien, die einen metallischen Ausgangswerkstoff verwenden, eine übergeordnete Rolle [Woh17; Woh21]. Zwar liegt der Marktanteil für die Verarbeitung von metallischen Werkstoffen mittels AM im Vergleich zu jenem für Polymere bei nur 15 %, jedoch wird damit der dreifache Umsatz (im Vergleich zum polymerbasierten AM) von ca. 12 Milliarden USD erzielt [Woh17]. Hierbei sind die Fertigungstechnologieklasse des LPBF-Verfahren mit einem Marktanteil von ca. 82 % im AM-Markt für die Verarbeitung von Metallen im Allgemeinen und das LPBF-Verfahren im Speziellen von übergeordneter Relevanz [Woh21; Lan19].

2.2 Laser Powder Bed Fusion

Bei der AM-Fertigungstechnologie LPBF werden metallische Bauteile schichtweise und auf 3D-CAD-Daten basierend direkt gefertigt. Der LPBF-Prozess zur Herstellung eines Bauteils ist in Abbildung 2-3 dargestellt.

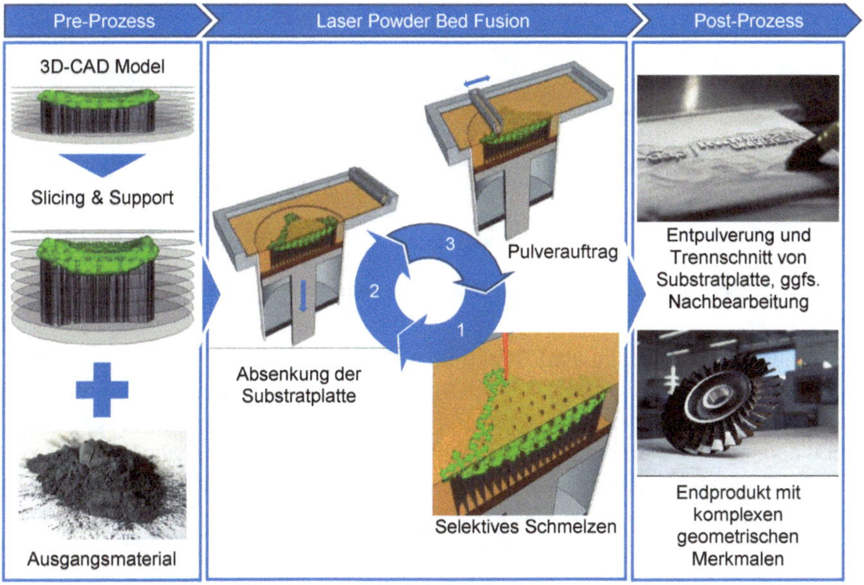

Abbildung 2-3: Schematische Darstellung des LPBF-Herstellungsprozesses [Geb16, S. 60f]

Hierzu erfolgt vor der Herstellung im Rahmen der Datenaufbereitung die Erzeugung von 2,5D-Schichtinformationen (Slicing) sowie ggfs. die Generierung von

Stützstrukturen (Supports) an frei überhängenden Bauteilbereichen (siehe auch Kapitel 3.1.2). Im nachfolgenden Schritt, der Herstellung, wird ein feines (typischerweise Pulverpartikelgröße von 10 - 60 µm) Metallpulver durch einen Beschichter in der geforderten Schichtdicke auf eine Substratplatte (Bauplattform) aufgetragen [Mei99]. Fokussierte Laserstrahlung ermöglicht das selektive aufschmelzen des Pulverbetts gemäß den digital vorliegenden Schichtinformationen. Das lokal aufgeschmolzene Pulver erstarrt im Anschluss wieder und bildet eine Schicht des Bauteils. Durch Absenken der Bauplattform und wiederholtes Auftragen und Aufschmelzen des Metallpulvers wird die nächste Schicht erzeugt. Somit werden die einzelnen Schichten nach und nach schmelzmetallurgisch miteinander verbunden, bis das komplette Bauteil hergestellt ist (siehe Abbildung 2-3). Der komplette Prozess erfolgt hierbei unter Schutzgasatmosphäre (typischerweise Argon oder Stickstoff) und -zirkulation, um einerseits chemische Reaktionen, wie Oxidation oder Nitrierung, im Schmelzbad zu vermeiden und andererseits Prozessnebenprodukte (z. B. Kondensat oder Spritzer) abzutransportieren [Sch20]. Hierbei haben die Prozessparameter, insbesondere die Laserleistung P_L, der Laserfokusdurchmesser d_L, die Scangeschwindigkeit v_S, die Schichtdicke D_S und der Hatchabstand Δy_S, eine direkte Auswirkung auf die Stabilität, Reproduzierbarkeit, Qualität und Produktivität des LPBF-Prozesses (siehe Abbildung 2-4). [Geb16, S. 21ff]

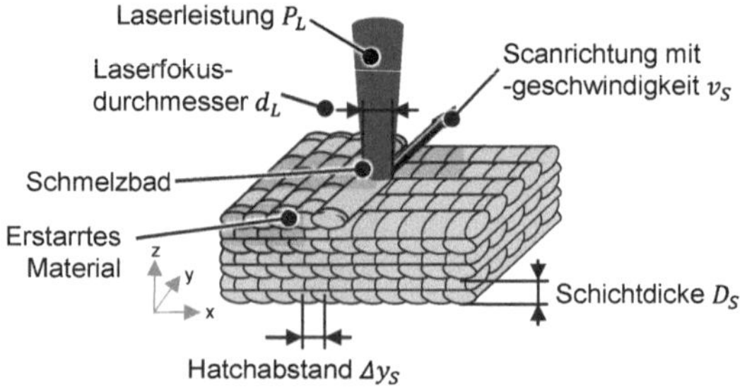

Abbildung 2-4: Darstellung der wesentlichen Prozessparameter des LPBF-Prozesses [Mei99]

Pulver, das nicht belichtet wurde, kann nach Beendigung des Prozesses wiederverwendet werden [Gib15; Mei99]. Je nach Verwendungszweck müssen die Oberflächen des durch LPBF hergestellten Bauteils nachbearbeitet werden, um die geforderte Oberflächengüte zu erreichen. Die mechanischen Eigenschaften ähneln derer von konventionell hergestellten Bauteilen. Ein breites Materialportfolio sowie speziell für diese Fertigungstechnologie entwickelte Werkstoffe ermöglichen diverse Anwendungsgebiete. Typische verarbeitbare Liegerungen sind u. a. Aluminium-, Stahl-, Titan- bis hin zu Nickel- und Kobalt-Chrom-Legierungen [Woh21; Lan19].

2.2.1 Fertigungszeiten und -kosten

Das dem LPBF zugrundeliegende schichtweise Aufbauprinzip ermöglicht die Herstellung nahezu unbegrenzt komplexer Werkstücke. Dadurch ergeben sich im Vergleich zu konventionellen Fertigungstechnologien gänzlich unterschiedliche

Zusammenhänge zwischen Fertigungskosten, -zeiten und Werkstück. Im Folgenden werden die Modelle zur Berechnung der Fertigungszeiten und -kosten vorgestellt und die Einflüsse der Maschinentechnik auf diese Parameter aufgezeigt. [Sch16b]

Fertigungszeitmodell

In Abbildung 2-5 sind die maschinenseitigen LPBF-Prozesse detailliert dargestellt, mit den dazugehörigen Teilschritten und -zeiten.

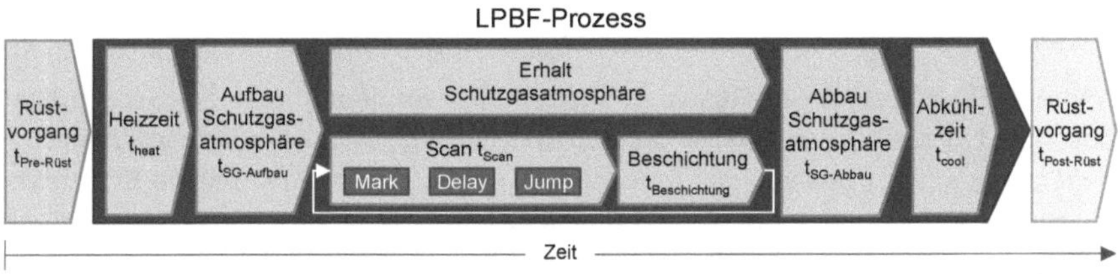

Abbildung 2-5: Detaillierte maschinenseitige Darstellung der einzelnen LPBF-Prozessschritte

Die einzelnen Prozessschritte laufen in der dargestellten Reihenfolge (siehe Abbildung 2-5) ab und beschreiben den Prozess eines Baujobs ausgehend von dem Grundzustand bis zur Entnahme aus der LPBF-Maschine mit darauf aufgebauten Bauteilen. Die Gesamtdauer eines Baujobs t_{Gesamt} ergibt sich entsprechend aus der Summe der Zeitdauern der nicht zeitparallel verlaufenden Einzelschritte (siehe Formel 2.1). [Pil18; Yim12]

$$t_{Gesamt} = t_{Pre-Rüst} + t_{SG-Aufbau} + t_{heat} + t_{Scan} + t_{Beschichtung} + t_{cool} + t_{SG-Abbau} + t_{Post-Rüst} \quad 2.1$$

mit

$t_{...}$ $[s]$ Zeitdauern des jeweiligen einzelnen Prozessschrittes

Die Zeitdauern für den Aufbau $t_{SG-Aufbau}$, Erhalt und Abbau $t_{SG-Abbau}$ der Schutzgasatmosphäre und für den Beschichtungsvorgang $t_{Beschichtung}$ sind abhängig von der Dimension der Bauplattform. Der Erhalt der Schutzgasatmosphäre läuft parallel zum Herstellungsprozess (bestehend aus Scan t_{Scan} und Beschichtung $t_{Beschichtung}$) ab und beeinflusst dementsprechend nicht die Zeitdauer des LPBF-Herstellungsprozess. Dieser wird jedoch zur Durchführung des LPBF-Herstellungsprozess benötigt und ist daher in der Prozesskette in Abbildung 2-5 aufgeführt. Die Heizzeiten t_{heat} und Abkühlzeiten t_{cool} ist abhängig von dem zu verarbeitenden Material (z. B. Aluminiumlegierungen ca. $T = 200°C$).

Zur Berechnung der benötigten Zeitdauer zum Aufbau der Schutzgasatmosphäre $t_{SG-Aufbau}$ kann die folgende Formel genutzt werden.

$$t_{SG-Aufbau} = \frac{V_{Fluten}}{\dot{V}_{Fluten}} \tag{2.2}$$

mit

$\dot{V}_{Fluten}\left[\frac{l}{min}\right]$	Schutzgasvolumenstrom beim Fluten
$V_{Fluten}\,[l]$	zu Flutendes Volumen

Die benötigte Zeit zum Abbau der Schutzgasatmosphäre $t_{SG-Abbau}$ wird im weiteren Verlauf nicht weiter berücksichtigt, da diese nur wenige Minuten und im Vergleich zu den anderen Prozessschritten vernachlässigbar ist [Lin18].

Während der Zeitdauer des Rüstvorgangs $t_{Pre-Rüst}$ vor dem Aufbau der Schutzgasatmosphäre werden typischerweise das Einlegen der Bauplattform in die Maschine samt Sicherstellung der Ebenheit, das Befüllen des Pulvervorratsbehälters, die Einrichtung des Steuerungsrechners sowie der manuelle Auftrag der ersten Pulverschicht durchgeführt. In der Zeitdauer des Rüstvorgangs $t_{Post-Rüst}$ nach Beendigung des Herstellungsprozesses werden typischerweise die Entfernung des nicht aufgeschmolzenen Pulverwerkstoffs, die Entnahme der Bauplattform aus der LPBF-Maschine und eine Reinigung der Prozesskammer vorgenommen.

Die Beschichtungszeit $t_{Beschichtung}$ wird entsprechend der Bauplattformgröße der ausgewählten Maschinen zuzüglich des Offsets und ggfs. der Bewegung der Achsen des Pulvervorrats/ der Bauplattform ermittelt, unter der Annahme, dass Pulvervorrat und Bauplattform zeitgleich bewegt werden. Die Beschichtungszeit eines Baujobs wird anhand der Anzahl der Schichten ermittelt, die bauteilspezifisch ebenfalls mit den Bauteildaten im Modell eingelesen wird. Der Formel 2.3 folgend wird die Gesamtbeschichtungszeit berechnet.

$$t_{Beschichtung} = \mathrm{j} * \left(\frac{B_X + 2 * L_{Offset}}{v_{Beschichter}} + \frac{D_S * z}{1000 * v_{Pulvervorrat}}\right) \tag{2.3}$$

mit

j	Anzahl der Schichten
z	Sicherheitsfaktor für die Materialzufuhr
$B_X\,[mm]$	Abmessung der Bauplattform in x-Richtung
$L_{Offset}\,[mm]$	Länge, die über die Plattform hinaus vom Beschichter überfahren wird
$D_S\,[\mu m]$	Schichtstärke
$v_{Beschichter}\left[\frac{mm}{s}\right]$	Geschwindigkeit des Beschichters
$v_{Pulvervorrat}\left[\frac{mm}{s}\right]$	Geschwindigkeit der Achse des Pulvervorrats

Die Zeitdauern $t_{Pre-Rüst}$, $t_{SG-Aufbau}$, $t_{Beschichtung}$, $t_{SG-Abbau}$ und $t_{Post-Rüst}$ sind bauteilunabhängig und werden für den kompletten Baujob berechnet.

Die gesamte Scan-Zeit t_{Scan}, welche den Zeitanteil der Bewegung des Laserfokus auf der Bearbeitungsebene im Pulverbett darstellt, kann in drei Unterarten aufgeteilt werden. Dabei bezeichnet t_{Mark} die benötigte Zeit zum Umschmelzen eines bestimmten zugrundeliegenden Vektors. t_{Delay} stellt die benötigte Zeit zur Kompensation von Einschwingvorgängen des optischen Systems dar, zur Vermeidung von geometrischen Abweichungen im Vergleich zur Soll-Geometrie und Defekten. t_{Jump} gibt die zur Positionierung des Bearbeitungspunkt zwischen zwei aufeinanderfolgenden Vektoren benötigte Zeit an. Die Vektoren von *Mark* und *Jump* sowie die Anzahl der *Delays* werden in der vom Postprozessor generierten Datei bereitgestellt. Prinzipiell wird zwischen Bauteil und Support bei der Berechnung der Scan-Zeit unterschieden, wenn zum Aufbau von Bauteil und Support unterschiedliche Prozessparameter eingesetzt werden und somit unterschiedliche Volumen-Aufbauraten resultieren.

$$t_{Scan} = t_{Scan,Bauteil} + t_{Scan,Support} = \left(\sum_{i=1}^{j}(t_{Mark,i} + t_{Delay,i} + t_{Jump,i})\right)_{Scan,Bauteil} + \left(\sum_{i=1}^{j}(t_{Mark,i} + t_{Delay,i} + t_{Jump,i})\right)_{Scan,Support} \quad 2.4$$

mit

$t_{Scan,Bauteil}$ $[s]$	Gesamtbelichtung für Bauteile
$t_{Scan,Support}$ $[s]$	Gesamtbelichtung für Support
$t_{Mark,i}$ $[s]$	Gesamtzeit der Mark-Befehle in Schicht i
$t_{Jump,i}$ $[s]$	Gesamtzeit der Jump-Befehle in Schicht i
$t_{Delay,i}$ $[s]$	Gesamtzeit der Delay-Befehle der Schicht i
j	Anzahl der Schichten

Für die exakte Berechnung der Scan-Zeit t_{Scan} werden die werkstoffspezifischen Prozessparameter (u. a. Scangeschwindigkeit) und Schichtinformationen (u. a. Scanvektoren, Delays, etc.) aus der Datenaufbereitung herangezogen. Hierzu werden mittels der Scangeschwindigkeit und der Vektorlängen die benötigten Scan-Zeiten berechnet und aufsummiert. Darüber hinaus kann die Scan-Zeit, unter der Annahme, dass die zu belichtende Fläche konstant auf die Scanfelder verteilt ist, durch die Anzahl der eingesetzten Optikeinheiten n_{OE} (bestehend aus Laserstrahlquelle, Scanner, Fokussiereinheit, Lichtleitkabel) geteilt werden. Da diese Annahme nur in speziellen Fällen zutreffend ist, wird in dieser Arbeit eine diskrete Zuordnung der Bauteile zu den Scanfelder zu Grunde gelegt.

Für eine erste Annährung kann die Scan-Zeit t_{Scan} als Quotient aus Bauteilvolumen $V_{Bauteil}$ und der theoretischen Volumen-Aufbaurate $\dot{V}$ modelliert werden (siehe Formel 2.5). [Pil18]

$$t_{Scan} = \frac{V_{Bauteil} + V_{Support}}{\dot{V}} + \frac{h_{Bauteil} * 1000}{D_S} * t_{Beschichtung}, \quad 2.5$$

$$\text{mit } \dot{V} = \frac{D_S}{1000} * v_S * \frac{\Delta y_S}{1000},$$

mit

$V_{Bauteil}$ $[mm^3]$ Bauteilvolumen
$V_{Support}$ $[mm^3]$ Supportvolumen
D_S $[\mu m]$ Schichtstärke
$h_{Bauteil}$ $[mm]$ Bauteilhöhe in z-Richtung
v_S $\left[\frac{mm}{s}\right]$ Scangeschwindigkeit
Δy_S $[\mu m]$ Spurabstand

Zeitdauern für die werkstoff- und maschinenspezifischen Einflussgrößen, z. B. die Beschichtung, Delay t_{Delay} und Jump t_{Jump}, werden hierbei nicht berücksichtigt.

Formel 2.1 berücksichtigt auch die Heiz- t_{heat} und Abkühlzeiten t_{cool}, wenn Materialien verarbeitet werden, die eine Vorheizung benötigen, wie zum Beispiel Aluminiumlegierungen. Zur Berechnung der Heiz- t_{heat} und Abkühlzeiten t_{cool} wird folgende Formel verwendet:

$$t_{heat} = \frac{T_{heat} - 20°C}{C_{heat}}, bzw.\ \ t_{cool} = \frac{T_{heat} - 20°}{C_{cool}} \quad 2.6$$

mit

t_{heat} $[s]$ Heizzeiten
t_{cool} $[s]$ Abkühlzeiten
T_{heat} $[°C]$ Vorheiztemperatur
C_{heat} $\left[\frac{°C}{s}\right]$ Heizkonstante
C_{cool} $\left[\frac{°C}{s}\right]$ Kühlkonstante

Fertigungskostenmodell

Zur Bewertung der Wirtschaftlichkeit von mittels LPBF gefertigten Bauteilen ist eine Fertigungskostenabschätzung durch quantitative Modelle oder mittels historischer Daten von großer Relevanz. In der vorliegenden Arbeit wird daher das nachfolgende vorgestellte Modell zugrunde gelegt, das sowohl die Einzel- als auch die Gemeinkosten berücksichtigt, wie in Formel 2.7 dargestellt wird. [Pil18; Mah18; Ale98]

$$\mathrm{k}_{Baujob} = \sum_{i=1}^{n} k_{Bauteil,i} = \sum_{i=1}^{n} (k_{Var,Bauteil,i} + k_{Fix,Bauteil,i}) \quad 2.7$$

Dabei beinhalten die Bauteileinzelkosten $k_{Var,Bauteil,i}$ die Materialkosten $k_{Material,i}$ in Abhängigkeit des Bauteil- und Supportvolumens sowie per Verteilungsschlüssel umgelegte Kosten für das eingesetzte Schutzgas k_{SG}, die aufgebrachte Energie $k_{Energie}$ sowie die Personalkosten $k_{Personal}$, u. a. für die Rüstvorgänge zu Beginn und im Anschluss des Herstellungsprozess, Datenaufbereitung, usw. (siehe Formel 2.8) [Sch16b]:

$$k_{Var,Bauteil,i} = k_{Material,i} + \frac{t_{Scan,Bauteil,i}}{t_{Scan}}\left(k_{SG} + k_{Energie} + k_{Personal}\right) \qquad 2.8$$

mit

$k_{Material,i}$ [€]	Materialkosten pro Bauteil (inkl. Support)
k_{SG} [€]	Schutzgaskosten des Baujobs
$k_{Energie}$ [€]	Energiekosten des Baujobs
$k_{Personal}$ [€]	Personalkosten des Baujobs
$t_{Scan,Bauteil,n}$ [s]	Gesamtbelichtung für Bauteil n (inkl. Support)
t_{Scan} [s]	Gesamtbelichtung des Baujobs

Die Materialkosten $k_{Material,n}$ pro Bauteil ergeben sich gemäß der folgenden Formel 2.9, wobei der Verlustfaktor des Materials $f_{Verlust}$ (u. a. durch Materialverluste bei Rüstvorgängen, Bauteil-Hinterschneidungen) auf Basis von Erfahrungswerten im einstelligen bis niedrigen zweistelligen Prozentbereich liegt. [Mah18; Ale98]

$$k_{Material,i} = K_{Material} * V * \rho * (1 + f_{Verlust}) \qquad 2.9$$

mit

$K_{Material}$ $\left[\frac{€}{kg}\right]$	Pulverkosten je Kilogramm
V [mm^3]	Bauteil- und Supportvolumen
ρ $\left[\frac{kg}{mm^3}\right]$	Materialdichte
$f_{Verlust}$	Verlustfaktor

Die Personalkosten $k_{Personal}$ ergeben sich gemäß Formel 2.10. [Tho14]

$$k_{Personal} = K_{Personal} * \left(t_{Pre-Rüst} + t_{Post-Rüst} + t_{Data.prep.}\right) \qquad 2.10$$

mit

$K_{Persoanl}$ $\left[\frac{€}{h}\right]$	Durchschnittlicher Personalstundensatz
$t_{Pre-Rüst}$ [s]	Gesamtdauer Anfangsrüstvorgang
$t_{Post-Rüst}$ [s]	Gesamtdauer Endrüstvorgang
$t_{Data.prep.}$ [s]	Gesamtdauer für die Datenaufbereitung

Die Berechnung der Kosten für das Schutzgas k_{SG} ist sowohl von dem zu flutenden Maschinenvolumen als auch von der Gesamtzeit des Herstellungsprozesses abhängig.

$$k_{SG} = \mathrm{K}_{SG} * \left(\frac{t_{SG-Aufbau}}{60} * \dot{V}_{Fluten} + \left(\frac{t_{Scan}+t_{Beschichtung}}{60}\right) * \dot{V}_{Halten}\right) \qquad 2.11$$

mit

K_{SG} $\left[\frac{€}{l}\right]$	Schutzgaspreis pro l
$\dot{V}_{Halten}$ $\left[\frac{l}{min}\right]$	Schutzgasverbrauch beim Halten
$t_{Beschichtung}$ $[s]$	Gesamtbeschichtungsdauer des Baujobs
$t_{SG-Aufbau}$ $[s]$	Zeitdauer für den Aufbau der Schutzgasatmosphäre

Für die Berechnung der Energiekosten $k_{Energie}$ werden die Kosten für die Grundleistung je nach Maschine sowie die Kosten für die Laserleistung addiert (siehe Formel 2.12), womit ca. 94 % der tatsächlichen Energiekosten ermittelt werden können. [Tho14; Pil18; Yi18]

$$k_{Energie} = K_{Energie} * \left(\frac{t_{Gesamt}}{3600} * P_{Maschine,Grund} + \frac{t_{Scan}}{3600} * \frac{n_{Laser} * P_{Laser}}{\eta_{laser}}\right) \qquad 2.12$$

mit

$K_{Energie}$ $\left[\frac{€}{kWh}\right]$	Energiekosten pro kWh
t_{Gesamt} $[s]$	Gesamtdauer des Baujobs
t_{Scan} $[s]$	Gesamtbelichtung des Baujobs
$P_{Maschine,Grund}$ $[kWh]$	Anschlusswert der Maschine
n_{Laser}	Anzahl der Laserstrahlquellen
P_{Laser} $[kW]$	Laserleistung
η_{laser}	Laserwirkungsgrad

Genauere Energiekosten kann über das Modell von LI YI ET AL. ermittelt werden, der die LPBF-Maschine in Systemmodule aufteilt und den Energiebedarf für jedes einzelne Modul ermittelt. [Yi18]

Für die Berechnung der Bauteilgemeinkosten $k_{Fix,Bauteil,n}$ werden die Zeitdauern, die maschinenspezifisch sind, über einen Verteilungsschlüssel umgelegt (siehe Formel 2.13). [Ale98; Pil18]

$$k_{Fix,Bauteil,n} = \frac{k_{MS}}{3600} * \left(\frac{t_{Scan,Bauteil,n}}{t_{Scan}} * \left(t_{Beschichten} + t_{SG-Aufbau}\right) + t_{Scan,Bauteil,n}\right) \qquad 2.13$$

mit

$k_{Fix,Bauteil,n}$ [€]	Gemeinkostenanteil für Bauteil n
k_{MS} $\left[\frac{€}{h}\right]$	Maschinenstundensatz
$t_{Scan,Bauteil,n}$ $[s]$	Gesamtbelichtung für Bauteil n (inkl. Support)
t_{Scan} $[s]$	Gesamtbelichtung des Baujobs
$t_{Beschichtung}$ $[s]$	Gesamtdauer der Beschichtungen
$t_{SG-Aufbau}$ $[s]$	Gesamtdauer Aufbau Schutzgasatmosphäre

Der verwendete Maschinenstundensatz wird nach Formel 2.14 berechnet. Hierbei werden zunächst die jährlichen (geplanten) Betriebsstunden b_h, die jährlichen Wartungs-/Instandhaltungskosten k_W, die jährlichen Kosten für maschinenspezifische Betriebsstoffe k_{mB} (z. B. Bürste für den Pulverauftrag, Substratplatte, Filter), die jährlichen Entsorgungskosten k_A von Betriebsstoffen und Pulverreste, die anteiligen jährlichen Flächenmietkosten k_{FM} sowie die jährliche kalkulatorische Abschreibung k_{kA} bestimmt. [Tho14; Pil18]

$$k_{MS} = \frac{k_W + k_{mB} + k_{FM} + k_{kA} + k_A}{b_h} \qquad 2.14$$

mit

b_h $[h]$	Betriebsstunden pro Jahr
k_W [€]	jährliche Wartungskosten
k_{mB} [€]	jährliche maschinenspezifische Betriebsstoffe
k_{FM} [€]	jährliche Flächenmietkosten
k_{kA} [€]	kalkulatorische Abschreibung
k_A [€]	jährlichen Entsorgungskosten

2.2.2 Kostenstruktur, Kostentreiber und Kostenabhängigkeiten

Die Kostenstruktur von mittels LPBF hergestellten Bauteilen unterscheidet sich hinsichtlich der Zusammensetzung und der Anteilsgröße der jeweiligen Kostenarten deutlich zu jener der konventionellen Fertigung. Die Kostenstruktur unterstützt Entscheidungsträger bei der Aufdeckung von Kostentreibern ebenso wie von Kostenabhängigkeiten und kann somit zur Beantwortung der Frage, ob eine Serienfertigung wirtschaftlich ist oder nicht, herangeozogen werden. Charakteristisch für die Kostenstruktur von mittels LPBF hergestellten Bauteilen ist ein, auf die Stückkosten bezogenes Verhältnis des Gemeinkostenanteils (z. B. Maschinen- und Wartungskosten, Personalkosten) von ca. 50–70 % zum Einzelkostenanteil von 50–30 % [Sch16b; Pil18; Chr18]. Hierbei stellen die Maschinen- und Wartungskosten für die verwendete LPBF-

Maschinentechnik den größten Anteil an den Gesamtkosten dar, gefolgt von Kosten für Personal und Material (siehe Abbildung 2-6).

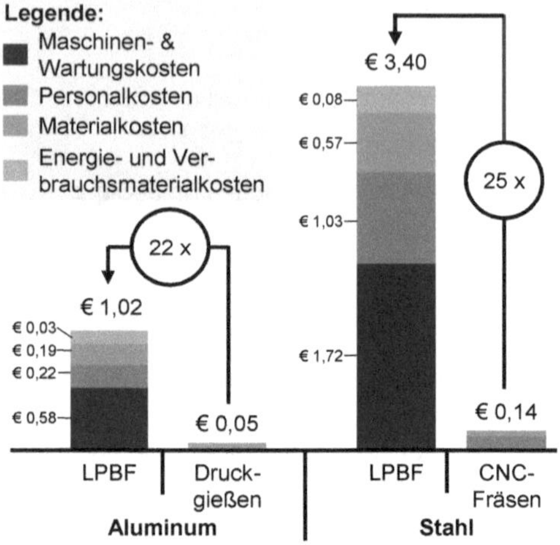

Abbildung 2-6: Kostenstruktur und Kostentreiber – aufgezeigt an exemplarischen Bauteilen und im Vergleich zu konventionellen Fertigungsverfahren [Chr18]

Auf Grund der kapitalintensiven Maschinentechnik, wird das LPBF-Verfahren häufig entweder mit den werkzeugintensiven konventionellen Fertigungsverfahren wie Druckguss oder mit zerspanenden Verfahren wie dem CNC-Fräsen verglichen. In Abbildung 2-14 ist die Kostenstruktur anhand von exemplarischen Bauteilen für die Fertigung mittels LPBF und konventionellen Fertigungsverfahren dargestellt. Neben den im Vergleich viel höheren Gesamtkosten (mit einem Faktor von bis zu 25), wird die Kostenstruktur der konventionellen Fertigungsverfahren vor allem durch die Einzelkosten dominiert, die des LPBF-Verfahren größtenteils durch die Gemeinkosten. Bei konventionellen Fertigungsverfahren jedoch werden die Gemeinkosten nur einem spezifischen Bauteil zugeordnet, z. B. können die Gießformen nur zur Herstellung des spezifischen Bauteils genutzt werden. Folglich müssen sich Kosten über die Stückzahl der herzustellenden spezifischen Bauteile amortisierieren. Das LPBF-Verfahren kann auf Grund der werkzeuglosen Herstellung die Gemeinkosten über ein größeres Bauteilportfolio verteilen, sodass sich hier, in Abhängigkeit des Produktprogramms und der geforderten Stückzahl, eine wirtschaftlichere Produktion im Vergleich zu herkömmlichen Verfahren realisieren lassen kann. [Chr18]

Die tatsächlich anfallenden Bauteilkosten hängen von einer komplexen Kombination technischer Parameter (u. a. Maschinenspezifikation/-typ, Prozessparameter, Werkstoff), den Betriebsbedingungen (u. a. Nesting, Schichtbetrieb) der Maschinen und dem herzustellenden Produktprogramm ab. Diese Abhängigkeiten können gezielt zur Steigerung der Wirtschaftlichkeit bzw. Produktivität genutzt werden. In Abbildung 2-7 ist die Abhängigkeit der anfallenden Bauteilkosten der verwendeten LPBF-Maschinentechnik beispielhaft dargestellt. [Sch16b]

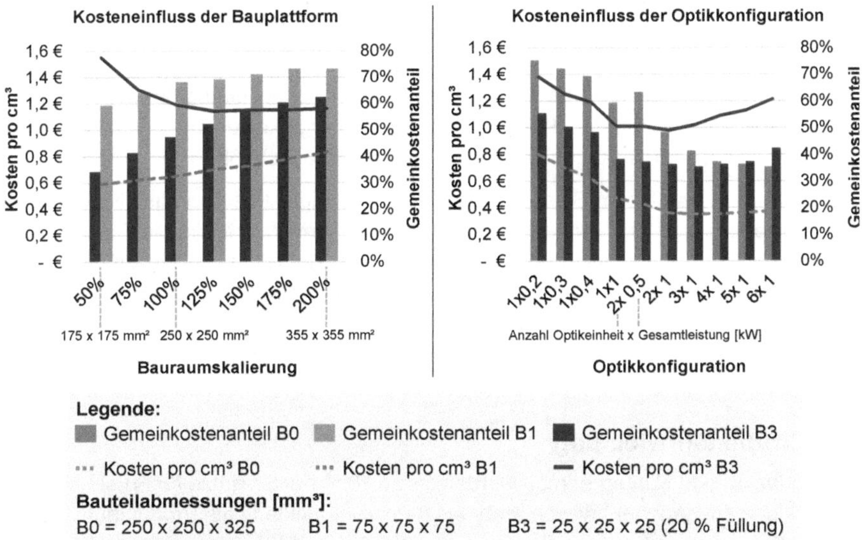

Abbildung 2-7: Abhängigkeit der Bauteilkosten von der Bauraumskalierung (links) und der Optikkonfiguration (rechts) für die exemplarischen Bauteile B0, B1 und B3 [Sch16b]

Hierbei werden die anfallenden Kosten der fiktiven Bauteile B0, B1 und B3 in einem konstanten Zeitraum, bei maximaler Bauraumausnutzung und ausschließlich für den Werkstoff AlSi10Mg für verschiedene Bauraumskalierungen und Optikkonfigurationen dargestellt. Die Bauteile B0, B1 und B3 weisen unterschiedliche Volumen auf (siehe Abbildung 2-7)

Eine Skalierung des Bauraums führt für B1 im Vergleich zu B3 zum größeren Anstieg des Gemeinkostenanteils, begründet durch größere Investitionskosten für die LPBF-Maschinentechnik bei gleichzeitig reduziertem Einzelkostenanteil durch geringere Personalkosten (siehe Abbildung 2-7, links). Je größer das herzustellende Bauteilvolumen je Baujob ist, umso geringer ist die Anzahl der Baujobs in einem konstanten Zeitraum. Dadurch reduzieren sich die Anzahl der manuellen Tätigkeiten je Baujob u. a. für die Rüstvorgänge und in Folge auch die Personalkosten. Letztere haben jedoch nur einen geringen Einfluss auf die Volumenkosten (Kosten pro cm³). Die steigenden Investitionskosten für die Systemtechnik überwiegen hier. [Sch16b]

Der Einfluss der Optikkonfiguration auf die resultierenden Bauteilkosten ist in Abbildung 2-7 (rechts) dargestellt. Hier werden für den Werkstoff AlSi10Mg mögliche Optikkonfigurationen hinsichtlich des Produktivitätszugewinn bewertet. Eine Optikeinheit entspricht dabei immer einer Einheit aus Scanner und zugehöriger Laserstrahlquelle. Dazu wird das Gesamtleistungsvermögen der Optikkonfiguration zur Berechnung der theoretischen Volumen-Aufbaurate (siehe Formel 2.5) bei konstanter Schichtdicke herangezogen. Daraus lässt sich ableiten, dass eine Vergrößerung der Anzahl der Optikeinheiten bzw. des Gesamtleistungsvermögens zu einer größeren Aufbaurate für B0 und damit zu einem Produktivitätszugewinn der Maschinentechnik führt. Bei B3, mit geringerem Bauteilvolumen, führt die weitere Steigerung der Anzahl der Optikeinheiten zum Anstieg der Volumenkosten (Kosten pro cm^3) auf Grund der Zunahme des Einzelkostenanteils, insbesondere der steigenden Energiekosten durch den Wirkungsgrad der angestiegenen Anzahl der Laserstrahlquellen. [Sch16b]

Insgesamt wird an diesem Beispiel die Kostenabhängigkeit des herzustellenden Produktprogramms und der verwendeten LPBF-Maschinentechnik deutlich, auch wenn die Komplexität des Produktprogramms sich in dem Beispiel lediglich auf drei fiktive Bauteile beschränkt. Mit zunehmender Komplexität des Produktprogramms mit unterschiedlichen Bauteilen und einer zunehmenden Anzahl an möglichen LPBF-Maschinenkonfigurationen wird die Auswahl einer geeigneter Maschinentechnik schwieriger.

2.3 Produktentwicklung

Bei produzierenden Unternehmen werden bis zu 20 % der Umsätze für Forschung und Entwicklung ausgegeben, wovon mehr als 8 Prozentpunkte in die Produktentwicklung investiert werden, mit steigender Tendenz [Wes06, S. 117]. Dies zeigt die hohe Bedeutung der Produktentwicklung für produzierende Unternehmen, insbesondere in Hochlohnländern [Wes06, S. 117ff]. Bei der Produktentwicklung müssen neben den klassischen Zielen (Kosten, Qualität und Zeit) auch beispielweise Marktziele sowie verfügbare Ressourcen für die Produktpflege und Neuentwicklung adressiert werden, damit die Unternehmen die übergeordneten Unternehmensziele (z. B. Gesamtumsatzziele) erreichen [Sch12a; Ben21]. Mit Trends wie Industrie 4.0, Digitalisierung, Konnektivität und Individualisierung werden im heutigen wettbewerbsintensiven Marktumfeld zunehmend individuierte, intelligente und cyber-physische Produkte in kürzeren Innovationszyklen entwickelt, welche den Entwicklungsprozess und das Zielsystem komplexer gestalten [Bar16; Ben21, S. 65ff]. Um die Auswirkung der zunehmenden Komplexität auf den Entwicklungsprozess besser zu verstehen, wird in den folgenden Kapiteln die Produktentwicklung in den Produktlebenszyklus eingeordnet und anschließend die Produktentwicklungsmethoden wie auch die wirtschaftlichen Auswirkungen beschrieben.

2.3.1 Einordnung der Produktentwicklung in den Produktentstehungsprozess und Produktlebenszyklus

Der Produktlebenszyklus stellt den gesamten Kreislauf eines Produktes von der Idee über die Realisierung bis hin zum Recycling oder der Wiederverwendung dar (siehe Abbildung 2-8).

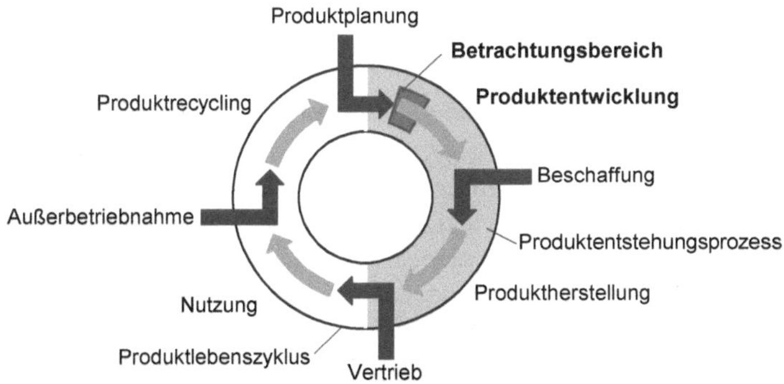

Abbildung 2-8: Einordnung der Produktentwicklung in den Produktentstehungsprozess (blauer Halbring) und den Produktlebenszyklus (kompletter Ring) [Ben21, S. 59]

Entweder werden das komplette Produkt oder Bestandteile davon in einem zweiten Nutzungszyklus wieder- oder weiterverwendet oder die verwendeten Materialien werden zur Herstellung neuer Produkte genutzt. Der Produktentstehungsprozess ist ein Teilprozess des Produktlebenszyklus und beinhaltet die Produktplanung, die Produktentwicklung und die Produktherstellung [Ben21, S. 58ff].

Die Festlegung und Identifizierung der Rahmenbedingungen für das zu entwickelnde Produkt erfolgen in der Produktplanung. Beginnend bei der Erarbeitung der zum Geschäftsmodell passenden Idee über die Vermarktbarkeit und Machbarkeit bis hin zur detaillierten Entwicklungsplanung, werden diese Hauptaufgaben erarbeitet, damit ein Produkt effizient entwickelt werden kann [Ben21, S. 61ff]. Anschließend erfolgt während der Produktentwicklung die weitere Detaillierung der Anforderungen, damit Produktkonzepte entwickelt, ausgewählt und im weiteren Verlauf ausgearbeitet werden können [Ben21, S. 61ff]. Damit die entwickelten Produkte schlussendlich erfolgreich vermarktet werden können, müssen zudem Kundenwünsche und -bedürfnisse berücksichtigt werden. Hierzu wird die Kundenperspektive verstärkt in den Produktentstehungsprozess, insbesondere in späte Phasen der Produktplanung bzw. frühe Phasen der Produktentwicklung, integriert [Ben21, S. 56ff; Ulr16, S. 11ff]. Da die späten Phasen der Produktplanung (u. a. Ermittlung und Priorisierung von Anforderungen) nicht losgelöst von der Produktentwicklung betrachtet werden können und darüber hinaus unzählige Methodiken der Produktentwicklung diesen Bereich bestimmen, werden die späten Phasen der Produktplanung im Rahmen dieser Arbeit der Produktentwicklung zugeschrieben [Lin09]. Auf Grund der Möglichkeiten der Kostenbeeinflussung und der Festlegung der wesentlichen Produktmerkmale[1] durch die Anforderungen, wird lediglich die frühe Phase der Produktentwicklung betrachtet. In den anschließenden Phasen der Produktentwicklung erfolgt die Ausgestaltung der Produkte bis zur Erstellung

[1] Produktmerkmale beschreiben (technische) Eigenschaften der LPBF-Maschine, die zur Erfüllung der Kundenforderungen abgeleitet werden und von Kunden einzeln bewertet werden können

von Technischen Zeichnungen, Stücklisten, etc. Daraus ergibt sich der in Abbildung 2-8 dargestellte Betrachtungsbereich.

2.3.2 Beschreibung des Betrachtungsbereichs

Im Rahmen der vorliegenden Arbeit wird der Fokus auf die frühe Phase der Produktentwicklung gelegt, welche mit dem Schritt *Identifikation von Kundenbedürfnissen (1)* beginnt (siehe Abbildung 2-8). Über die *Festlegung der Produktspezifikationen (2)*, und die *Erstellung (3a) und Auswahl geeigneter Produktkonzepte (3b)* erfolgt die Ausgestaltung des Produkts im weiteren Verlauf. In der frühen Phase ist ein intensiver Informationsaustausch mit den Stakeholdern und ggfs. eine kollektive Konzeptionierung eines Produktprogramms und Produktionsmaschinen zur effizienten und zielgerichteten Produktentwicklung unabdingbar [Gau19, S. 54ff].

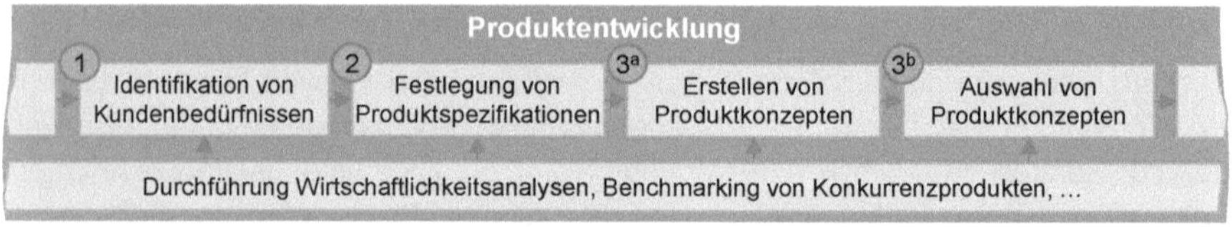

Abbildung 2-9: Darstellung des Betrachtungsbereich in der Produktentwicklung mit den dazugehörigen Teilprozessen (nach [Ji22])

Im ersten dargestellten Teilprozess der Produktentwicklung (siehe Abbildung 2-9) werden mit dem Ziel der Maximierung der Kundenzufriedenheit Kundenbedürfnisse und -wünsche identifiziert und priorisiert [Ji22]. Letztere gehen als bestimmende Bewertungsgröße für die Festlegung der Produktspezifikationen in den nächsten Teilprozess ein. Weitere zu berücksichtigende Bewertungsgrößen ergeben sich aus der Bewertung der Marktsituation, von Konkurrenzprodukten und aus der Wirtschaftlichkeitsbewertung zur Realisierung durch den Kunden geäußerten Bedürfnisse und Wünsche [Ulr16, S. 11ff], zu deren Festlegung vorab der Markt bestimmt und dort aktive Kunden identifiziert, klassifiziert und ausgewählt werden.

Ausgehend von den Produktspezifikationen werden Produktkonzepte abgeleitet [Ulr16, S. 11ff] und anhand weiterer Bewertungsgrößen (u. a. detaillierte Wirtschaftlichkeitsbewertung, andere Größen aus dem Produktlebenszyklus) bewertet und ausgewählt [Ulr16, S. 11ff]. Typischerweise werden für diese frühe Phase der Produktentwicklung geringere Entwicklungskosten, höhere Sicherheit, geringe technische Herausforderungen, o. ä. gleichermaßen zur Bewertung der Produktkonzepte herangezogen [Ji22].

2.3.3 Kostenentstehung und Kostenbeeinflussung während der Produktentwicklung

In Abbildung 2-10 sind – über den gesamten Produktlebenszyklus – die gegenläufigen zueinander verlaufenden Kurven der Kostenentstehung und der Möglichkeiten zur Kostenbeeinflussung dargestellt.

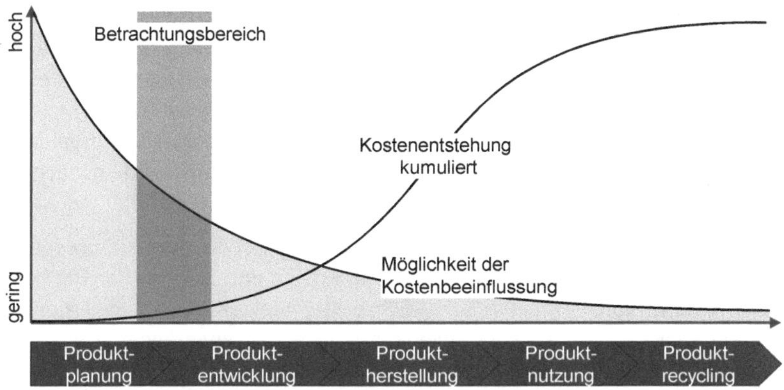

Abbildung 2-10: Kostenentstehung und Möglichkeiten der Kostenbeeinflussung über den Produktlebenszyklus [Ehr20, S. 13]

In den frühen Phasen der Produktentstehung ergeben sich die geringsten Kosten, typischerweise ausschließlich Personalkosten für die strategische Produktplanung und ggfs. für die Projektierung sowie für Markt- und Kundenumfragen. Jedoch ist die Möglichkeit der Kostenbeeinflussung für die späteren Phasen in diese Phase am größten. Das Dilemma, welches die verantwortlichen Abteilungen und Personenkreise lösen müssen, ist die Entscheidungsfindung bzw. die Produktdefinition bei unvollständigen und vagen Informationen. Durch die Produktplanung und -entwicklung werden ca. 70 % der späteren tatsächlichen Kosten festgelegt, selbst wenn diese zu diesem Zeitpunkt noch unbekannt sind [Ben21, S. 944]. Das gilt insbesondere für Neukonstruktionen, für Anpassungs- und Derivatentwicklungen ist der Einfluss geringer. Anpassungen am Produkt in einer späteren Phase des Produktlebenszyklus führen zu überproportional hohen Kosten durch die Realisierung der geforderten Anpassung, falls diese überhaupt zu dem jeweiligen Zeitpunkt umsetzbar sind. [Ehr20, S. 10ff]

Eine Vielzahl von Maßnahmen, die Wirtschaftlichkeit der Produktentstehung zu verbessen, existieren. Prinzipiell lassen sich die Maßnahmen in effektivitäts- und effizienzsteigernde Maßnahmen unterteilen. Die effektivitätssteigernden Maßnahmen fokussieren hierbei auf eine gezielte Beeinflussung bzw. Ausnutzung der Faktoren für die Produktkosten. Hierzu zählen Anforderungen, Funktions- und Lösungsprinzip, Gestaltung und Werkstoffe, Fertigungsverfahren und Toleranzen sowie die Stückzahl. Die effizienzsteigernden Maßnahmen fokussieren dagegen auf die Reduzierung des eingesetzten Aufwands, u. a. durch Einsatz der Methodiken, unterstützende Softwarelösungen, Wissensmanagement, Schulungen oder organisatorische Maßnahmen. Zumeist wird eine Kombination von effektivitäts- und effizienzsteigernden Maßnahmen gewählt, um markt-, kunden- und anforderungsgerechte Produkte zu entwickeln. Die folgende Beispiele verdeutlichen kombinierte Maßnahmen: [Ehr20, S. 37ff; Göt22]

1. Bei der Entwicklung neuer Fahrzeuge werden methodische Ansätze verwendet, um Kundenanforderungen aus der Zielgruppe gezielt in die Konzeptionierung

einfließen zu lassen. Dadurch können einerseits beispielweise die Kaufwahrscheinlichkeit der Zielgruppe für das neue Fahrzeug vergrößert und andererseits unrelevante Anforderungen zur Vermeidung einer unnötigen Vergrößerung der Produktkomplexität vernachlässigt werden. [Sch12d]

2. Die Verwendung von Softwarelösungen zur Simulation eines Verbrennungsmotors in verschiedenen Betriebspunkten kann zur gezielten Funktionsoptimierung hinsichtlich des Kraftstoffverbrauchs genutzt werden. [Sch12d]

Alle Methodiken der Produktentwicklung verfolgen hierbei die gleichen übergeordneten Ziele; die Reduzierung der Aufwände (u. a. Kosten und Zeit) bei der Entwicklung, Herstellung, usw. von Produkten bei gleichzeitiger Steigerung des (wahrgenommenen) Produktwerts. Darüber hinaus sollen diese systematischen Ansätze eine größere Prozesstransparenz schaffen, die Lösungsfindung und Kreativität unterstützen, Managementansätze bereitstellen, die Qualitätssicherung im Produktlebenszyklus gewährleisten, usw. [Ben21, S.74ff]

Neben den Maßnahmen zur Beeinflussung der Wirtschaftlichkeit ist eine kontinuierliche Kostenbewertung während der Produktentstehung, sowohl was die Kosten des Entwicklungsprozesses als auch die der Produktkosten betrifft, notwendig. Einen der diversen methodischen Ansätze stellt das sog. Target Costing als ein strategisches Instrument des Kostenmanagements dar. Ziel des Target Costing ist die marktgerechte Entwicklung und Herstellung eines Produktes hinsichtlich dessen Kosten und Leistungsmerkmale. Das Target Costing gliedert sich in drei Phasen [Göt22]:

1) **Zielkostenfindung:** Die Preisgestaltung wird primär durch den Markt und die Kaufbereitschaft des Kunden in Abhängigkeit der Produktleistungsmerkmale bestimmt. Ziel ist die Ermittlung eines Zielpreises (Target Price) durch Marktforschungsaktivitäten. Daneben wird der geplante Unternehmensgewinn (Target Margin) für das Produkt abgezogen, um so die erlaubten Zielkosten des Produkts (Allowable Costs) berechnen zu können. [Ben21, S. 962f]
2) **Zielkostenspaltung:** Die Zielkosten werden auf Baugruppen, Komponenten und der Funktionen heruntergebrochen. [Ben21, S. 962f]
3) **Zielkostenerreichung:** Identifizierung von Kosteneinsparpotenzialen durch methodische Ansätze und Ableitung von Maßnahmen zur Realisierung der Kosteneinsparpotenziale. [Ben21, S. 962f]

Zusammenfassend kann festgehalten werden, dass Einflussfaktoren für Produktkosten zwar in den frühen Phasen der Produktentstehung beeinflusst werden können, jedoch auch in diesen Phasen unter unvollständigen und vagen Informationen festgelegt werden. Verschiedene Maßnahmen, die zur Steigerung der Wirtschaftlichkeit ergriffen werden können, existieren. Bei der Entwicklung anforderungerechter Produkte ist eine kontinuierliche Bewertung der Kosten, sowohl im Hinblick auf das Entwicklungsprojekt als auch auf das Produkt, zur Förderung von Transparenz und zur Ableitung von Maßnahmen sowie zur Aktivierung von Kosteneinsparpotenzialen sinnvoll.

3 Stand der Technik und Forschung

In diesem Kapitel wird der aktuelle Stand der Technik und Forschung sowohl für das Laser Powder Bed Fusion als auch für die Methodiken der Produktentwicklung wiedergegeben. Beim LPBF liegt der Fokus auf der aktuellen Maschinentechnik. Dagegen wird bei den Produktentwicklungsmethoden eine Übersicht gegeben sowie eine Auswahl für die Arbeit relevanter Methodiken.

3.1 Laser Powder Bed Fusion

3.1.1 Maschinentechnik

Grundlegende Komponenten der LPBF-Maschinentechnik sind die Laserstrahlquelle, die Optik zur Strahlformung (z. B. F-Theta) und -führung (z. B. Scanner) sowie die Baukammer mit Pulverzufuhrsystem (bestehend aus Beschichter, Pulvervorrat und -überlauf) und Schutzgassystem (bestehend aus Umwälzung, Düsen und Verrohrung), wie in Abbildung 3-1 dargestellt. Die Ausprägung der einzelnen Grundkomponenten kann dabei in Größe, Anzahl, Leistungsfähigkeit und auch Ausführung variieren und charakterisiert damit das Maschinenkonzept (siehe Abbildung 3-1).

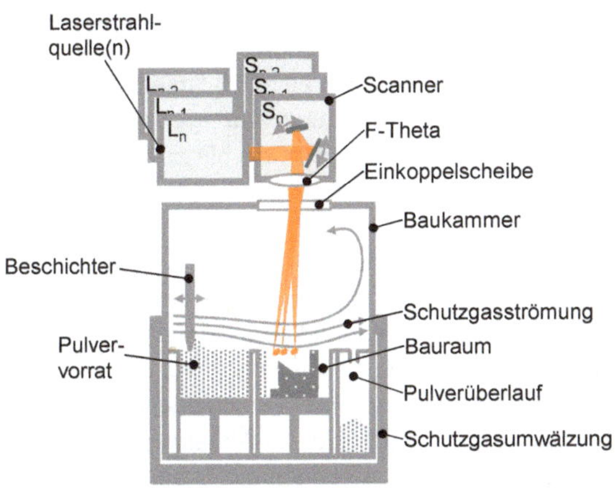

Abbildung 3-1: Übersichtsschema einer klassischen scannerbasierten LPBF-Anlage mit ihren wesentlichen Komponenten

Durch die Kombination der gleichen Grundkomponenten in deren verschiedenen Ausführungen kommt die große Vielzahl verschiedener Maschinen am Markt zustande. Im Folgenden werden die verschiedenen Konzepte gemäß der Marktdurchdringung in abnehmender Reihenfolge vorgestellt [Woh21, S. 107ff].

Scannerbasierte Ein- oder Mehrstrahlmaschinen

Der Bauraum reicht von Ø 55 x 190 mm³ bei kleinen Labormaschinen über 250 x 250 x 325 mm³ bei Standardmaschinen bis hin zu 600 x 600 x 600 mm³ bei der größten derzeit verfügbaren Maschine der Fa. SLM Solutions. (siehe [GE21; EOS21; Aco21; SLM21a])

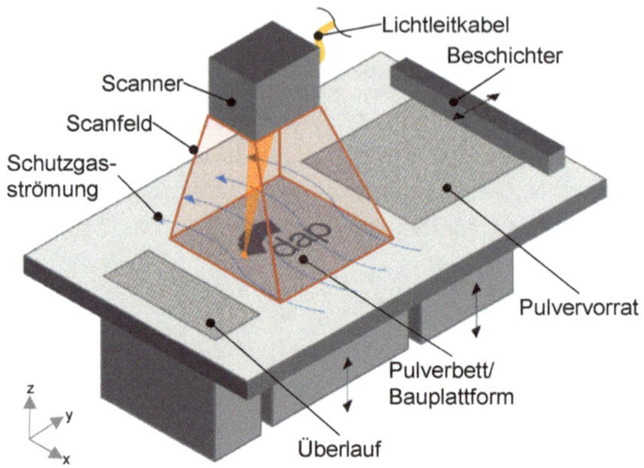

Abbildung 3-2: Schematische Darstellung einer scannerbasierten Einstrahlmaschine

Die Form der Bauplattform beschränkt sich bis auf wenige Ausnahmen (z. B. bei Trumpf, Aconity: rund) auf eine rechteckige bzw. quadratische Form (siehe Abbildung 3-2) (siehe [GE21; EOS21; Aco21; SLM21a]). Die Anzahl der Laserstrahlquellen, die gleichzeitig eine Bauplattform bearbeiten können, und damit eine Steigerung der Aufbaurate bewirken, variiert je nach Maschine typischerweise zwischen eins, zwei und vier, kann im Einzelfall aber auch bis zu zwölf Laserstrahlquellen betragen. Auch die Laserleistung variiert je nach Belichtungsstrategie und verarbeitbarem Werkstoff zwischen 100 W bei sehr kleinen Maschinen bis hin zu 1000 W pro Laserstrahlquelle bei Hochleistungsmaschinen, die beispielsweise auf die Hülle-Kern-Strategie zur Steigerung der Aufbaurate zurückgreifen [Sch12c]. Der Einsatz größerer Leistungen bis zu 2 kW wird derzeit erforscht (beispielweise [Liu22]). Der Laserstrahl wird von zwei galvanometergesteuerten Spiegeln abgelenkt, um den Laserfokus in der Bearbeitungsebene zu bewegen. Um die notwendige Intensität zum Aufschmelzen des Metallpulvers in der Bearbeitungsebene zu erreichen, wird der kollimierte Laserstrahl auf das Pulverbett fokussiert. Hierbei bestehen verschiedene Optionen der Scanneranordnung und der dazugehörigen Scanfelder. In Abhängigkeit des abzudeckenden Bearbeitungsbereiches der Bauplattform können die Scanner mit einem minimalen oder maximalen Scanfeldüberlapp angeordnet werden (siehe Abbildung 3-3, links und Mitte). Neben der Vergrößerung des Bearbeitungsbereiches, kann über mehrere Scanner auch die Produktivität verbessert werden. Im Vergleich zum Einstrahlsystem kann durch die Parallelisierung des Schmelzprozesses die Herstellzeit verkürzt werden. Jedoch wird der Produktivitätszugewinn durch die herzustellende Geometrie beeinflusst. Für den Fall, dass die herzustellende Geometrie bei der Scanneranordnung mit einem kleinen Scanfeldüberlapp nicht symmetrisch verteilt ist, reduziert sich der Produktivitätszugewinn (siehe Abbildung 3-3, links). Der Scanner mit dem kleineren herzustellenden Geometriefragment muss bis zur Fertigstellung des anderen Scanners pausieren, wodurch ein unerwünschter Produktivitätsverlust entsteht. Ebenso sind beim maximalen Überlapp der Scanfelder (siehe Abbildung 3-3, Mitte) der

Energieeintrag und die damit resultierende Temperatur beim Schmelzprozess parallelbetriebener Laserstrahlquellen auf einer kleinen Fläche zu berücksichtigen. Der größere Energieeintrag kann zu Prozessinstabilitäten und einer vergrößerten Anzahl von Defekten führen, wodurch der Parallelbetrieb ggfs. reduziert werden muss und die Produktivität gemindert wird. [Ten22]

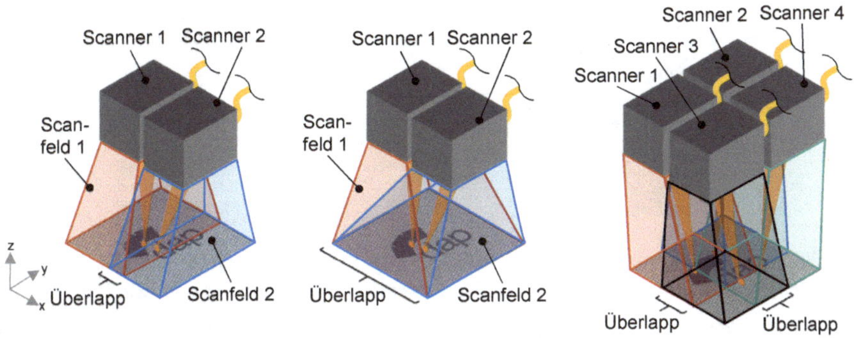

Abbildung 3-3: Schematische Darstellung von exemplarischen Scanneranordnungen mit minimalem (links) und maximalem (Mitte) Scanfeldüberlapp bei zwei und vier Scannern (rechts) für Mehrstrahlmaschinen [Yin21]

Die Beschichtung der Bauplattform erfolgt bei rechteckigen Bauplattformen entweder über die lange oder die kurze Bauplattformseite. Obwohl eine Führung der Beschichtung über die kurze Seite aufgrund der Zeitersparnis sinnvoll erscheint, wird gerade bei größeren Maschinen über die lange Seite beschichtet. Dies erfolgt vor dem Hintergrund, einen flächendeckenden homogene Schutzgasstrom über der Bauplattform zu gewährleisten und nicht durch den Beschichter abzuschirmen, da sich die Schutzgasführung nach bisherigem Stand der Technik nur über eine begrenzte Länge sicherstellen lässt (siehe Abbildung 3-2). Ist die Geometrie der Bauplattform rund, besteht zudem die Möglichkeit, radial zu beschichten. Weiterhin wird zwischen einer unidirektionalen und einer bidirektionalen Beschichtung unterschieden. Bei der unidirektionalen Beschichtung wird das Pulver von einer zweiten Plattform gleicher Größe mit einem Beschichter auf der Bauplattform aufgetragen. Der Beschichter wird dabei zweimal über die Bauplattform bewegt, um wieder an die Beschichtungsposition zurückzukehren (z. B. EOS M 290 [EOS21]). Beim bidirektionalen Beschichten, das bspw. von der Fa. SLM Solutions Group AG in der Maschine SLM 280HL eingesetzt wird, wird die Bauplattform durch eine direkte Pulverzufuhr auf dem Beschichter von beiden Seiten beschichtet, wodurch Nebenzeiten reduziert werden [SLM21b].

Gantrybasierte Ein- und Mehrstrahlmaschinen

Im Vergleich zu der scannerbasierten Maschinentechnik wird bei gantrybasierten Ein- und Mehrstahlmaschinen statt eines Scanners die Kombination aus Bearbeitungskopf mit einer starren Fokussierungsoptik und einer kartesischen Portalsystem (engl. Gantry) verwendet (siehe Abbildung 3-4).

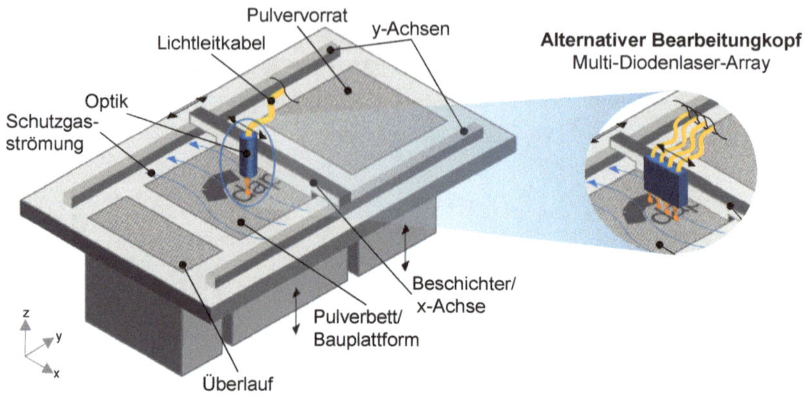

Abbildung 3-4: Schematische Darstellung eines fahrbaren Bearbeitungskopf (Ein- oder Mehrstrahlmaschine) auf einem Gantry-Achssystem (nach [Zie18; Eib17b])

Hierbei wird der Bearbeitungskopf über die Linearachsen des Portalsystems in x- und y-Richtung, basierend auf den Schichtinformationen zum selektiven Aufschmelzen des metallischen Pulvers bewegt. Limitierungen dieses Konzept ergeben sich durch die maximalen Abmessungen der verwendeten Achsen sowie durch das dynamische Verhalten des Bearbeitungskopf (z. B. Beschleunigungs- und Schwingungsverhalten) während des Herstellungsprozesses. Der übrige Aufbau entspricht dem einer scannerbasierten Ein- oder Mehrstrahlmaschine. Neben der Verwendung einer einzelnen Laserstrahlquelle, kann auch ein Array von mehreren unabhängigen Laserstrahlquellen durch einen Bearbeitungskopf erzeugt und über das Portalsystem mit linearen Achsen über das Pulverbett bewegt werden (siehe Abbildung 3-4, Alternativer Bearbeitungskopf). Die direkte Bewegung des Bearbeitungskopfes in Kombination mit kurzen Arbeitsabständen ermöglicht den Einsatz von kostengünstigen Diodenlasern mit einfachen starren Fokussierungsoptiken. Daher kann die Schmelzleistung durch Hinzufügen von Laserstrahlquellen zum Array erhöht werden, anstatt die Laserleistung und/oder die Größe der einzelnen Laserfokusdurchmesser anzupassen. Sowohl Maschinen mit einer einzelnen Laserstrahlquelle als auch mit einem Array können mit einem globalen oder lokalen Schutzgassystem, welches am Bearbeitungskopf angebracht ist, ausgestattet sein. Lokale Schutzgassysteme ermöglichen konstante Bearbeitungsbedingungen in der Wechselwirkungszone, wodurch eine erhöhte Skalierbarkeit der Bauraumgröße unabhängig vom optischen System möglich ist. Darüber hinaus ist typischerweise der Beschichter in den Bearbeitungskopf integriert, sodass eine weitere Linearachse für den Pulverauftrag entfallen kann. [Eib17a; Zie18]

Gantry- und scannerbasierte Ein- oder Mehrstrahlmaschinen

Das folgende Konzept stellt eine Kombination von gantry- und scannerbasiertem Ansatz dar (siehe Abbildung 3-5) und ermöglicht die Herstellung von großen Bauteilen. Der einzelne Scanner oder das Scanner-Array werden während der Belichtung der jeweiligen Schicht über eine Linearachse mit konstanter Geschwindigkeit in x-Richtung über das Pulverbett bewegt. Sollte das Scanfeld des Scanners bzw. des Scanner-Arrays nicht die komplette Bauplattform abdecken, ist neben der y-Achse eine x-Achse für die flächenabdeckende Positionierung des Scanners bzw. des Scanner-Arrays erforderlich. In Analogie zu den gantrybasierten Ein- oder Mehrstrahlmaschine besteht wahlweise die Option eines globalen oder lokalen Schutzgassystems und typischerweise ist der Beschichter in den Bearbeitungskopf bzw. die x-Achse integriert. [Ten21]

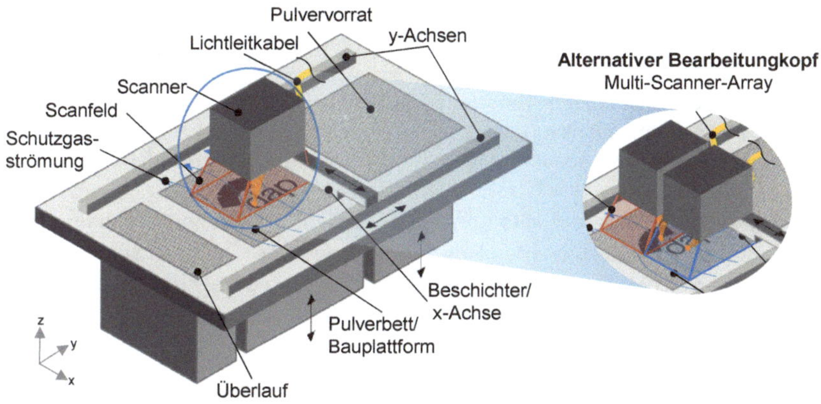

Abbildung 3-5: Schematische Darstellung eines fahrbaren scannerbasierten Bearbeitungskopfes (Ein- oder Mehrstrahlmaschine) auf einem Gantry-Achssystem (nach [Ten21])

Wie bei den scannerbasierten Mehrstrahlmaschine ist die Zuordnung der herzustellenden Geometriefragmente je Scanner ein wesentlicher Einflussfaktor für die Produktivität. Zur Minimierung der Herstellzeiten muss bei Verwendung von mehreren Scannern oder einem Multi-Scanner-Array die Auslastung je Scanner maximiert werden. Die notwendige Fragmentierung und Zuordnung der herzustellenden Geometriefragmente zu dem jeweiligen Scanner erfolgen hierbei in der CAM-Planung, wobei die Berücksichtigung der eingebrachten Leistung je Flächeneinheit erfolgt, damit Prozessinkonsistenzen bzw. Defekte reduziert werden. [Mar19a]

Ein- oder Mehrstrahlmaschine mit beweglicher Baukammer

Konzepte für Systemtechnik mit beweglicher Bauplattform versprechen eine gleichbleibende Bauteilqualität bei großen Bauplattformen. Entsprechende Konzepte unterliegen dem gleichen Ansatz wie jenem für die Bearbeitungsköpfe bei gantry- und scannerbasierter Maschinentechnik. Der Hauptunterschied liegt in der Realisierung der Relativbewegung zwischen Bearbeitungskopf bzw. Scanner und Bauplattform. Die nachfolgend beschriebenen drei Konzepte stammen aus Patentschriften (Abbildung 3-6, Abbildung 3-7) oder wurden für spezielle Applikationen (Abbildung 3-8) entwickelt, weswegen diesen nur eine untergeordnete Marktrelevanz zugeschrieben wird.

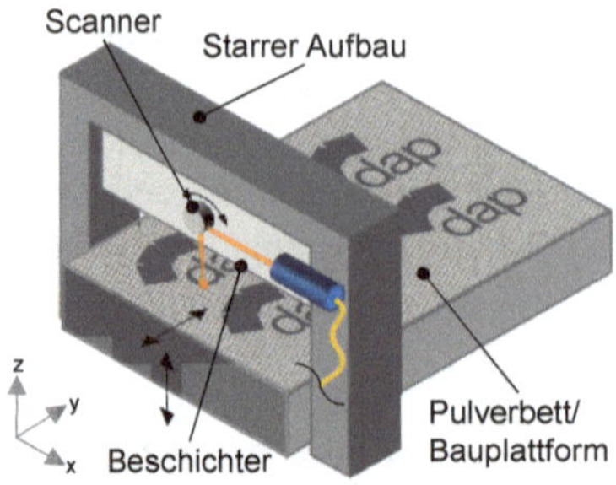

Abbildung 3-6: Schematische Darstellung eines Konzepts mit einer linear fahrbaren Bauplattform (nach [Pot10])

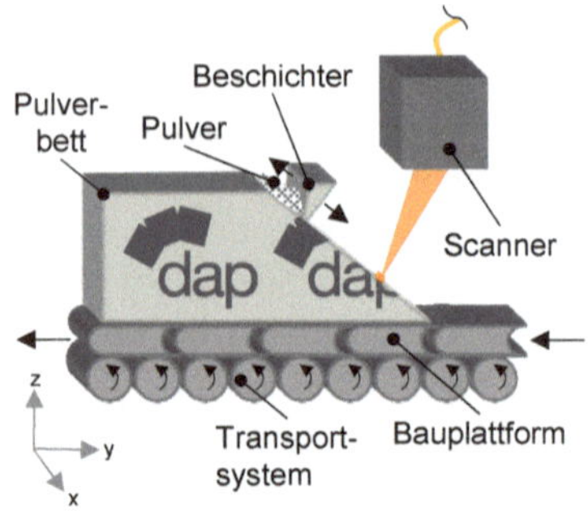

Abbildung 3-7: Schematische Darstellung eines Konzepts zur kontinuierlichen Herstellung von Bauteilen (nach [Uck10])

Das in Abbildung 3-6 dargestellte Konzept ermöglicht die Flächenbelichtung über einen am starren Aufbau montierten Rotationsscanner, der z. B. Laserstrahlung basierend auf den Schichtinformationen fokussiert in x-Richtung über die Bauplattform ablenkt. Die Relativbewegung in y- und z-Richtung zum Rotationsscanner erfolgt über die Bauplattform. [Pot10]

Die kontinuierliche Herstellung von Bauteilen soll durch das in Abbildung 3-7 dargestellte Konzept ermöglicht werden. Hierbei kommt ein Scanner zum Einsatz, der die Geometrie auf einer schrägen Ebene aufschmilzt. Die Bauplattformen werden hierbei über ein Transportsystem kontinuierlich nachgeführt, sodass theoretisch der Herstellungsprozess nicht unterbrochen (z. B. für Rüstvorgänge) werden muss. [Uck10]

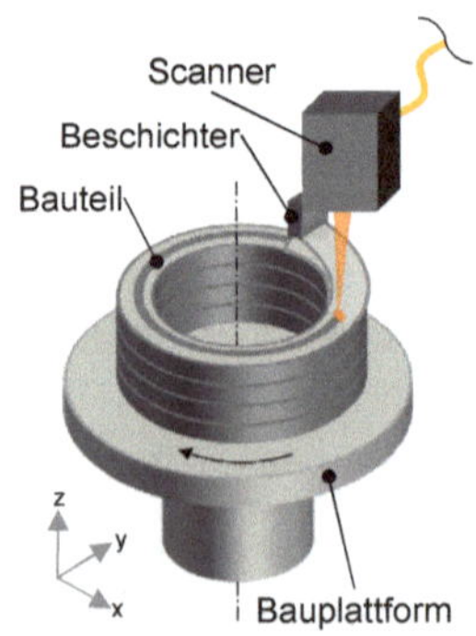

Abbildung 3-8: Schematische Darstellung eines LPBF-Konzepts zur kontinuierlichen Herstellung von rotationssymmetrischen Bauteilen (nach [Car20b; Car20a])

Das Konzept zur kontinuierlichen Herstellung von rotationssymmetrischen Bauteilen wurde speziell für die Herstellung von Flugzeugtriebwerkskomponenten prototypisch entwickelt (siehe Abbildung 3-8). Hierbei kann durch die kontinuierliche Beschichtung und Belichtung eine hohe Auslastung des Scanners (ca. 97 %) realisiert werden und durch den rotationssymmetrischen Pulverauftrag der Pulverbedarf zur Herstellung passender rotationssymmetrischer Komponenten um ca. 400 % reduziert werden. [Car20b]

3.1.2 Pre- und Post-Prozess

Datenaufbereitung (Pre-Prozess)

Die Datenaufbereitung erfolgt ausgehend von dem 3D-CAD-Modell des Konstruktionsprozesses typischerweise auf einem triangulierten Datenformat, z. B. STL, wie in Abbildung 3-9 dargestellt ist. Ebenso können andere Datenformate, beispielweise STEP oder IGES, verwendet werden, welche jedoch während des Datenimports in die Datenaufbereitungssoftware in ein trianguliertes Datenformat konvertiert werden. In Ausnahmefällen werden NURBS-basierte[2] oder CSG-basierte[3] Datenformate direkt für die Datenaufbereitung verwendet. [Han22]

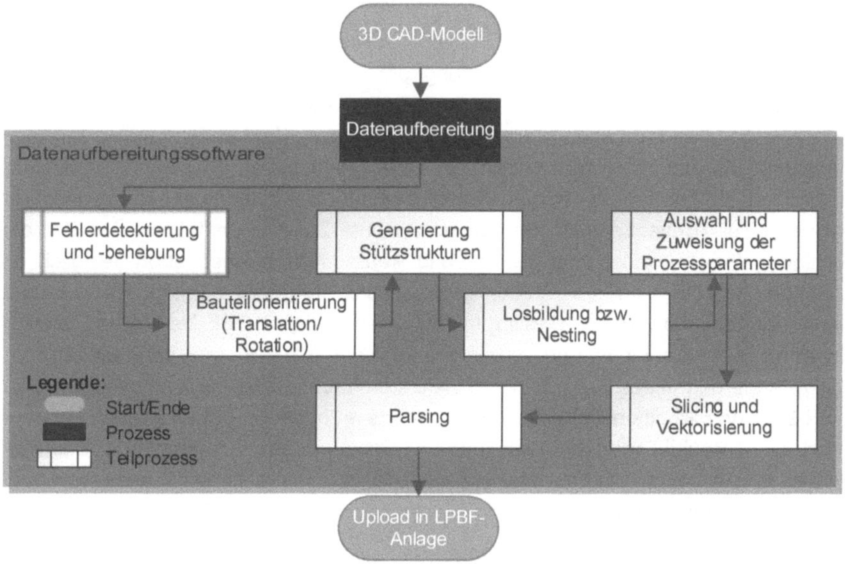

Abbildung 3-9: Ablaufdiagramm der Datenaufbereitung für das LPBF [Bur20]

Solche Datenformate approximieren die Oberflächen des 3D-CAD-Modells mittels Dreiecksfacetten, wobei während der Konvertierung Fehlstellen (z. B. Überschneidungen, Löscher) entstehen können. Im ersten Schritt der Datenaufbereitung müssen Fehler im STL detektiert und repariert werden, damit diese keine weiteren Fehler bzw.

---

[2] Non-uniform rational B-Splines (NRUBS) sind definierte Kurven oder Flächen, welche zur Modellierung beliebiger Körper, z. B. im CAD, verwendet werden. [Pie95].

[3] Constructive Solid Geometry (CSG) nutzt boolesche Operatoren in Kombination mit geometrischen Grundkörpern zur Erzeugung neuer komplexer Körper. CSG wird u. a. im CAD genutzt. [Wyv98].

Defekte in der weiteren Datenaufbereitung und im LPBF-Herstellungsprozess verursachen. Anschließend wird die Bauteilorientierung (Translation und Rotation) auf der Bauplattform vorgenommen. Bei der Wahl der Bauteilorientierung dienen die Herstellbarkeit bei minimalem Stützstrukturvolumen und der Minimierung des Nachbearbeitungsaufwands als Optimierungsziele. Durch die Bauteilorientierung werden ferner auch die Fertigungshöhe des Bauteils und die Flächenverteilung in den späteren Schichten festgelegt. Danach erfolgt die Generierung der Stützstrukturen, die einen Einfluss auf die Wirtschaftlichkeit des LPBF-Prozesses haben. Stützstrukturen beeinflussen die Herstellzeiten, den Nachbearbeitungsaufwand als auch den Materialausschuss [Sch21, S. 23]. Je mehr Stützstrukturen benötigt werden, desto mehr Material muss umgeschmolzen werden, das wiederum im Nachbearbeitungsprozess mechanisch entfernt werden muss. Stützstrukturen sind insbesondere bei Bauteilüberhängen unerlässlich und erfüllen während des Herstellungsprozess mehrere Funktionen, wie z. B. die Fixierung des Bauteils in der gewählten Orientierung und die Ableitung der Wärme, die im Schmelzprozess entsteht [Cec19].

Der nächste Schritt umfasst die Losbildung, das sogenannte Nesting. Hierbei werden mehrere Bauteile nach bauteilspezifischen (z. B. Bauteilabmessungen, Bauteilwerkstoff, Anzahl, Liefertermin) als auch nach maschinenspezifischen Einflussgrößen (z. B. maximales Bauraumvolumen, Anzahl der Laserstrahlquellen, Maschinenauslastung, Qualität) zu Baujobs mit minimalen Herstellzeiten und -kosten zusammengefasst. Im Vergleich zur konventionellen Fertigung kann die Zusammenstellung des Baujobs (Fertigungslos) losgelöst vom Sorten- und Auftragsbezug geschehen, lediglich die Gleichartigkeit des Werkstoffs muss gegeben sein. Mit zunehmender Bauteilanzahl und -inhomogenität wird das Nesting für die wirtschaftliche LPBF-Herstellung relevanter, jedoch auch komplexer und aufwandsintensiver [Gri19]. Ebenso verursachen kurzfristige Änderungen des Baujobs durch die Datenaufbereitung des hinzugefügten Bauteils bzw. durch Positionsänderungen der bereits enthaltenen Bauteile einen Mehraufwand. Dem Baujob oder den einzelnen, im Baujob zusammengefassten, Bauteilen werden im Anschluss die Prozessparameter (z. B. Laserleistung, Scangeschwindigkeit, Hatchabstand) zugewiesen.

Basierend auf den Prozessparametern werden die Schichten und die Scanvektoren im nächsten Teilprozessschritt berechnet, welche im Parsing in Maschinenhersteller proprietäre Programmcodes umgewandelt werden. Der Prozess der Datenaufbereitung endet mit einer Übermittlung der Daten zur LPBF-Maschine.

Nachbearbeitung (Post-Prozess)

Nach erfolgreicher Herstellung mittels LPBF werden die Bauteile der Maschine entnommen und im ersten Schritt vom restlichen metallischen Pulver befreit. In Abhängigkeit des Werkstoffs erfolgt eine Wärmebehandlung vor dem Trennschnitt (z. B. mittels Sägen oder Drahterosion) von der Bauplattform [Mug19]. Die Anbindung über die Stützstrukturen an die Bauplattform fixiert die Bauteile während der Wärmebehandlung in Form und Lage, sodass Änderungen der Eigenspannungszustände zu keinem überproportionalen Verzug führen [Jia21]. Nachgelagert erfolgt die maschinelle oder manuelle Entfernung der Stützstrukturen. Hierbei können sowohl mechanische/ abrasive (z. B. Fräsen, Gleitschleifen), thermische (z. B. Laserstrahlpolieren) oder chemische (z. B. nass-chemisches Ätzen) Verfahren zum Einsatz kommen [Sch19; Pen21]. Die finale Nachbearbeitung der Bauteile zur Sicherstellung der geforderten Form- und Lagetoleranzen sowie der Oberflächengüte kann in den Nachbearbeitungsschritt der Stützstrukturentfernung integriert oder in einem der folgenden Bearbeitungsschritte vorgenommen werden. Typischerweise kommen hier mechanische Verfahren (u. a. Drehen, Fräsen) zum Einsatz [Pen21].

3.1.3 Herausforderungen beim industriellen Einsatz des LPBF

Auf Grund der weiten industriellen Verbreitung des LPBF sind zahlreiche mit dem LPBF-Verfahren in Verbindung stehende Herausforderungen bekannt. Herausforderungen bei der Implementierung und Nutzung des LPBF-Verfahren im industriellen Produktionsbetrieb können nach STITTGEN in die vier folgenden Kategorien gruppiert werden [Sti21, S. 13ff]:

- **Strategische Herausforderungen**
  Hierzu zählen beispielweise die Entwicklung und Anpassung von Geschäftsmodellen an das AM, die Identifizierung von Business Cases, die Anpassung der Wertschöpfungskette, die Überwachung technologischer Neuerungen im AM-Bereich und die Investitionsbewertung geeigneter Maschinentechnik, Software oder Peripherie.
- **Organisatorische Herausforderungen**
  Die Voraussetzungen für eine erfolgreiche Implantierung von LPBF in der Produktionsumgebung, wie beispielweise die Anpassungen von Abläufen und Denkweisen in betroffenen Unternehmensbereichen (u. a. Entwicklung, Produktion, Einkauf), Fachpersonal bzw. Mitarbeiterqualifizierung sind unter den Organisatorische Herausforderungen zusammengefasst.
- **Operative Herausforderungen**
  Als operative Herausforderungen werden die mit dem Produktionsbetrieb in Zusammenhang stehenden Themenbereiche, wie beispielweise bei der Umgebungsgestaltung unter Berücksichtigung des Produkt-/Produktionsprogramms, der Bestimmung bauteilspezifischer Herstellzeiten und -kosten, definiert.
- **Fertigungstechnische Herausforderungen**
  Hierzu zählen insbesondere verfahrensspezifische technische Herausforderungen, wie die Verbesserung der Reproduzierbarkeit, die Reduzierung von Oberflächenrauigkeiten, die Steigerung der Aufbauraten und Schnittstellen.

Aktuelle F&E-Aktivitäten zielen primär auf die Lösung fertigungstechnischer Herausforderungen ab und weniger auf die der anderen Kategorien. Unternehmen, die über die fertigungstechnischen Herausforderungen hinaus auch strategische, organisatorische oder operative Herausforderungen meistern, können damit marktspezifische Alleinstellungsmerkmale erzeugen. Daraus lässt sich ableiten, dass gleichermaßen eine

Lösung der Aspekte aller Herausforderungskategorien zu einer Vergrößerung des Marktpotenzials führt. Jedoch können die einzelnen Kategorien nicht losgelöst voneinander betrachtet und folglich gemeistert werden, sondern diese bedingen einander oder bauen auf Informationen der jeweiligen anderen Kategorie auf. [Sti21, S. 13ff]

In einem ersten Schritt werden beispielhaft passende Business Cases identifiziert, die sowohl technologisch als auch wirtschaftlich einen Mehrwert erzeugen. Basierend auf den gewählten Business Cases erfolgt die Ableitung von Anforderungen an die Produktionsumgebung inkl. der notwendigen LPBF-Maschinentechnik. Anschließend erfolgt auf Grundlage dieser Anforderungen eine Bewertung von Investitionen zur Auswahl der richtigen Maschinentechnik. Schlussendlich erfolgt der Aufbau, die Inbetriebnahme und der Betrieb der Produktion mittels LPBF, im Zuge dessen Informationen wie beispielweise Herstellzeiten oder Maschinenstundensätze, etc. festgelegt werden.

Im o. g. Beispiel wird ersichtlich, dass der Business Case u. a. über die Definition der Herstellzeiten und -kosten des Produkts (Produktprogramms) berechnet wird, die wiederum von der Produktionsumgebung bzw. Maschinentechnik abhängen. Der Kosteneinfluss der Maschinentechnik auf die wirtschaftlichen (z. B. Herstellungskosten) Kennzahlen des ausgewählten Produkts (Produktprogramms) ist signifikant (siehe Kapitel 2.2.1). Auf den Betrachtungsbereich der vorliegenden Arbeit projiziert, stellt sich die Frage, wie Maschinentechnik gezielt für jene Anwendungen bzw. Brachen entwickelt werden kann, wenn die zu meisternden Herausforderungen beim Anwender ungelöst sind bzw. die Informationen zum Zeitpunkt der Maschinenentwicklung nicht vorliegen.

3.2 Produktentwicklung

3.2.1 Modellübersicht zur Produktentwicklung

Produktentwicklungsprozesse werden auf Grund der zunehmenden (Kunden-) Anforderungen als auch der gesteigerten Produktvielfalt zunehmend komplexer. Modelle bieten dabei Unterstützung als erfolgversprechende Vorgangsplanung mit Ausführungskontrolle und -steuerung [Lin09, S. 33ff]. Tabelle 3-1 gibt einen Überblick über in der Literatur beschriebene Modelle und Theorien zur Produktentwicklung. Hierbei hat TOMIYAMA ET AL. die Methodiken nach der industriellen und wissenschaftlichen Relevanz bewertet und eine Klassifizierung nach der Art der Produktentwicklungsmethoden vorgenommen [Tom06].

Tabelle 3-1: Übersicht zu Modellen und Theorien der Produktentwicklung [Tom06]

Modell-/Theoriebezeichnung	Relevanz	Klassifizierung	Quelle
3-Zyklen-Modell	●		[Gau12; Pet14]
Adaptable Design			[Gu04; Chm08; Tse96]
Autogenetic Design Theory (ADT)	◐		[Vaj05; Bir11, S. 170–180]
Axiomatic Design (AD)	●		[Suh90; Suh01; Suh05a; Suh05b; Gu01; Tho09]
Characteristics-Properties Modelling (CPM) / Property-Driven Development (PDD)			[Web05; Web07; Web08]
Concurrent Engineering (CE) / Simultaneous Engineering (SiE)	●		[Bra91; Stj15; Soh92; Has95; Cut93; Ehr13a; Ehr13b]
Contact and Channel Model (C&CM)			[Alb03; Alb07; Alb08a; Alb08b]
Framework X-in-the-Loop	◐		[Sch13; Mat13]
Design for Environment Process			[Fik09; Kab13; Beg19]
Design for X (DfX)	●		[Web07; Mee03; Alb18; Mee97; Tic97; Hua96; Sch16a]
Design Structure Matrix (DSM)	◐		[Bro01; Pim94]
Design Thinking	●		[Gri16; Liu20; Thi17; Pla17; Mei11]
Dynamic Product Development (DPD)	◐		[Ott18]
Emergent Synthesis	◐		[Ued07; Ued08; Ued04; Ued01; Ued99]
Failure Mode and Effect Analysis (FMEA)	●		[Fra01; Mor21; Ouy20; Liu13; Ji22]
Hansen			[Han55; Han68; Han76]
Hubka und Eder			[Hub73; Hub76; Hub92]
Integrated Design Engineering (IDE)			[Mat17; Vaj14]
Integrierte Produktentstehungsmodell			[And94; And96]
Integrierte Produktentwicklung	●		[Bra13; Ehr13b; Ehr13a]
Koller			[Kol79; Kol94]
Lean Startup	●		[Bla20]
Münchener Vorgehensmodell	●		[Lin09]
Pahl und Beitz	◐		[Ben21; Pah07; VDI19]
Problemlösezyklus nach Daenzer	◐		[Dae89; Dae97]
Produktentwicklungsprozess (VDI 2221)	●		[VDI19; Ben21]

Modell-/Theoriebezeichnung	Relevanz	Klassifizierung	Quelle
Quality Function Deployment (QFD)	Industrielle Relevanz	Integrativer Ansatz	[ISO21; Aka03; Saa11; Kno16; Maz14; Miz94; Cla91; Mat98]
Roth	Akademische Relevanz	Integrativer Ansatz	[Rot00]
Scrum	Industrielle Relevanz	Managementunterstützend	[Som14; Glo13; Sch18]
Stage-Gate-Modell	Industrielle Relevanz	Managementunterstützend	[Coo11; Sch12b; Sch12a; Sch12a]
Systems Engineering	Industrielle Relevanz	Aufgaben-/bereichsunterstützend	[Boh05; INC15; ISO15; Reg00]
Taguchi Method	Akademische Relevanz	Aufgaben-/bereichsunterstützend	[Tag88]
Target Costing	Teilweise industrielle Relevanz	Managementunterstützend	[Göt22]
Total Design of PUGH	Teilweise industrielle Relevanz	Integrativer Ansatz	[Pug91]
TRIZ	Industrielle Relevanz	Aufgaben-/bereichsunterstützend	[Cav01; Al'84; Alt00; Orl06; Ver09; VDI21b]
Ullman	Akademische Relevanz	Aufgaben-/bereichsunterstützend	[Ull88; Ull97]
Ulrich und Eppinger	Akademische Relevanz	Integrativer Ansatz	[Ulr16; Ulr12]
Universal Design Theory (UDT)	Teilweise industrielle Relevanz	Managementunterstützend	[Gra00; Gra98; Rei95; Yos81; Yos85; Kak01]
V-Modell (VDI 2206)	Industrielle Relevanz	Managementunterstützend	[Ben21; VDI21a]
ZHO-Modell	Teilweise industrielle Relevanz	Aufgaben-/bereichsunterstützend	[Mat17, S. 131–139; Wal17]

Legende

Relevanz

Industrielle Relevanz | Teilweise industrielle Relevanz | Akademische Relevanz

Klassifizierung

Aufgaben-/bereichsunterstützend | Managementunterstützend | Integrativer Ansatz

Alle in Tabelle 3-1 aufgelisteten Modelle unterliegen der Annahme, dass sich die Produktentwicklung in inhaltlich und/oder zeitlich unterscheidbare Abschnitte gliedern lässt. Insgesamt lassen sich die in Tabelle 3-1 gezeigten Modelle nach der Aufgaben-/Bereichsunterstützung, der Unterstützung des Entwicklungs-/Projektmanagements oder integrierten, übergreifenden Ansätzen klassifizieren [Tom06; Wyn05].

Ansätze zur Aufgaben-/Bereichsunterstützung beschreiben einen formalen, abstrakten, produktunabhängigen Entwicklungsprozess meistens zur Konstruktion von Produkten. Durch die konkreten beschriebenen Vorgangsmodelle sollten die Konstrukteure entlastet, eine Systematisierung der Problembeschreibung bzw. Lösungsfindung ermöglicht und der Prozess planbarer und transparenter gestaltet werden. Beispiele für entsprechende Modelle sind VDI2221:1993, Pahl und Beitz, V-Modell, Koller, etc. [Tom09; Bac16; Kin08; Tom05; Tom06]

Die Unterstützung des Entwicklungs-/Projektmanagements bei der Produktentwicklung erfolgt durch Modelle der phasenorientierten Betrachtung. Hierbei werden im Vergleich zu den Modellen der Aufgaben-/Bereichsunterstützung vorrangig wirtschaftliche und organisatorische Ziele verfolgt. Beispielhaft kann das Stage-Gate-Modell genannt werden. Integrierte, übergreifende Ansätze stellen eine Kombination der beiden vorherigen Ansätze dar, zu denen z. B. die integrierte Produktentwicklung zählt.

Darüber hinaus ist in der empirischen Studie von GRANER ET AL. der Einsatz von Produktentwicklungsmethoden hinsichtlich der Einsatzhäufigkeit und des Einsatzerfolgs anhand von 410 Entwicklungsprojekten analysiert und bewertet (siehe Abbildung 3-10) wurden. GRANER ET AL gibt an, dass vor allem die Methodiken, die in Abbildung 3-10 im oberen rechten Quadranten erscheinen, als überdurchschnittlich effektiv zu beurteilen sind und überdurchschnittlich oft Anwendung in der Praxis finden. [Gra13]

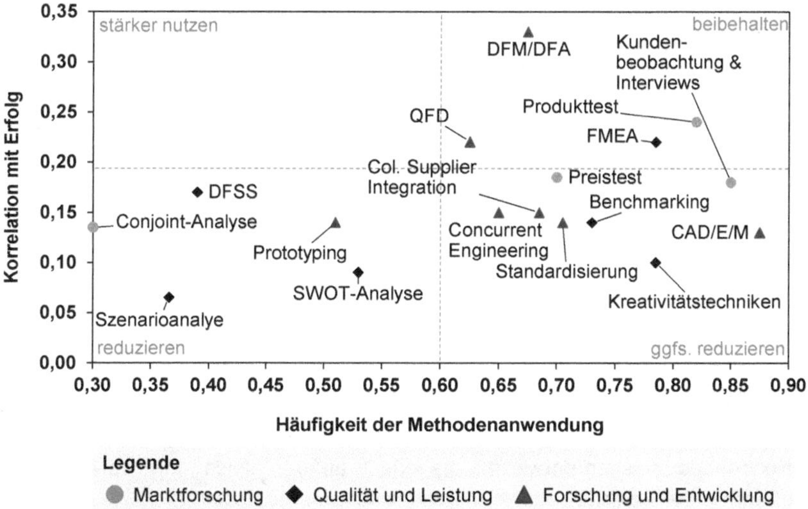

Abbildung 3-10: Bewertung spezifischer Produktentwicklungsmethoden in Anlehnung nach GRANER ET AL [Gra13]

Die beiden Methodiken, die nach GRANER ET AL. besonders bei der Entwicklung erfolgreich angewendet wurden, sind das QFD und das DFM/DFA hervorzuheben. Die Arbeit von TOMIYAMA ET AL. attestiert darüber hinaus beiden Methodiken eine industrielle Relevanz und klassifiziert diese als managementunterstützend (DfX) und integrativen (QFD) Ansatz. Im Folgenden werden diese beiden Methodiken für die Anwendung in der vorliegenden Arbeit betrachtet. Alle nach TOMIYAMA ET AL. weiteren industriell relevante Methodiken sind im Anhang kurz beschrieben (siehe Anhang A1) und abschließend hinsichtlich der Eignung für die vorliegenden Arbeit bewertet.

3.2.2 Quality Function Deployment (QFD)

Das Grundkonzept des QFD basiert auf der Idee, eine fachübergreifende Produktplanung und -entwicklung im Hinblick auf die spezifische Kundenanforderungen zu generieren und ebenso kundenspezifische Qualitätskriterien im Modell mit einfließen zu lassen [Aka03].

Seit der Einführung des QFD-Modells durch den Japaner Yoji Akao im Jahr 1966 nutzen führende Unternehmen der ganzen Welt die Methodik, um einerseits auf den tatsächlichen Kundennutzen während des gesamten Prozesses der Produktentwicklung, Herstellung und Lieferung zu fokussieren, und um andererseits den Produktentwicklungsprozess selbst zu optimieren [Aka03]. Bis heute wird QFD getreu dem Motto seines Erfinders „Copy the spirit, not the form" (Yoji Akao) stetig weiterentwickelt [Ref09]. Die ISO 16355-1:2021 fasst die derzeit relevanten Methodiken und Werkzeuge der QFD zusammen und bietet einen allgemeinen Überblick über den aktuellen Stand [ISO21].

Baumdiagramme und Matrizen stellen zwei für das QFD typische und grundlegende Kommunikationsinstrumente dar. Baumdiagramme dienen zur Strukturierung und Vernetzung von erfassten Daten in Zielen (z. B. Kundenwünsche) und deren möglichen Umsetzung (Produktmerkmale), die Matrizen hingegen zur Visualisierung und Bewertung von Verknüpfungen zwischen Zielen und deren möglichen Umsetzung. In der matrizenbasierten Verknüpfung werden die QFD-typischen WAS-WIE-Beziehungen bzw. Fragestellungen dargestellt, welche in allen QFD-Ansätzen vertreten sind, beispielweise:

- **Ziel:** WAS braucht der Kunde, ... will der Kunde, ... benötigt der Kunde, ... wünscht sich der Kunde, ... soll erreicht werden?
- **Umsetzung:** WIE wird es erreicht, ... stellt wird es sicher, ... wird es zur Verfügung gestellt, ...wird damit umgegangen?

Im Laufe der Zeit haben sich verschiedene Ansätze für die erfolgreiche Umsetzung von Kundenbedürfnissen entwickelt, die jedoch auf den gleichen Prinzipien basieren und ebenfalls die typischen Kommunikationsinstrumente nutzen:

- Fokussierung durch Priorisierung
- die Ursachen für hohe Qualität herausfinden
- Einbeziehung der Stimme des Kunden bzw. Stakeholder
- Beobachtung der Kunden-/ Stakeholdersituation
- Informationsbeschaffung aus unterschiedlichen Quellen
- Förderung der internen Kommunikation durch Übersetzung der Informationen für unterschiedliche Perspektiven der Fachbereiche.

Das in ISO 16355-1:2021 beschriebene QFD hat zum Ziel die Stimme des Unternehmens, die Voice of the Customer (VoC), die Voice of the Engineer (VoE) und die Voice of the Process (VoP) in Einklang zu bringen und strebt damit nach qualitativ hochwertigen Produkten mit hoher Kundenzufriedenheit.

Im Folgenden werden die Grundvarianten des QFD vorgestellt. Basierend auf den verschiedenen Kombinationen der QFD-Kommunikationsinstrumente können zwei Hauptansätze für die Durchführung und Datenhaltung von QFD abgeleitet werden. Dazu gehört der ursprünglich entwickelte Ansatz von AKAO und der Vier-Phasen-Ansatz von MAKABE, welcher vom American Supplier Institute (ASI) beworben wird [Zer07].

Ganzheitlicher QFD-Ansatz nach Akao

AKAO hat in den 80er-Jahren einen generellen und unternehmensweiten anwendbaren QFD-Ansatz entwickelt. Eine ausführliche Darstellung dieses Ansatzes liefert Akao in seinem Buch „QFD – Quality Function Deployment“ [Aka92]. AKAO definiert als Ziel eine langfristige Einbindung des gesamten Unternehmens in den QFD Prozess.

Die externe Kundenorientierung und die organisatorischen Grundsätze zur Übertragung der Kundenbedürfnisse auf die unternehmerischen Prozesse stehen hierbei im Vordergrund. Um die Markt- und Kundenbedürfnisse zu ermitteln, nutzt AKAO Methodiken wie das VoC und leitet aus den darüber erhaltenen Informationen technische Anforderungen für Produkte und Prozesse ab [Ref09; Saa18].

AKAO gliedert seinen Ansatz in die Phasen Qualitätsentwicklung, Technologieentwicklung, Kostenentwicklung und Zuverlässigkeitsentwicklung [Zer07]. AKAO fordert eine genaue Priorisierung der wichtigsten Anforderungen, sowie eine darauf ausgerichtete, unternehmensweite und konsequente Umsetzung der festgelegten Schritte. Der systematische Ansatz von AKAO zeichnet sich, beginnend mit der Ermittlung von Produktanforderungen über den detaillierten Entwurf von Komponenten, Baugruppen und Produktteilen bis hin zur Prozessentwicklung, durch eine strukturierte Prozessumsetzung aus [Mai98].

Als nachteilig zu bewerten ist, dass dem umfassenden Ansatz ein detaillierter Leitfaden für die Anwendung fehlt. AKAO bietet dem Anwender eine Vielzahl an flexibel aufeinander aufbauenden Matrizen an, ohne konkret zu beschreiben, welche der Matrizen für bestimmte Fragestellungen am besten geeignet sind. Damit gestaltet sich der Einsatz für unerfahrene Nutzer schwierig [Saa18]. Die folgende Abbildung stellt den QFD-Prozess nach AKAO dar. In der Darstellung wurde zudem der Vier-Phasen-Ansatz von MACABE für eine bessere Verständlichkeit kenntlich gemacht. Vor allem sind die jeweils erste Phase (das *House of Quality* – HoQ) des Ansatzes von AKAO und MACABE für die vorliegende Arbeit relevant, weswegen an dieser Stelle keine detaillierte Beschreibung des kompletten Prozesses erfolgt.

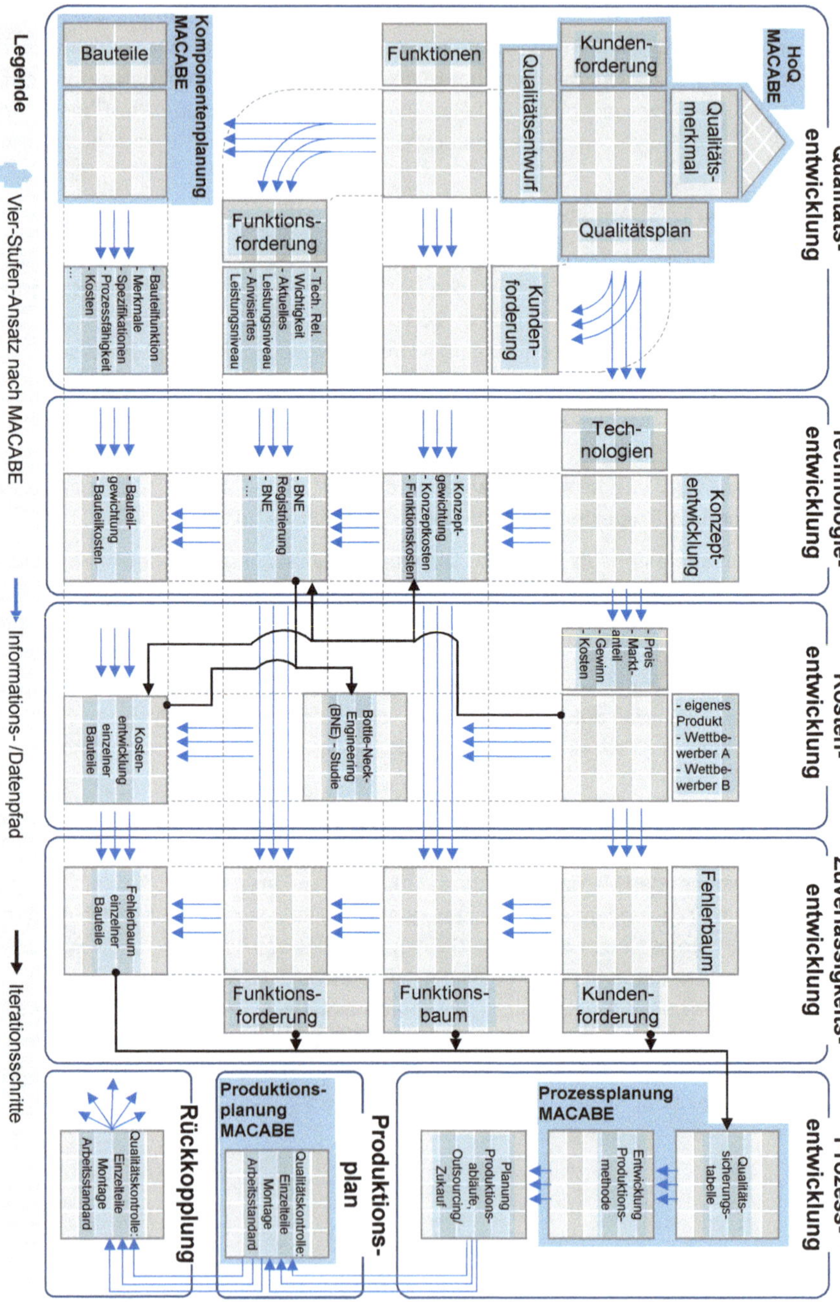

Abbildung 3-11: QFD-Ansatz nach AKAO

Der Vier-Phasen-Ansatz nach MACABE

Dieser Ansatz des QFD wurde von dem Japaner MACABE entwickelt und während der Einführung von QFD in den USA besonders stark von ASI beworben [Mai98]. Bei diesem Ansatz handelt es sich um eine inhaltlich stark reduzierte Variante des Ansatzes von AKAO, welcher sich als übersichtlicher und einfacher anwendbar darstellt [Mai98]. Ausgangspunkt ist die Informationsbeschaffung zur Nachvollziehbarkeit und zur Evaluierung der Kundenanforderungen. Das HoQ dient der sukzessiven Aufbereitung der Informationen. Der Vier-Phasen-Ansatz erstreckt sich, über die folgenden vier Phasen [Saa18]:

- Produktplanung (als HoQ)
- Komponentenplanung
- Prozessplanung
- Produktionsplanung

Jede dieser Phasen wird im Allgemeinen mit Hilfe einer Matrix dargestellt. In den einzelnen Matrizen werden jeweils das Ziel (*WAS*) und die dazu gehörige Umsetzung (*WIE*) in Beziehung gesetzt. Um die gewonnenen Erkenntnisse aus der jeweiligen Phase in die nächste Phase zu transportieren, wird das *WIE* in der folgenden Phase zur Zielvorgabe (*WAS*) [Saa18]. Wie in Abbildung 3-12 dargestellt, begleitet und unterstützt der Ansatz den kompletten Produktentstehungsprozess [Zer07, S. 93].

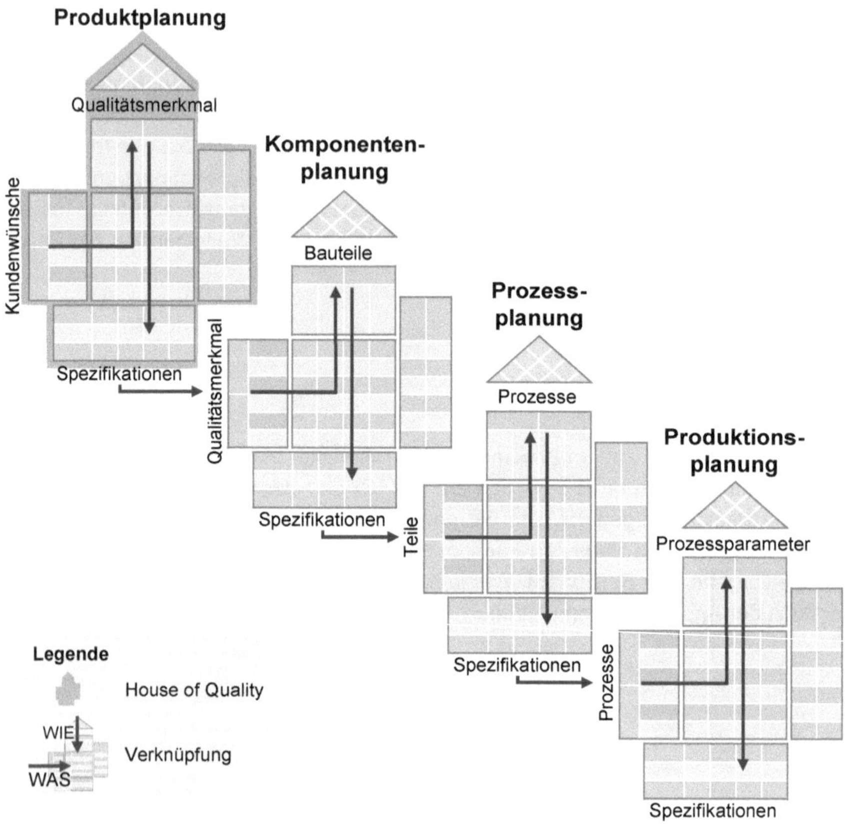

Abbildung 3-12: Vier-Phasen-Ansatz nach MACABE

Die erste Phase zielt darauf ab, die evaluierten individuellen Kundenwünsche (VoC) in messbare Qualitätsmerkmale des Produktes und in technische Anforderungen (VoE) zu übersetzen. Dadurch werden kritische technische Spezifikationen und potenzielle Herausforderungen in der Entwicklungsphase eruiert. Die resultierenden und bewerteten Qualitätsmerkmale werden mit den jeweiligen Gewichtungsfaktoren fließend in die nächste Phase der Komponentenplanung übertragen. Die Gewichtungsfaktoren werden hierbei über den paarweisen Vergleich oder ähnliche Methodiken ermittelt. [Saa18]

Die Komponentenplanung bildet die zweite Phase des Ansatzes ab. Gefolgt von der Gegenüberstellung von Qualitätsmerkmalen und spezifischen Bauteilen des Produktes. Die Spezifikationen der ersten Phase bilden die Anforderungen für die zweite Phase. Somit werden die zuvor ausgewerteten Kundenwünsche in den Bauteilen des Produktes berücksichtigt. Neben der Ermittlung kritischer Bauteile steht auch die Auswahl des am besten geeigneten Konzepts im Fokus [Saa18].

Die Ergebnisse aus der zweiten Phase werden wiederum in der Prozessplanung, welche die dritte Phase darstellt, verwendet, um Prozess- und Prüfabläufe für die ermittelten Bauteilspezifikationen zu erstellen. Dieser Prozessschritt zielt darauf ab, die kritischen Prozessmerkmale zu ermitteln [Saa18].

In der letzten Phase werden aus den spezifizierten Prozess- und Prüfablaufplänen die Arbeits- und Prüfanweisungen abgeleitet, die die Ablaufpläne für die Fertigung ergänzen. Diese bestimmen beispielsweise die Arbeitsvorgänge des Personals in der Produktion mit dem Ziel, die zu Beginn abgeleiteten Qualitätsmerkmale auch auf der Produktionsebene umzusetzen [Saa18].

Der Fokus der vorliegenden Arbeit liegt in den frühen Phasen der Produktentstehung, daher wird im Folgenden nur auf das *House of Quality* bzw. die Produktplanungsphase eingegangen.

House of Quality

Für die Matrix in der Produktplanung innerhalb des Vier-Phasen-Ansatzes hat sich der Ausdruck *House of Quality* (HoQ) etabliert, wohingegen die Matrizensysteme der weiteren Phasen in der Literatur nicht einheitlich benannt werden [Her16; Bou00; Kam13]. Da das HoQ in den meisten QFD-Ansätzen Anwendung findet, wird das Werkzeug fälschlicher weise häufig schon als QFD bezeichnet [Bou00]. Das HoQ zeichnet sich durch eine hohe Nachvollziehbarkeit innerhalb der Dokumentation von Planungsergebnissen aus [Saa18; Her17]. In Abbildung 3-13 (oben links) ist eine schematische Übersicht des HoQ für die erste Planungsphase dargestellt.

Darüber hinaus ist in Abbildung 3-13 ein detailliertes HoQ nach CHAN ET AL. dargestellt, das als ganzheitliche Methodik sowohl von Forschenden als auch von Praktizierenden angewendet werden kann [Cha02].

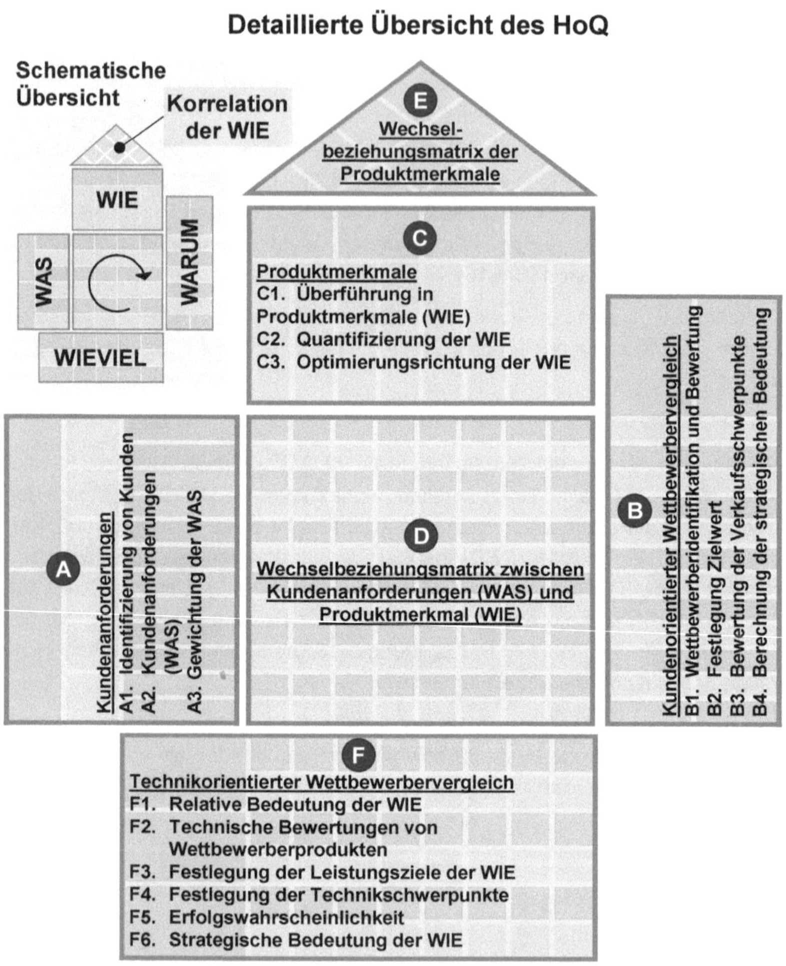

Abbildung 3-13: Schematische und detaillierte Darstellung des *House of Quality* [Cha02]

Die nachfolgende beschriebene Ausführung des HoQ basiert zum überwiegenden Teil auf der Arbeit von CHAN ET AL. mit spezifischen Ergänzungen anderer Autoren.

Teil A – Kundenanforderungen

Das HoQ beginnt mit der Evaluierung der Kundenanforderungen CR_i. Der Anwender muss zu Beginn der Erstellung eines HoQ die Ansprüche und Bedürfnisse der potenziellen Kunden sowie deren subjektive Wertigkeit hinsichtlich eines Produktes ermitteln.

A1 (siehe Abbildung 3-13, siehe Bereich A) beinhaltet die Identifizierung des Kunden, für die im Allgemeinen die folgenden drei Typen unterschieden werden:

- interne Kunden (z. B. Aktionäre, Manager, Angestellte)
- Zwischenkunden (z. B. Groß- und Einzelhandel)
- Endkunden (z. B. Dienstleistungsempfänger, Käufer, institutionelle Abnehmer)

In der Regel liegt der Fokus auf den Endkunden, die durch vorherige Analysen und Marktstudien ermittelt werden können.

Im nächsten Schritt A2 werden die Kundenanforderungen CR_i der identifizierten Kunden für das Produkt ermittelt. Die Bedürfnisse werden mittels der VoC in Kundenanforderungen CR_i überführt. Nach BICKNELL ET AL. gibt es eine Vielzahl von Methodiken zur Erhebung von Kundenbedürfnissen, wie z. B. Umfragen, Einzel- und Gruppeninterviews, Produkttests, Kundenfeedback oder Verkaufs- und Servicegespräche [Dan96, S. 54ff].

Im letzten Schritt des A-Teils (A3) erfolgt die Gewichtung W_i der Kundenforderungen CR_i. Diese ist notwendig, da einerseits Kunden hinsichtlich der Erfüllung der Anforderungen unterschiedliche Präferenzen haben, andererseits jedoch die Produktentwicklung nicht alle Anforderungen gleichermaßen und in vollem Umfang befriedigen kann, weshalb dem Prozess der Kompromissfindung eine hohe Bedeutung beigemessen wird.

Die Gewichtung w_i kann entweder durch erfahrene Anwender, welche die Kunden sehr gut kennen, oder durch Anwendung verschiedener Methodiken bestimmt werden. Zu Letzteren gehören beispielsweise das KANO-Modell [Ish20] oder Rangordnungsmethoden wie der Analytic-Hierarch-Prozess (AHP) oder das Rangfolgeverfahren [Zeh12]. Die Arbeiten von OLIVEIRA ET AL. und ISHAK ET AL. liefern jeweils eine Literaturübersicht mit verschieden Klassifizierungsmethoden, die in Verbindung mit QFD Anwendung finden können [Oli20; Ish20].

Teil B – Kundenorientierter Wettbewerbervergleich

In dem Teil B des HoQ wird das Produkt mit Wettbewerberprodukten hinsichtlich der Erfüllung der Kundenanforderungen CR_i verglichen und bewertet (siehe Abbildung 3-13, siehe Bereich B). Auf Basis dieser Vergleichsanalyse kann das Unternehmen strategische Ziele spezifizieren und mögliche Wettbewerbspositionen festlegen. Teil B wird auch als WARUM bezeichnet, weil hieraus die Begründung zur Umsetzung des WAS (Teil A) ersichtlich wird.

Im ersten Schritt (B1) zur Aufstellung der Qualitätsmatrix mit den Qualitätsmerkmalen erfolgt die Wettbewerberidentifikation sowie die Ermittlung der relativen Erfüllung CF_i der Kundenanforderungen CR_i, im besten Fall durch die Kunden selbst. Hierbei vergleicht der Kunde das zu entwickelnde Produkt mit Wettbewerberprodukten. Eine ordinale Punktebewertungsskala von 1 bis 5 wird typischerweise dafür herangezogen.

Grundvoraussetzung zur Durchführung solch einer Bewertung sind Kenntnisse über die Stärken und Schwächen der Wettbewerberprodukte [Saa18].

Der zweite Schritt (B2) besteht in der Festlegung eines Zielwerts CT_i der Kundenanforderungen CR_i basierend auf der ordinalen Punktebewertungsskala von 1 bis 5. Dabei sollte die Zielsetzung unter Berücksichtigung der zur Verfügung stehenden Ressourcen (u. a. Kosten- und Zeitvorgaben, verfügbare Technologie) erfolgen.

Im nächsten Schritt B3 folgt die Bewertung der Verkaufsschwerpunkte SP_i. Verkaufsschwerpunkte stellen hierbei Merkmale des zu entwickelnden Produkts dar, die ein Unternehmen dazu befähigen, das Produkt abzusetzen. Die Bewertung erfolgt hierbei im Vergleich zum Wettbewerb und es wird zwischen starkem (1,5), mäßigem (1,25) und keinem (1) Verkaufsschwerpunkt unterschieden. Eine Bewertung als starker Verkaufsschwerpunkt (1,5) erfolgt dann, wenn die Wettbewerberprodukte schlechte Ergebnisse erzielen.

Im letzten Schritt B4 erfolgt die Berechnung der strategischen Bedeutung $C_{sw,i}$ der Kundenanforderungen CR_i. Hierzu wird die folgende Formel verwendet:

$$C_{SW,i} = (CT_i - CF_i) * w_i * SP_i \tag{3.1}$$

mit

$C_{SW,i}$ strategische Bedeutung der Kundenanforderungen CR_i
CT_i Zielwert der Kundenanforderungen CR_i
CF_i relative Erfüllung der Kundenanforderungen CR_i
w_i Gewichtung der Kundenanforderungen
SP_i Verkaufsschwerpunkte

Kundenanforderungen CR_i mit der höchsten strategischen Bedeutung weisen auf einen im Vergleich zum Wettbewerb hohen potenziellen Geschäftsnutzen hin [Cha99]. Durch Wahl des Fokus auf von den Wettbewerbern unerfüllten Kundenanforderungen CR_i, kann ein Wettbewerbsvorteil erlangt werden.

Teil C – Produktmerkmale

In diesem Teil des HoQ werden die von Ingenieuren abgeleiteten Produktmerkmale DR_i (WIE) abgebildet. Zusätzlich werden den Produktmerkmalen geometrische oder physikalische Messgrößen zugeordnet und die jeweilige Optimierungsrichtung festgelegt.

Im ersten Schritt (C1) werden die Kundenanforderungen CR_i in Produktmerkmale DR_j überführt. Gut definierte Produktmerkmale DR_j sollten nach Möglichkeit spezifisch, messbar, umfassend und zielgerichtet sein. In der Praxis lassen sich Produktmerkmale beispielsweise aus aktuellen Produktstandards oder über eine Ursache-Wirkungs-Analyse ableiten [Dan96].

Zur eineindeutigen Beschreibung der Produktmerkmale DR_j sowie zur Vergleichbarkeit folgt (C2), die Quantifizierung durch Messgrößen, wie Laserleistung in Watt, Aufbaurate in mm^3 pro s oder Qualität in Defektanzahl pro Bauteil.

Im letzten Schritt (C3) wird eine Optimierungsrichtung je Produktmerkmal DR_i zur Realisierung von Verbesserungen festgelegt. Hierbei wird zwischen *je mehr, desto besser/maximieren* (↑), *je weniger, desto besser/minimieren* (↓) und der *Zielwert ist am besten* (⊙) unterschieden.

Teil D – Wechselbeziehungsmatrix zwischen Kundenanforderungen und Produktmerkmal

Die strukturierte Darstellung der Interdependenzen c_{ij} zwischen den einzelnen Kundenanforderungen CR_i und den Produktmerkmalen DR_j bildet das Zentrum eines HoQ. Die Gewichtung der Beziehungen ist insofern von besonderer Bedeutung, als dass damit in einer sehr frühen Phase der Produktentwicklung Zielkonflikte erkannt und beseitigt werden können. Darüber hinaus lassen sich Entwicklungsschwerpunkte des Produktes maßgeblich beeinflussen.

Dabei empfiehlt sich, die Wechselbeziehungsmatrix entlang der Spalten und gestützt durch die Frage „Wie stark trägt das Produktmerkmal DR_j zur Erfüllung der Kundenanforderungen CR_i bei?" [Dan96] auszufüllen. In der Regel gibt es vier Beziehungsebenen: *keine Beziehung*, *schwache Beziehung*, *mittlere/moderate Beziehung* und *starke Beziehung*, mit der dazugehörigen Punktebewertungsskala [0, 1, 3, 9].

Teil E – Wechselbeziehungsmatrix der Produktmerkmale

Die technische Wechselbeziehungsmatrix, die auch als *Dach* des HoQ bezeichnet wird, verdeutlicht die Interdependenzen t_{jk} und Zielkonflikte zwischen einzelnen Produktmerkmalen DR_j. Negative Zusammenhänge sind dabei besonders herausfordernd für die Entwicklung.

In der Regel werden in der technischen Wechselbeziehungsmatrix fünf Stufen definiert: stark positive (++), mäßig positive (+), keine, mäßig negative (-) und stark negative (--) Auswirkungen. Diese werden ebenfalls, wie in der Wechselbeziehungsmatrix im Teil D, symbolisch dargestellt. Die Bewertung erfolgt auf Grundlage der Optimierungsrichtung der Produktmerkmale. Gleichgerichtete Pfeile haben einen positiven und gegenläufige Pfeile einen negativen Effekt.

Teil F – Technikorientierter Wettbewerbervergleich

Der in Abbildung 3-13 im unteren Bereich dargestellte Teil des HoQ dient dem technikorientierten Wettbewerbervergleich, wobei der Vergleich der Wettbewerberprodukte anhand der technischen Spezifikationen erfolgt.

Zu Beginn (F1) erfolgt die Bestimmung der relativen Bedeutung $D_{rT,j}$ der einzelnen Produktmerkmale DR_j. Dieser wird über die spaltenweise Aufsummierung der Produkte aus der Gewichtung w_i mit der Interdependenz c_{ij} berechnet. Die Formel lautet:

$$D_{rT,j} = \sum w_i * c_{ij} \quad 3.2$$

mit

$D_{rT,j}$ relative Bedeutung des Produktmerkmals DR_j

w_i Gewichtung der Kundenanforderungen CR_i

c_{ij} bewertete Interdependenzen zwischen Produktmerkmal DR_j und Kundenanforderungen CR_i

Anstelle der o g. Formel können andere, komplexere Methodiken der Entscheidungsfindung und Methodiken zur Leistungsmessung ebenfalls Anwendung finden.

Folgend wird die relative technische Bewertung DF_j der Wettbewerberprodukte (F2) durch die Ingenieure vorgenommen, um die technischen Eigenschaften des zu entwickelnden Produkts mit den Eigenschaften der Wettbewerberprodukte zu vergleichen. Für die Bewertung wird die gleiche ordinale Punktebewertungsskala wie bei dem kundenorientierten Wettbewerbervergleich genutzt.

Die Festlegung von technischen Leistungszielen DT_j für die technischen Merkmale bildet den nächsten Schritt (F3). Die Leistungsziele DT_j werden so gewählt, dass das eigene Produkt am Markt wettbewerbsfähig im Vergleich zu den Wettbewerberprodukten sein kann. Tendenziell erfolgt die Festlegung des Leistungsziels linear zu den relativen Bedeutungen, d. h. bei einem großen Wert für die berechnete relative Bedeutung des dazugehörigen Produktmerkmals DR_j wird auch das Leistungsziel DT_j entsprechend groß gewählt. Hierbei erfolgt die Leistungszielsetzung DT_j ebenfalls unter Berücksichtigung der zur Verfügung stehenden Ressourcen.

Analog zu den Verkaufsschwerpunkten SP_i erfolgt zur Berechnung der strategischen Bedeutung die Festlegung der Technikschwerpunkte TP_j (F4). Ebenso erfolgt eine numerische Bewertung der Realisierbarkeit der Produktmerkmale $P(DR_j)$ durch die Ingenieure (F5), wozu eine ordinale Punktebewertungsskala 1 bis 5 (alternativ 1 bis 10) verwendet wird.

Eine relative Bedeutung des Produktmerkmals DR_j beinhaltet nur die Bewertung der Interdependenzen mit den gewichteten Kundenanforderungen CR_i und berücksichtigt nicht die Bewertung der Wettbewerberprodukte. Aus diesem Grund ist die Berechnung der strategischen Bedeutung des Produktmerkmals (F6) wichtig. Hierzu wird in Analogie zu Teil B folgende Formel hergeleitet:

$$D_{SW,j} = (DF_j - DT_j) * D_{rT,j} * TP_j * \frac{1}{P(DR_j)} \qquad 3.3$$

mit

$D_{SW,j}$	strategische Bedeutung des Produktmerkmals DR_j
DF_j	relative Bewertung des Produktmerkmals zum Wettbewerberprodukt
DT_j	Leistungszielwert des Produktmerkmal DR_j
$D_{rT,j}$	relative Bedeutung des Produktmerkmals DR_j
TP_j	Technikschwerpunkte
$P(DR_j)$	Realisierbarkeit des Produktmerkmals DR_j

3.2.3 Design for X (DfX)

Design for X ist ein methodischer Ansatz für die Produktentwicklung, welche sowohl komplexe Wissensgebiete aus unterschiedlichen Domänen als auch methodische Ansätze zur Entscheidungsfindung zwischen teilweise gegenläufigen Aspekten umfasst. Darüber hinaus inkludiert dieser Ansatz einige weitere Methodiken und insbesondere rechnergestützte Werkzeuge. Das *X* stellt hierbei ein Platzhalter für die verschiedenen Domänen dar, wie beispielweise Manufacturing, Assembly und Costing. [Alb18; Mee97]

Darüber hinaus kann DfX auch als ganzheitlicher Ordnungsrahmen verstanden werden, welcher bei der Ablauforganisation als auch mit definierten Arbeitsschritten bzw. Richtlinien den Entwicklungsprozess unterstützt. [Mee03]

Es muss festgehalten werden, dass DfX in der industriellen Praxis, bis auf Design for Manufacturing (DfM) und Design for Assembly (DfA), noch wenig gebräuchlich ist, obwohl alle Entwicklungs- und Konstruktionsprozesse auf diese Thematik fokussieren, daher wird im weiteren Verlauf nur noch DfM bzw. DfA berücksichtigt. [Alb18]

DfM berücksichtigt die Auswahl geeigneter Materialien und Fertigungsverfahren in Abhängigkeit der Produktentwicklung. Verschiedene Werkzeuge (z. B. Fertigungs- oder Gestaltungsrichtlinien, digitale Assistenzsysteme) unterstützen bei der Entwicklung einfacher, robuster, prozesssicherer und damit kostengünstiger Produkte.

Oft geht DfA mit DfM einher und fokussiert auf die montagegerechte Produktentwicklung von einzelnen Bauteilen oder Baugruppen. Hierbei werden u. a. Ansätze zur Verwendung von standardisierten Bauteilen (z. B. Normteile, Zukaufteile), zur Reduzierung der Bauteilanzahl innerhalb einer Baugruppe bzw. Reduzierung der Montageschritte für eine Baugruppe angewendet. Analog zum DfM verfolgt DfA das Ziel eines einfachen, robusten, prozesssicheren und kostengünstigen Produkts. [Alb18]

Da beide Ansätze oft zusammen Anwendung finden, hat sich der Begriff DfMA (Design for Manufactruing and Assembly) in der Praxis etabliert. DfMA ist eine Methodik, die die parallel Produkt- und Prozessentwicklung fördert, um die Kosten eines Produkts zu reduzieren oder die Zuverlässigkeit zu verbessern, ohne dabei die Funktion des Produkts zu ändern. Die Anwendung der DfMA-Techniken kann zu erheblichen

Kosteneinsparungen durch die Anwendung der Methodik in der Konstruktionsphase führen [Nao20].

Zur Umsetzung der Methodik existieren verschiedene Ansätze, welche in drei Bereiche zusammengefasst werden können:

1) Die Anwendung einer Reihe von allgemeinen Regeln oder Leitlinien stellt den ersten Bereich von Techniken dar. Diese sind nicht quantitativ und erfordern Interpretation und fallspezifische Anwendung. Die allgemeinen, qualitativen DfMA-Leitlinien sind notwendigerweise unspezifisch, damit diese für eine Vielzahl Produkten, Prozessen und Materialien Gültigkeit erlangen. Einige der wichtigsten DfMA-Leitlinien werden im Folgenden aufgeführt:
   I. Verwendung von Guss und Stanzteilen bei großen Stückzahlen sollten in Betracht gezogen werden, um den (Bearbeitungs-) Aufwand zu verringern.
   II. Verwendung von endkonturnahen Formen für Guss- und Schmiedeteile zur Minimierung des Bearbeitungsaufwands.
   III. Einfache Konstruktionen durch Berücksichtigung von starren Montageflächen und parallele Klemmflächen.
   IV. Vermeidung von dünnen Wänden und Stege sowie tiefen Taschen oder Löcher/Bohrungen, um Deformationen bei der mechanischen Bearbeitung zu reduzieren und den Bearbeitungsaufwands zu minimieren.
   V. Weitestgehende Vermeidung von Verjüngungen und komplexe Konturen.
   VI. Vermeidung von Hinterschneidungen oder andere Merkmale, die besondere Arbeitsgänge und/oder Werkzeuge erfordern.
   VII. Vermeidung von gehärtete oder schwer zu bearbeitenden Werkstoffen.
   VIII. Bearbeitungsflächen nach Möglichkeit auf die gleiche Ebene legen, um die Anzahl der Arbeitsgänge zu minimieren.
2) Der zweite Bereich von Techniken basiert auf einen Ansatz von BOOTHROYD und DEWHURST. Dieser Ansatz beruht auf einer quantitativen Bewertung des Produktentwurfs. Jede Teillösung des Produktentwurfs wird mit einem numerischen Wert bewertet, der von seiner Montagefähigkeit abhängt. Die Bewertungen aller Teillösungen werden für den gesamten Produktentwurf addiert. Der sich daraus ergebende Wert wird als Richtwert für die Gesamtqualität des Produktentwurf verwendet. Iterative konstruktive Anpassungen von Teillösungen, welche stark zur Gesamtbewertung des Produktentwurfs beitragen, sollen die Qualtiät verbessern bis eine zufriedenstellende Gesamtqualität erreicht wird. Diese Vorgehensweise erfordert Erfahrung in der Anwendung als auch in der Entwicklung des spezifischen Produkts. [Nao20]
   Darüber hinaus wurden in Anlehnung and en Ansatz von BOOTHROYD und DEWHURST unternehmensspezifische Techniken entwickelt, wie beispielweise:

- **Hitachi - Assembly Evaluation Method (AEM):** Das Hauptziel bei der Anwendung von AEM ist die Erleichterung von Verbesserungen durch die frühestmögliche Ermittlung von Konstruktionsschwächen bzw. -fehlern. AEM legt hierfür zwei Kennzahlen zugrunde. Das *Assimilability Evaluation Score Ratio*, das zur Bewertung der Konstruktionsqualität verwendet wird. Die Kennzahl wird durch die Bestimmung der Schwierigkeit der Montagevorgänge beschrieben. Die zweite Kennzahl ist das *Assembly Cost Ratio*, das zur Hochrechnung der Montagekosten verwendet wird. [Nao20]
- **Lucas - Lucas DFA Method:** Diese Methode verwendet keine Kostenanalyse, sondern nutzt die Ermittlung und Summierung von Straffaktoren für potenziellen Konstruktionsschwächen, unter Einbeziehung der Handhabung und des Produkteinbaus. [Nao20]

3) Die Computergestützte bzw. automatische DfMA stellt den dritten Bereich dar. Mittels Software (z. B. CAE, FEM) kann eine quantitative Analyse auf den Produktentwurf angewendet werden. Durch den Aufbau eines Expertensystems, das die allgemeinen Entwurfsregeln verwendet, kann ein computergestütztes System entwickelt werden, das zunächst einen Entwurf analysiert und diesen dann durch wiederholte Anwendung der Regeln und Bewertung der Qualität nach jeder Iteration optimiert (beispielweise Topologieoptimierng mit AM-Fertigungsrestriktionen). [Nao20]

DfMA ist eine praxisbewährte Methode, um Produktentwürfe für die Massenproduktion in einem frühen Stadium zu optimieren, so dass das finale Produkt effizient und effektiv hergestellt und montiert werden kann. Auch für bestehende Produkte kann die Anwendung von DfMA zur Erreichung von Kosteneinsparungen und Qualitätsverbesserungen lohnenswert sein. Die Anwendung von computergestützten DfMA-Werkzeugen ist nützlich, um den Zeitaufwand für die Bewertung von Entwürfen zu verringern. [Nao20]

3.2.4 Herausforderungen aus der Theorie beim Einsatz von Produktentwicklungsmethoden

Der Einsatz der methodischen Produktentwicklung bringt in der Praxis hinsichtlich der Ablauf- und Aufbauorganisation eines entsprechendes Produktentwicklungsprojekts mannigfaltige Vorteile (z. B. Transparenz, Aufwandreduzierung) mit sich, ist jedoch auch mit Herausforderungen behaftet. Diese Herausforderungen können in drei Kategorien eingeteilt werden:

- **Auswahl geeigneter Produktentwicklungsmethoden**

Basierend auf der Unternehmensablauforganisation und der Unternehmensaufbauorganisation, den Produkttyp (z. B. Service, cyber-physikalische Systeme) und der Komplexität des Produktes muss eine Methodik bzw. ein Methodenbaukasten ausgewählt werden. Hierfür bedarf es nicht nur des Überblicks über bestehende Methodiken, sondern auch des Wissens über Vor- und Nachteile bezogen auf das bevorstehende Entwicklungsprojekt, welche durch ein spezifische und praxisnahe Methodik erfolgreich umgesetzt werden sollen. Darüber hinaus kann auch die

Unterstützung bzw. Integration von CAx-Systemen eine Herausforderung darstellen, wenn diese nicht direkt methodisch unterstützt/integriert werden. [Eis20; San21]

- **Anwendung von Produktentwicklungsmethoden**

Methodische Ansätze können je nach Komplexität einen nicht unerheblichen Schulungsaufwand der involvierten Angestellten, eine Qualifizierung der Organisation und/oder die Befähigung der Unterstützungssysteme mit sich bringen. Beispielhaft kann die konsequente Einführung von MBSE aufgeführt werden, die von der Einführung einer passenden Software über Mitarbeiterschulungen bis hin zur Anbindung der CAx-Systeme mit sich bringt. [Kim19]

Ebenso variieren die Methodiken von einem konkreten Ablaufdiagramm mit definierten Arbeitsschritten und -ergebnissen bis hin zu einer Beschreibung eines Ordnungsrahmens, wodurch die Nutzung in der Produktentwicklung nur bei ausreichender Erfahrung erfolgreich möglich ist. Diskrepanzen zwischen dem beschriebenen idealen und dem realen Produktentwicklungsprojekt wirken sich verstärkend auf die notwendige Erfahrung aus. Ähnliches gilt für die Definition der Anforderungen bzw. Klärung der Aufgabenstellung. Darüber hinaus bedarf es einer gewissen Erfahrung und Informationen zu Markt und Kunden, damit eine zielgerichtete Produktentwicklung möglich ist. Insbesondere muss die Methodik ausreichend beschrieben sein, damit relevante Produktmerkmale anhand der Markt- und Kundenanforderungen priorisiert werden. Grundsätzlich gilt, dass Erfahrungswerte nur bedingt durch methodische Ansätze kompensiert werden können und der Erfolg methodischer Ansätze insgesamt stark abhängig von der Qualität der zur Verfügung stehenden Informationen bzw. Daten ist. [Ben21, S. 165f; Kim19; Daa09]

- **Erweiterung von Produktentwicklungsmethoden**

Methodische Ansätze müssen an diverse Randbedingungen (u. a. Unternehmensablauforganisation, -aufbauorganisation) adaptiert und durch weitere Methodiken erweitert werden können, damit diese erfolgreich für verschiedene Produkttypen und -komplexitäten angewendet werden können. Auf der einen Seite lassen sowohl zu spezifische wie auch zu unspezifische Methodiken entsprechende Erweiterungen oder Anpassungen nur bedingt zu. Auf der anderen Seite machen nicht eindeutig definierte Methodiken die Integration bzw. Kombination mit weiteren Methodiken schwierig. [Eis20; Zha15]

4 Herausforderungen aus der Praxis

Die im vorherigen Kapitel beschriebenen Herausforderungen stellen die grundlegende Motivation für die Entwicklung eines systematischen Ansatzes zur branchen- und anwendungszentrierten Konzeptionierung von LPBF-Maschinen dar. Zur Ermittlung der aktuellen Herausforderungen bei der Anwendung von Produktentwicklungsmethoden in der AM-Branche, insbesondere bei der Entwicklung von LPBF-Maschinen, wird eine Online-Fragebogen konzipiert und an 25 LPBF-Maschinenhersteller verschickt. Die Umfrage beinhaltet ragen zur Klassifizierung der teilnehmenden Personen (u. a. Unternehmensbereich), zu aktuell verwendeten Produktentwicklungsmethoden und deren konsequente Anwendung sowie zu den Herausforderungen bei der Anwendung. Die vollständigen Ergebnisse der Umfrage können Anhang A2 entnommen werden.

Von den insgesamt zur Umfrage eingeladenen 25 Unternehmen wird eine Rücklaufrate von 168 erzielt. Der gesamte Fragebogen sowie eine Übersicht der zur Umfrage eingeladenen Unternehmen sind Anlage A2 zu entnehmen. Die meisten Antworten entstammen den Bereichen Product Development (32,74 %), F&E (29,76 %), Product Management (12,5 %) und Production Management (11,31 %) (siehe Anlage A1). Die befragten Personen geben an, dass sowohl die Berücksichtigung von Kundenanforderung (89,29 %) als auch die methodische Produktentwicklung (93,45 %) für die erfolgreiche Entwicklung von LPBF-Maschinen als zumindest sehr wichtig zu bewerten ist.

Die größten Herausforderungen bei der Integration von Kundenanforderungen in die Produktentwicklung stellen die Validierung und Priorisierung von Kundenanforderungen als auch die Überführung von Kundenanforderungen in Produktmerkmale dar. Hierbei sind hauptsächlich klassische Methodik, wie Umfragen, Interviews und Kundenfeedback genutzt worden (63,98 %), gefolgt von agilen Methodiken (10,56 %), wie z. B. Co-Creation (siehe Anlage A1, Frage 5).

Zur methodischen Unterstützung der Produktentwicklung werden bei den befragten Unternehmen vorwiegend konventionelle Ansätze (68,55 %), z. B. Pahl/Beitz, agile Methodiken (35,22 %), z. B. Scrum oder SE/MBSE (23,90 %; siehe Anlage A1, Frage 10) verwendet, wobei der methodische Einsatz bei den befragten Personen als lediglich *zufriedenstellend* bewertet worden ist. Begründet wird dies mit einem hohen Schulungsaufwand und fehlender klarer Anleitung/Methodenbeschreibung (siehe Anlage A1, Frage 7).

Anforderungen an LPBF-Maschinen werden bei den befragten Unternehmen hauptsächlich durch Leit-Kunden, Kunden und Erfahrungen des Unternehmens oder/und der Mitarbeiter ermittelt und in Produktmerkmale überführt (siehe Anlage A1, Frage 13).

Zusammenfassend können aus der Umfrage folgende Aussagen formuliert bzw. Herausforderungen identifiziert werden:

- Der systematischen Integration von Kundenanforderungen kommt besondere Bedeutung zu.

- Kundenforderungen werden ausschließlich über einfache Methodiken erfasst.
- Typischerweise werden in der Branche konventionelle Methodiken zur Produktentwicklung angewendet.
- Die systematische Betrachtung der resultierenden wirtschaftlichen (z. B. Herstellungskosten) und produktionstechnischen (z. B. Durchlaufzeit, Maschinenauslastung) Kennzahlen ist unterrepräsentiert.
- Herausforderungen bei der Anwendung methodischer Ansätze sind insbesondere:
    1. Schulungsaufwand,
    2. unzureichende Adaptierbarkeit/Flexibilität,
    3. unspezifische Vorgehensweise bzw. viel Erfahrung zur Durchführung vonnöten,
    4. unzureichende Daten/Informationen zur Validierung von Anforderungen und Maschinenkonzepten

4.1 Anforderungen an die Methodik

Zur Annahme der Praxisherausforderungen muss die zu entwickelnde Methodik verschiedenen inhaltlichen Anforderungen genügen. Im Folgenden werden auf Grundlage der in den Kapiteln 3.1.3, 3.2.4 und der Umfrage dargestellten Herausforderungen die inhaltlichen Anforderungen an die Methodik abgeleitet. Hierbei beziehen sich die inhaltlichen Anforderungen auf zwei Ebenen, die Produktebene und die Methodenebene. In Tabelle 4-1 werden die an die zu entwickelnde Methodik zu stellenden inhaltlichen Anforderungen auf der Produkt- und Methodenebene zusammengefasst.

Tabelle 4-1: Inhaltlichen Anforderungen an die zu entwickelnde Methodik

Produktebene	Methodenebene
Eignung zur anwendungs- und branchenzentrierten Bewertung und Auswahl von Produktmerkmalen	Adaptions- und Transferfähigkeit
Berücksichtigung einer marketing- und technikorientierten Produktplatzierung	Praxisnahe, spezifische und kundenorientierte Methodik
Berücksichtigung wirtschaftlichen (z. B. Herstellungskosten) und produktionstechnischen (z. B. Durchlaufzeit, Maschinenauslastung) Kennzahlen des herzustellenden Produktprogramms	Automatisierte Ermittlung quantitativer Bewertungsgrößen auf Grundlage von robusten Informationen/Daten zur Konzeptauswahl

- **Produktebene**

Das LPBF kann als werkzeugloses Fertigungsverfahren zur flexiblen Bauteilherstellung für unterschiedliche Anwendungsfälle und Branchen eingesetzt werden, woraus sich anwendungsspezifische Anforderungen ableiten lassen, die bei der Entwicklung der LPBF-Maschine Berücksichtigung finden müssen. Die Methodik muss den Anwender in die Lage versetzen, auf quantitativer und qualitativer Basis eine anwendungsspezifische Bewertung und Auswahl vorzunehmen. Daraus lässt sich die Anforderung *Eignung zur anwendungs- und branchenzentrierten Bewertung und Auswahl von*

Produktmerkmalen (siehe Tabelle 4-1) herleiten. Diese Produktmerkmale können entweder in Wechselwirkung zueinanderstehen und/oder zu den (Kunden-)Anforderungen stehen.

Neben den Produktmerkmalen ist die Abgrenzung zu Wettbewerberprodukten und die wahrgenommene Erfüllung von Anforderungen aus Kundensicht zur Identifikation und Bewertung geeigneter Maschinenkonzepte unerlässlich. Daraus abgeleitet ergibt sich die Anforderung *Berücksichtigung einer marketing- und technikorientierten Produktplatzierung* (siehe Tabelle 4-1).

Die systematische Betrachtung der wirtschaftlichen (z. B. Herstellungskosten) und produktionstechnischen (z. B. Durchlaufzeit, Maschinenauslastung) Kennzahlen des herzustellenden Produktprogramms ist für eine erfolgreiche branchen- und anwendungszentrierte Entwicklung einer LPBF-Maschine von zentraler Bedeutung, um inkonsistente Entwicklungspfade schnell evaluieren und redundante oder konträre Aktivitäten vermeiden zu können. Darüber hinaus können so frühzeitig ein aus Kundensicht kostengünstiger Betriebspunkt der LPBF-Maschine beschrieben und die Maschinentechnik somit zielführend ausgestaltet werden. Schlussendlich wird damit auch Einfluss auf den Marktanteil bzw. die Absatzmenge der zu entwickelnde LPBF-Maschine genommen. Diese Anforderung wird unter *Berücksichtigung wirtschaftlichen (z. B. Herstellungskosten) und produktionstechnischen (z. B. Durchlaufzeit, Maschinenauslastung) Kennzahlen des herzustellenden Produktprogramms* (siehe Tabelle 4-1) zusammengefasst.

- **Methodenebene**

Die zu entwickelnde Methodik sollte nicht nur für spezifische Unternehmen anwendbar sein, sondern auch erweiterbar sein. Ebenso ist die Abdeckung der relevanten Phasen der Produktentstehung, insbesondere der Produktentwicklung von großer Bedeutung. Hier werden die wesentlichen kostenbeeinflussenden und marktbeeinflussenden Entscheidungen getroffen. Zur Sicherstellung, dass diese Anforderungen Berücksichtigung finden, werden diese unter *Adaptions- und Transferfähigkeit* (siehe Tabelle 4-1) zusammengefasst. Allgemeine Anforderungen, wie die eindeutige Beschreibung der einzelnen Prozess-/Arbeitsschritte oder der angemessene Schulungsaufwand zur Implementierung und die Kundenorientierung in allen Phasen, werden berücksichtigt und unter *praxisnahe, spezifische und kundenorientierte Methodik* (siehe Tabelle 4-1) erfasst. Für ausreichend Transparenz und die Rückverfolgung bei der Entscheidungsfindung, insbesondere bei der Auswahl geeigneter Maschinenkonzepte, sollen auf robusten Daten basierend quantitative Bewertungsgrößen ermittelt werden. Nach Möglichkeit soll die Ermittlung der Bewertungsgrößen zur Vermeidung einer Überkompensation des Mehrwerts durch den etwaigen Mehraufwand bei der Anwendung der Methodik automatisiert werden. Beide Anforderungen werden kombiniert und unter *Automatisierte Ermittlung quantitativer Bewertungsgrößen auf Grundlage von robusten Informationen/Daten zur Konzeptauswahl* (siehe Tabelle 4-1) zusammengefasst.

4.2 Ableitung des Handlungsbedarfs für die Praxis

Vor dem Hintergrund der in den Kapiteln 3.1.3, 3.2.4 und 4 dargestellten Herausforderungen des Betrachtungsbereichs wird im vorliegenden Kapitel der Handlungsbedarf für die Praxis abgeleitet. Die Herausforderungen betreffen zum einen die spezifischen Fragestellungen bei der Produktentwicklung von LPBF-Maschinen und zum anderen Fragestellungen bezüglich der allgemeinen Anwendung der methodischen Produktentwicklung sowie des industriellen Einsatzes von LPBF. Insgesamt wurden 42 methodische Ansätze der Produktentwicklung identifiziert. Basierend auf den Studien TOMIYAMA ET AL und GRANER ET AL. konnte die Auswahl auf das QFD und DfX eingegrenzt.

Im Gegensatz zur Entwicklung kapitalintensiven Maschinentechnik konventioneller Fertigungstechnologen, die vergleichbar mit der von LPBF-Maschinen ist, bestimmen die Produktmerkmale der kapitalintensiven Maschinentechnik nicht im vergleichbaren Maße die wirtschaftlichen (z. B. Herstellungskosten) und produktionstechnischen (z. B. Herstellzeiten, Maschinenauslastung) Kennzahlen des Produktprogramms (siehe Kaputel 2.2.2). Daher nimmt die systematische Betrachtung dieser Kennzahlen von mittels LPBF hergestellten Produkten eine gesonderte Stellung ein. Die identifizierten methodischen Ansätze zur Produktentwicklung ermöglichen auf Grundlage einer Vielzahl von Anforderungen und Kriterien zwar die Entwicklung von LPBF-Maschinen, berücksichtigen allerdings nicht den Einfluss der Produktmerkmale auf die resultierenden wirtschaftlichen und produktionstechnischen Kennzahlen des herzustellenden Produktprogramms. Auch werden die Wechselwirkung zwischen den Produktmerkmalen unzureichend berücksichtigt und einige methodischen Ansätze weisen zudem Defizite hinsichtlich der Adaptions- sowie Transferfähigkeit (u. a. an Unternehmens-, Projekt- und Produktstrukturen) als auch bezüglich der systematischen Integration von Kundenanforderungen und -wünschen in den verschiedenen Phasen der Produktentstehung auf. Die Tabelle 4-2 fasst die bestehenden Ansätze und die identifizierten Defizite zusammen.

Tabelle 4-2: Bewertung der weiterführenden analysierten Ansätze

Legende
● Vollständig erfüllt
◐ Teilweise erfüllt
○ Nicht oder kaum erfüllt

Modell-/Theoriebezeichnung	Eignung zur anwendungs- und branchenzentrierten Bewertung und Auswahl von Produktmerkmalen	Berücksichtigung einer marketing- und technikorientierten Produktplatzierung	Berücksichtigung von wirtschaftlichen und produktionstechnischen Kennzahlen des herzustellenden Produktprogramms	Adaptions- und Transferfähigkeit	Automatisierte Ermittlung quantitativer Bewertungsgrößen auf Grundlage von robusten Informationen/Daten zur Konzeptauswahl	Praxisnahe, spezifische und kundenorientierte Methodik
Design for X (DfX)	◐	○	◐	●	○	○
Quality Function Deployment (QFD)	●	◐	○	◐	○	●

Zusammenfassend kann festgehalten werden, dass die identifizierten Ansätze – weder allein noch in Kombination – nicht die geforderten Anforderungen für die Entwicklung von LPBF-Maschinen, eine systematische Betrachtung von resultierenden wirtschaftlichen (z. B. Herstellungskosten) und produktionstechnischen (z. B. Durchlaufzeit, Maschinenauslastung) Kennzahlen zu gewährleisten, erfüllen. Daraus ergibt sich die Notwendigkeit, einen neuen Ansatz zur Adressierung der Herausforderungen zu entwickeln. Die Schnittmenge der vorhabenspezifischen Bewertung (Tabelle 4-2) und der Bewertung nach GRANER zeigt, dass das QFD den vielversprechendsten Ausgangspunkt als Grundlage für die Nutzung im Rahmen der zu entwickelnden Methodik darstellt, u. a. weil es der explizite Anspruch ist, bereits existierende Methodiken zu integrieren. In einer späteren Phase der Produktentwicklung lässt sich darüber hinaus zur konkreten Gestaltung bzw. zur Konstruktion auch die Ansätze des DfX, insbesondere DfA und DfM, integrieren.

4.3 Forschungsfrage

Sowohl in der Praxis als auch in der Theorie wird die Erforschung einer konkreten Methodik zur branchen- und anwendungszentrierten Entwicklung von LPBF-Maschinen unter Berücksichtigung der Wechselwirkung des Maschinenkonzepts auf die resultierenden wirtschaftlichen und produktionstechnischen Kennzahlen eines Produktprogramms wenig bis gar nicht betrachtet.

Werden die Anforderungen und Wechselwirkungen qualitativ und quantitativ beschrieben, kann dies gezielt zur Verbesserung der Maschinentechnik und Wettbewerbsposition genutzt werden. Darüber hinaus können durch einen systematischen Ansatz Änderungsanforderungen mit dem zeitlichen Verlauf erfasst und nachgehalten sowie der Entwicklungsaufwand reduziert werden.

Dementsprechend wird als Forschungsbedarf die Entwicklung eines qualitativen und quantitativen methodischen Ansatzes zur gezielten branchen- und anwendungszentrierten Entwicklung von LPBF-Maschinen unter Berücksichtigung der Wechselwirkungen identifiziert.

Die Arbeit dient damit als Grundlage zur Behebung der Forschungsdefizite sowie gleichzeitig als konkrete Vorgehensweise zur branchen- und anwendungszentrierten Entwicklung von LPBF-Maschinen. Die Gesamtmethodik enthält alle relevanten Begriffe, Verfahren und Sub-Methodiken zur Umsetzung, womit den in Kapitel 4.1 genannten Anforderungen (bspw. Automatisierte Ermittlung quantitativer Bewertungsgrößen auf Grundlage von robusten Informationen/Daten zur Konzeptauswahl) Rechnung getragen wird. Zur Adressierung des Forschungsbedarfs wird die folgende zentrale Forschungsfrage formuliert:

„Wie muss eine qualitative und quantitative Methodik zur gezielten, branchen- und anwendungszentrierten Entwicklung von LPBF-Maschinen unter Berücksichtigung der Wechselwirkungen des Maschinenkonzepts auf die resultierenden wirtschaftlichen und produktionstechnischen Kennzahlen eines Produktprogramms gestaltet sein?“

Die Forschungsfrage ist im Schnittstellenbereich der Forschungsbereiche Produktentwicklung, AM sowie quantitativer und qualitativer Methodiken zu beantworten (siehe Abbildung 4-1). Die Beantwortung der Forschungsfrage führt nicht nur zum Erkenntnisgewinn im Schnittstellenbereich aller drei genannten Forschungsbereiche, sondern es wird darüber hinaus ein Erkenntnisgewinn für die anderen Schnittstellenbereiche erwartet.

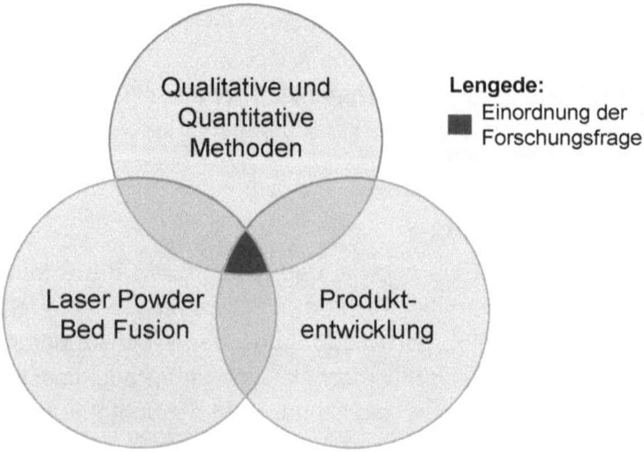

Abbildung 4-1: Venn-Diagramm zur thematischen Einordnung der Forschungsfragestellung im Kontext der Methodenentwicklung, Produktentwicklung und LPBF

Zur Beantwortung komplexer Fragestellungen empfiehlt sich die Zerlegung in Teilaspekte [Kub76, S. 13ff]. Folgende untergeordneten Forschungsfragen können formuliert werden:

- Wie können Spezifika der AM-Fertigungstechnologien im Allgemeinen und der LPBF-Fertigungstechnologie im Speziellen im Entwicklungsprozess Berücksichtigung finden?
- Wie können robuste Daten für die Bewertung von Anforderungen in der Produktentwicklung erhoben und integriert werden?
- Welche existierenden methodischen Werkzeuge können genutzt und weiterentwickelt werden, um den Aufwand zu reduzieren bzw. schneller Produkte in den Markt zu bekommen?

5 Konzeption der Methodik

In diesem Kapitel wird die Konzeption einer geeigneten Methodik zur Beantwortung der Forschungsfragestellung bzw. Lösung der Problemstellungen entwickelt. In den Kapiteln 5.1 und 5.2 erfolgt dazu zunächst eine Beschreibung der notwendigen Grundlagen sowie der Grundzüge der Modell- und Systemtheorie. In Kapitel 5.3 werden anschließend das in Phasen gegliederte Grobkonzept der entwickelten Methodik und der darin enthaltenen methodischen Elemente (ME) dargelegt. Hierbei wird bereits auf Aspekte wie Praxistauglichkeit, Vollständigkeit und Verfahrensspezifität der Methodik geachtet.

5.1 Forschungskonzeption

Die Forschung ist ein Prozess mit dem Ziel der Gewinnung neuer Erkenntnisse, der sich einer methodologischen Vorgehensweise zur Erreichung der Zielsetzung bedient. Den Ausgangspunkt des Prozesses bildet die Erkenntnisperspektive, die sich nach ULRICH ET AL. den Formal- oder Realwissenschaften zuordnen lässt (siehe Abbildung 5-1). [Ulr76, S.168ff]

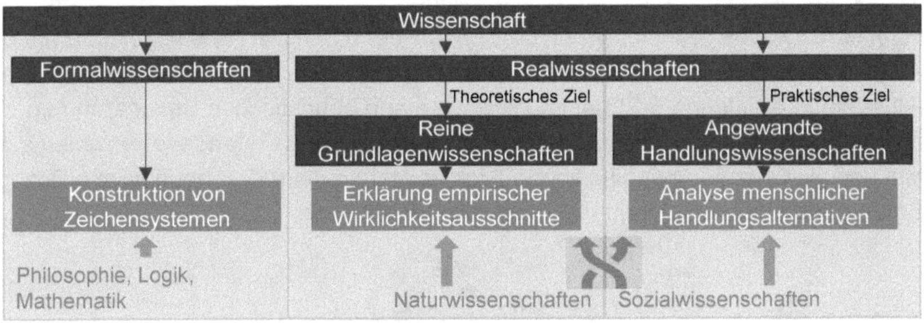

Abbildung 5-1: Wissenschaftssystematik in Anlehnung an ULRICH ET AL.[Ulr76]

Die Formalwissenschaften, die beispielhaft in der Philosophie, Logik und Mathematik Anwendung finden, haben die Konstruktion von Zeichensystemen (z. B. Sprachen, Schriften) als Zielsetzung. Die Realwissenschaften lassen sich in Grundlagenwissenschaften und angewandte Handlungswissenschaften unterteilen. Die Realwissenschaften, welche in den Natur- und Sozialwissenschaften Anwendung finden, beschäftigen sich mit der Beschreibung, Erklärung und Gestaltung von Wirklichkeitsausschnitten sowie der Analyse menschlicher Handlungsalternativen (siehe Abbildung 5-1). In den angewandten Handlungswissenschaften wird hierbei unter Nutzung von Entscheidungsmodellen und -prozessen das Ziel der sozialen und technischen Gestaltung von Systemen verfolgt. [Ulr76, S.168ff]

Bei der Verfolgung praktischer und praxisrelevanter Ziele können sowohl die Betriebswirtschaftslehre als auch die Ingenieurwissenschaften als Bestandteil der angewandten Handlungswissenschaften verstanden werden, so dass auf den systemtheoretischen Ansatz nach ULRICH zur Beschreibung der Forschungsmethode zurückgegriffen werden kann [Ulr84, S. 172]. Den Startpunkt des Forschungsprozess für die angewandten Handlungswissenschaften bilden Defizite aus der Praxis, für die noch keine ausreichende Lösung vorliegt. Damit bildet die Praxis den Schwerpunkt der Untersuchungen im Forschungsprozesses und die Theorie dient als unterstützende Funktion. Auch der Endpunkt des Forschungsprozess liegt erneut in der Praxis und dient der Überprüfung des Erkenntnisgewinns sowie der Initiierung der nächsten Iteration zum weiteren Erkenntnisgewinn [Ulr84, S. 192].

Das Zeil der vorliegenden Arbeit umfasst die Entwicklung und Validierung einer praxisnahen Methodik zur systematischen Ermittlung von Anforderungen zur Konzeptionierung branchen- und anwendungsspezifischer LPBF-Produktionsmaschinen unter Berücksichtigung der wirtschaftlichen (z. B. Herstellungskosten) und produktionstechnischen (z. B. Durchlaufzeit, Maschinenauslastung) Kennzahlen des darauf herzustellenden Produktprogramms. Hierbei werden die Wechselwirkungen zwischen den einzelnen Anforderungen bzw. Maschinenspezifikationen über die Kennzahlen abgebildet. Damit ist die Arbeit den angewandten Handlungswissenschaften zuzuordnen.

Um der theoretischen sowie pragmatischen Zielsetzung der angewandten Handlungswissenschaften Rechnung zu tragen, wird der explorative Forschungsansatz nach Kubicek für die vorliegende Arbeit verwendet. Dieser Ansatz beschreibt den Forschungsprozess als geschlossenen Lernzyklus, der durch die Theorie geleitet wird und auf systematischem Erfahrungswissen basiert [Kub76, S. 12ff]. Dieser geschlossene Zyklus (siehe Abbildung 5-2) hat im Zentrum einen heuristischen Bezugsrahmen, der das Gesamtverständnis bezüglich eines nicht genügend verstandenen Problems abbildet und als Orientierungshilfe für die Problemlösung dient. Der heuristische Bezugsrahmen basiert dabei auf dem theoretischen Verständnis.

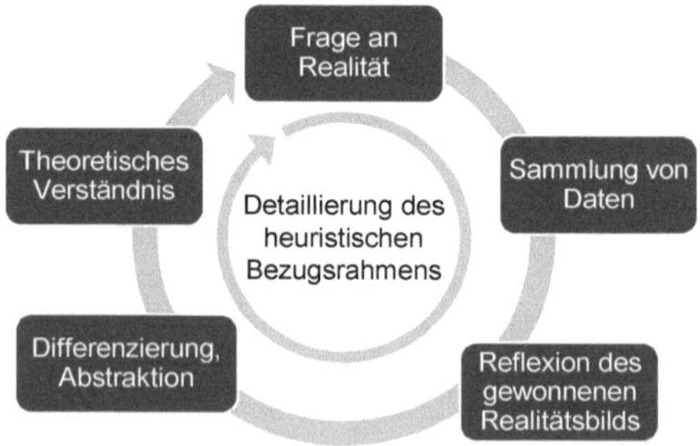

Abbildung 5-2: Methodologisches Vorgehen bei einem explorativen Forschungsprozess [Kub76]

Angewendet für die vorliegenden Arbeit wird in einem ersten Schritt basierend auf dem theoretischen Verständnis das Problem identifiziert und beschrieben. Dabei werden sowohl die Ergebnisse aus Literaturanalysen sowie das persönliche Vorwissen und die persönlichen Erfahrungen (u. a. durch berufliche Sozialisation) berücksichtigt. Die Frage an die Realität dient zur Schärfung einer praxisrelevanten Problemstellung und erfolgt im Rahmen einer Online-Umfrage (siehe Anhang A2). Die Datensammlung erfolgt im Rahmen von Forschungsvorhaben, Befragung von Experten sowie basierend auf Studien. Die Verarbeitung und Analyse der gewonnen theoretischen und praxisnahen Erkenntnisse führt somit zur Gewinnung realer Erkenntnisse, welche im folgenden Schritt kritisch reflektiert und erneut abstrahiert/differenziert werden [Kub76, S. 14]. Die gewonnenen reflektierten Erkenntnisse führen zur Weiterentwicklung des theoretischen Verständnisses und damit auch zur Weiterentwicklung des heuristischen Bezugsrahmens. Dieser iterative Lernprozess führt zum sukzessiven Aufbau von Erfahrungswissen und schließlich zur Modifikation des heuristischen Bezugsrahmens. [Kub76, S. 13ff]

Gemäß der Motivation und Problemstellung (siehe Kapitel 1.1) sowie den für die Theorie (siehe Kapitel 3.1.3 und 3.2.4) und Praxis (siehe Kapitel 4) bestehenden Herausforderungen stellen die Anforderungen an die methodische Produktentwicklung sowie die Verfahrensspezifika des Additive Manufacturing die Grundelemente des heuristischen Bezugsrahmens dieser Arbeit dar (siehe Abbildung 5-3).

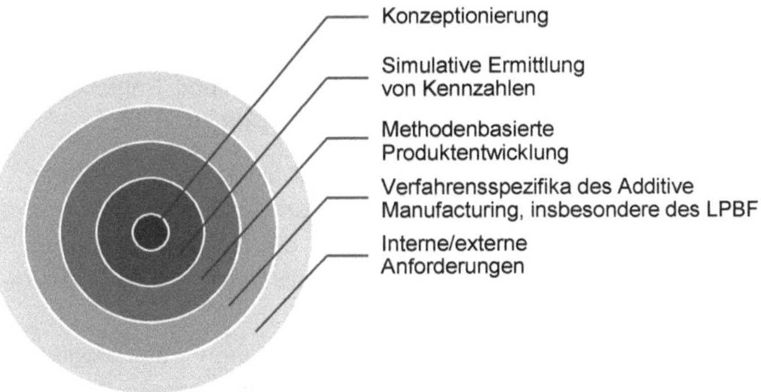

Abbildung 5-3: Heuristischer Bezugsrahmen der vorliegenden Arbeit

In Abhängigkeit der Grundelemente können Kennzahlen zur Auswahl geeigneter Maschinenkonzepte bestimmt werden. Diese Kennzahlen können sowohl aus dem Bereich der Betriebswirtschaftslehre bzw. Produktionstechnik stammen (bspw. Durchlaufzeiten, Herstellungskosten, Maschinenauslastung) als auch aus dem Anforderungsmanagement. Schlussendlich soll das ausgewählte Maschinenkonzept einen größtmöglichen Erfüllungsgrad der Anforderungen als auch einen damit verbundenen wirtschaftlichen Erfolg erzielen.

5.2 Modelltheorie und Systemtechnik

In dem folgenden Kapitel werden die für die Konzeption von Methodiken erforderlichen Grundlagen dargestellt, wobei zunächst die Definition der Modelltheorie als auch der Systemtechnik gegeben wird. Anschließend erfolgt die Anwendung auf das dieser Arbeit zugrundeliegende Problem.

5.2.1 Modelltheorie

Ein Modell ist als simplifizierte und abstrahierte Darstellung eines komplexen Realsystems zu verstehen, das typischerweise zur Vorhersage dieses Systems eingesetzt wird [Sta73, S. 129]. Hierbei kann ein Modell sowohl den Ist-Zustand als auch den Soll-Zustand des Realsystems darstellen. Modelle können nach STACHOWIAK drei Hauptmerkmale aufweisen [Sta73, S. 131ff]:

- **Abbildungsmerkmal:** Modelle sind als Repräsentationen von natürlichen oder künstlichen Originalen, welche auf technische oder natürliche Weise entstehen, definiert.
- **Verkürzungsmerkmal:** In einem Modell erfolgt ausschließlich die Abbildung der wesentlichen Attribute/Eigenschaften des Realsystems.
- **Pragmatisches Merkmal:** Modelle werden als Darstellung des Realsystems über Ersatzfunktionen, die nur für eine definierte Problem- bzw. Fragestellung, einen definierten Zeitraum oder für definierte Nutzer funktionieren, beschrieben.

Darüber hinaus erfolgt eine Klassifizierung der Modelle hinsichtlich des Verwendungszwecks. Die Beschreibungs-, Erklärungs-, Vorhersage- und Entscheidungsmodelle stellen dabei die gängigsten Klassen dar [Pat82, S. 313ff].

- **Beschreibungsmodell:** Diese Klasse weist einen beschreibenden Charakter auf und stellt Zustände mit unterschiedlichem Abstraktionsniveaus dar. Diese Modelle liefern keine Voraussetzungen für die Gültigkeit, noch wird eine Angabe, unter welchen Bedingungen die beschriebenen Zustände gelten, gemacht.
- **Erklärungsmodell:** Erklärungsmodelle basieren auf logisch-induktiver Schlussfolgerung beobachteter Phänomene und weisen einen erklärenden Charakter auf. Hierbei werden die beobachteten Phänomene für die Hypothesenbildung sowohl quantitativ als auch qualitativ beschrieben. Die Hypothese behält die Gültigkeit bis zu Widerlegung.
- **Vorhersagemodell:** Dieses Modell hat einen prognostizierenden Charakter für das Systemverhalten und basiert typischerweise auf Beschreibungsmodellen. Mit diesem Modell sollen Aussagen über zukünftige Zustände oder Verhalten eines Systems getroffen werden.
- **Entscheidungsmodell:** Mittels dieser Modellklasse können Handlungsalternativen ermittelt werden. Dabei werden optimale Modellstrukturen auf Grund einer Zielsetzung und von definierten Randbedingungen und Entscheidungsgrößen festgelegt.

Die Vorgehensweise zur Modellbildung wird etwa bei Patzak beschrieben und an dieser Stelle nicht weiter vertieft. [Pat82, S. 309ff]

5.2.2 Systemtechnik

Patzak beschreibt Systeme als eine Menge aus Elementen mit definierten Eigenschaften, die zur Zielerreichung in Wechselwirkung miteinander stehen. Als Elemente können Komponenten, Teile, etc. verstanden werden. Die Systemtechnik zielt als Methodik auf die effiziente Lösungsfindung von komplexen Problemen ab [Pat82, S. 19]. Dabei muss sich der Lösungsraum nicht nur auf eine Lösung beschränken, sondern kann multiple Lösungen beinhalten. Neben der Systemdefinition aus der Systemtheorie ist die Systemtechnik als Prozess zur Problemanalyse und Lösungssynthese zu verstehen. Hierbei werden nach HABEFELLNER vier Grundprinzipien unterschieden [Hab19, S. 27]:

- Vom Groben ins Detail
- Variantenbildung
- Phasengliederung
- Strukturierter Problemlösungsprozess

Beginnend mit der Ausarbeitung vom Groben ins Detail unter Berücksichtigung der Bildung mehrerer Varianten (Variantenbildung). Zur Sicherstellung, dass der Lösungsraums nicht zu klein ausfällt, darf nicht die erstbeste Alternative ausgewählt werden. Eine zeitliche Gliederung in Phasen für den Prozess der Systementwicklung und -realisierung stellt ein logisches Vorgehen zum Strukturieren der Problemlösung dar. Der Problemlösungsprozess beinhaltet den konkreten Aufbau einer Lösung. [Dae97, S. 240ff]

5.2.3 Anwendung für die Methodenentwicklung

Die zu entwickelnde Methodik lässt sich durch die systemtheoretische Beschreibung als Kombination bestehender methodischer Ansätze, Modelle und Hilfsmittel darstellen. Hierbei werden für verschiedene Bestandteile der Methodik Modelle, u. a. zur Berechnung der wirtschaftlichen (z. B. Herstellungskosten) und produktionstechnischen (z. B. Durchlaufzeit, Maschinenauslastung) Kennzahlen, unter Berücksichtigung der Grundsätze der Maschinentechnik erstellt.

Die verwendeten bzw. erstellten Modelle dienen als Abbildung realer Systeme aus dem Bereich der Produktentwicklung von LPBF-Maschinen (Abbildungsmerkmal), wobei nicht zielführende Aspekte (Verkürzungsmerkmal) keine Berücksichtigung finden. Zur Berücksichtigung der pragmatischen Merkmale wird das Modell ausschließlich zur Beantwortung der, aus dem industriellen und theoretischen Handlungsbedarf, abgeleiteten Forschungsfrage aufgestellt.

Zur Sicherstellung einer zielgerichteten Methodenentwicklung unter Erfassung der spezifischen Randbedingungen beginnt der Prozess, wie durch die vier Grundprinzipien nach HABEFELLNER beschrieben, mit einer Vorgehensweise vom Groben ins Detail. Darauf aufbauend erfolgt die Variantenbildung durch die Entwicklung und Bewertung von Maschinenkonzepten, wobei die Konzeptbewertung basierend auf anwendungs- bzw. branchenspezifischen Kenngrößen und die Konzeptentwicklung durch die

Erstellung von Maschinenmodellen erfolgen. Ferner ist die Methodik in drei Phasen gegliedert, die durch ein standardisiertes Vorgehen über methodische Elemente miteinander verknüpft sind.

Im Folgenden werden die drei Phasen der zu entwickelnden Methodik in der Grobkonzeption (siehe Kapitel 5.3) erläutert. Die detaillierte Vorstellung der zu entwickelnden Methodik mit den einzelnen kombinierten Modellen erfolgt in Kapitel 6.

5.3 Darstellung der Grobkonzeptionierung der Methodik

Auf dem grundlegenden Vorgehen zur System- und Modelltheorie aufbauend, werden Analyse-, Bewertungs- und Gestaltungsphase der entwickelten Methodik dargestellt. Jede dieser Phasen enthalten methodische Elemente (1-8, siehe Abbildung 5-4), die durch die Ein- bzw. Ausgangsgrößen miteinander verknüpft sind. Die Phasen stellen hierbei nur eine vorgehenslogische Gliederung dar, weswegen dem Ablaufdiagramm keine zeitliche Gliederung entnehmbar ist. Die folgende Abbildung gibt einen Überblick über die in den drei Phasen erhaltenen Elemente sowie deren Verknüpfung untereinander (siehe Abbildung 5-4).

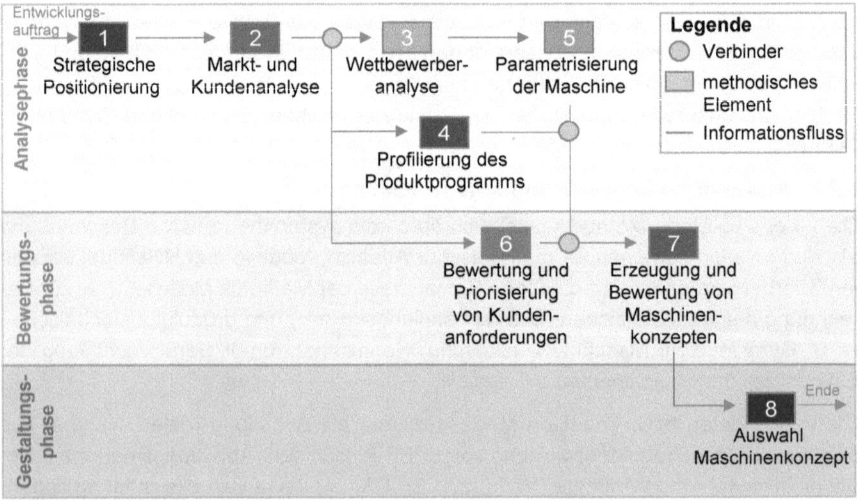

Abbildung 5-4: In drei Phasen gegliedertes Ablaufdiagramm zur Anwendung der Methodik

Ausgangspunkt der Analysephase ist der Entwicklungsauftrag aus der Produktplanung (siehe *Eingangsgrößen* in Abbildung 5-4). Basierend auf dem Geschäftsmodell werden die Rahmenbedingungen für das zu entwickelnde Produkt, in dem vorliegenden Anwendungsszenario also eine LPBF-Maschine, festgelegt und im Entwicklungsauftrag dokumentiert. Typischerweise beinhaltet dieser Entwicklungsauftrag Informationen u. a. zur finanziellen und zeitlichen Planung, zur Positionierung zu

Wettbewerberprodukten sowie zur Produktionsweise Initiator für den Produktentwicklungsprozess. [Ben21, S. 97ff]

Im Folgenden werden die jeweiligen Phasen mit den methodischen Elementen sowie deren Ein- und Ausgangsgrößen beschrieben.

5.3.1 Analysephase

Die Analysephase wird durch den Entwicklungsauftrag aus der Produktplanung initiiert. Hierbei wird im Element *Strategische Positionierung* der Zielmarkt und das Kundensegment quantitativ (z. B. Gesamtumsatz, durchschnittlicher Umsatz je Unternehmen, Anzahl der Beschäftigten) und qualitativ (z. B. technische Regeln, Normen, Standards, Erfahrungen und Anwendung im Bereich LPBF) beschrieben (siehe Tabelle 5-1).

Tabelle 5-1: Übersicht zum methodischen Element *Strategische Positionierung*

Bezeichnung:	Strategische Positionierung
Ziel:	Definition und Beschreibung des Markts und des Kundensegments
Eingangsgröße:	Entwicklungsauftrag mit Informationen zum adressierten Markt, zur finanziellen und zeitlichen Planung, zur Positionierung zu Wettbewerberprodukten sowie zur Produktionsweise
Ausgangsgröße:	Quantitative und qualitative Beschreibung der Kunden- und Produktsegmente

Die gewonnenen Informationen dienen dem Element *Markt- und Kundenanalyse* als Basis zur Ermittlung relevanter Kundenunternehmen und können zur Erfassung der Kundenanforderungen herangezogen werden. Ebenso werden weitere qualitative Informationen aus dem Markt ermittelt sowie von den Kunden abgefragt, beispielweise Vorwissen bzw. Erfahrungswerte, Wettbewerber, geographische Informationen, Regularien, etc. (siehe Tabelle 5-2). Darüber hinaus erfolgt die Erfassung, Gewichtung und Überführung der Kundenanforderungen in Produktmerkmale sowie die Bewertung derer Wechselbeziehungen.

Tabelle 5-2: Übersicht zum methodischen Element *Markt- und Kundenanalyse*

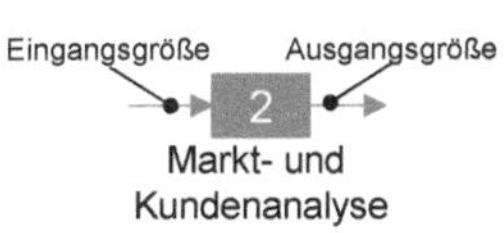

Bezeichnung:	Markt- und Kundenanalyse
Ziel:	Identifikation und Kategorisierung von Kunden, Ermittlung von Wettbewerbern und Erfassung von Anforderungen
Eingangsgröße:	Quantitative und qualitative Beschreibung des Kunden- und Produktsegmente
Ausgangsgröße:	Ermittlung von potenziellen Kunden (Kundenübersicht), Erfassung von Kundenanforderungen, Randbedingungen (Regularien, Erfahrungswerte), Wettbewerberübersicht

Die ermittelten Wettbewerber werden im dritten Element *Wettbewerberanalyse* hinsichtlich der auf dem Markt bzw. Marktsegment gefundenen LPBF-Maschinen analysiert. Hierbei werden neben den technischen Spezifikationen der LPBF-Maschinen, sofern nicht zugänglich, auch Abschätzungen zum erzielten Umsatz und zur Absatzmenge getätigt (siehe Tabelle 5-3).

Tabelle 5-3: Übersicht zum methodischen Element *Wettbewerberanalyse*

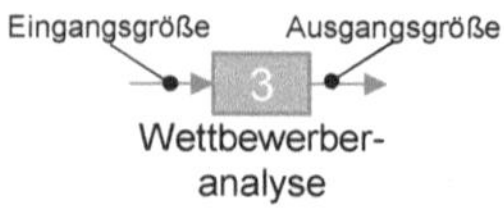

Bezeichnung:	Wettbewerberanalyse
Ziel:	Beschreibung der Wettbewerberaktivitäten und Wettbewerberprodukte auf dem Zielmarkt
Eingangsgröße:	Wettbewerber
Ausgangsgröße:	Quantitative und qualitative Übersicht zu Wettbewerbsprodukten hinsichtlich der technischen Spezifikationen und dem damit erzielten Umsatz

Die Wettbewerberanalyse soll, sofern es Wettbewerber gibt, sicherstellen, dass eine ausreichend große Differenzierung zu bestehenden Produkten auf dem Markt besteht und ausreichend Potenzial zur Markterschließung vorhanden ist. Im besten Fall können bei der Analyse bereits Alleinstellungsmerkmale identifiziert werden.

Parallel oder nachfolgend zur Wettbewerberanalyse erfolgt die *Profilierung des branchen- bzw. markttypischen Produktprogramms* (siehe Tabelle 5-4).

Tabelle 5-4: Übersicht zum methodischen Element *Profilierung des Produktprogramms*

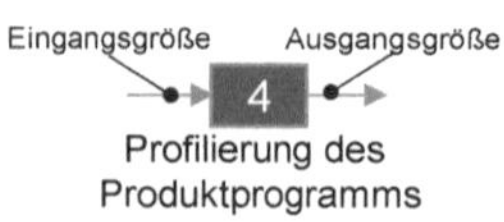

Bezeichnung:	Profilierung des Produktprogramms
Ziel:	Ableitung branchentypischer Produktprogramme bestehend aus einzelnen Bauteilen
Eingangsgröße:	Kundenübersicht und Randbedingungen
Ausgangsgröße:	Identifizierung typischer Produktprogramme, Übersicht zu Derivatentwicklungen, Absatzmenge über ein Geschäftsjahr, Orientiertes und gestütztes Produktprogram

Zur anwendungs- und branchenzentrierten Entwicklung von LPBF-Maschinen ist die Berücksichtigung von Anforderungen essentiell, die aus dem Produktprogramm, das auf diesen hergestellt werden soll, resultieren. Ebenso bestehen zwischen den wirtschaftlichen (z. B. Herstellungskosten) und produktionstechnischen (z. B. Durchlaufzeit, Maschinenauslastung) Kennzahlen des Produktprogramms und dem Maschinenkonzept Wechselwirkungen, welche gezielt für die Bewertung und Auswahl von Maschinenkonzepten heranzuziehen sind. Durch das methodische *Element Profilierung des Produktprogramms* erfolgt die Erstellung des Produktprogramms, welche Bauteile für die Herstellung mittels der zu entwickelnden LPBF-Maschine beinhaltet. Darüber hinaus sollen für zukünftige Szenarien Aussagen hinsichtlich der Anpassungs- und

Variantenentwicklungen der im Produktprogramm enthaltenen Bauteile wie auch hinsichtlich der herzustellenden Menge in einem Geschäftsjahr getroffen werden.

Durch das letzte methodische Element (*Parametrisierung der Maschine*) der Analysephase wird die Maschine in ein parametrisiertes Maschinen- und Kostenmodell überführt, um Interdependenzen zwischen einzelnen Funktionselementen sichtbar zu machen (siehe Tabelle 5-5). Ebenso erfolgt die Festlegung von anwenderspezifischen Eingangsgrößen sowie variabler Maschinenmerkmale (z. B. Abmessungen des Bauraums).

Tabelle 5-5: Übersicht zum methodischen Element *Parametrisierung der Maschine*

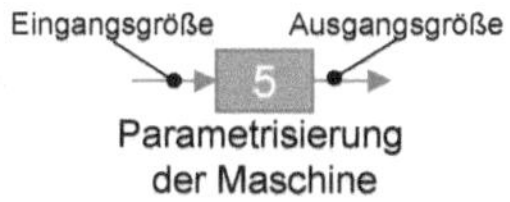

Bezeichnung:	Parametrisierung der Maschine
Ziel:	Erzeugung eines Funktionsmodells zur Ableitung von LPBF-Maschinenkonzepten und ein Kostenmodell
Eingangsgröße:	Aus Kundenanforderungen und Wettbewerberprodukten abgeleitete Wertebereiche der technischen Spezifikationen
Ausgangsgröße:	Funktionsmodell der LPBF-Maschinen mit Bedingungen und Grenzwerten, Kostenmodell

Das Maschinenmodell ermöglicht die (automatische) Ableitung von Maschinenkonzepten sowie die Berücksichtigung von Regeln für die Ableitung. Hierfür werden im Modell Bedingungen und Grenzwerte (u. a. Minimum, Maximum, Schrittgröße) integriert.

Die Ausgangsgrößen der *Markt- und Kundenanalyse* stellen die Eingangsgrößen für das erste methodische Element (*Klassifizierung und Priorisierung von Kundenanforderungen*) in der Bewertungsphase dar.

5.3.2 Bewertungsphase

Die in Element 2 ermittelten Kundenanforderungen werden durch Anwendung des KANO-Modells u. a. als Begeisterungs-, Leistungs- und Basismerkmale klassifiziert und durch die Berechnung des Kundenzufriedenheitskoeffizienten quantifiziert (siehe Tabelle 5-6). Durch die Normalisierung der gewichteten Kundenanforderungen wird eine Vergleichbarkeit und Priorisierung ermöglicht.

Tabelle 5-6: Übersicht zum methodischen Element *Klassifizierung und Priorisierung von Kundenanforderungen*

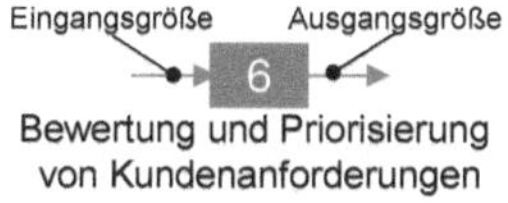

Bezeichnung:	Klassifizierung und Priorisierung von Kundenanforderungen
Ziel:	KANO-Klassifizierung, Quantifizierung und Priorisierung von Kundenanforderungen
Eingangsgröße:	Erfasste Kundenanforderungen
Ausgangsgröße:	Priorisierung der Kundenanforderungen

Die Bewertung und Festlegung der Rangfolge der Kundenanforderungen spielt bei der Bewertung der Maschinenkonzepte eine wichtige Rolle. Nur Maschinenkonzepte, welche eine möglichst große Kundenzufriedenheit, d.h. die Erfüllung von Anforderungen, gewährleisten, können erfolgreich entwickelt und auf dem Markt abgesetzt werden.

Basierend auf dem Funktionsmodell werden im methodischen Element *Erzeugung und Bewertung von Maschinenkonzepten* die Maschinenkonzepte unter Berücksichtigung der definierten Grenzwerte und Randbedingungen erzeugt (siehe Tabelle 5-7).

Tabelle 5-7: Übersicht zum methodischen Element *Erzeugung und Bewertung von Maschinenkonzepten*

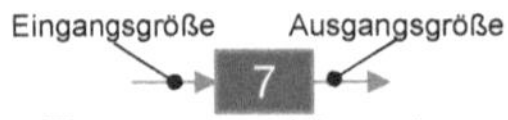

Erzeugung und Bewertung von Maschinenkonzepten

Bezeichnung:	Erzeugung und Bewertung von Maschinenkonzepten
Ziel:	Erzeugung diskreter Maschinenkonzepte, die anhand der Kundenzufriedenheit sowie der wirtschaftlichen und produktionstechnischen Kennzahlen bewertet werden
Eingangsgröße:	Maschinenmodell (inkl. Randbedingungen, Grenzwerten), Herstellungskosten- und Herstellungszeitmodell, priorisierte Kundenanforderungen, Produktprogramm(e)
Ausgangsgröße:	Bewertete und vorselektierten Maschinenkonzepte

Die Maschinenkonzepte werden im folgenden Schritt anhand der wirtschaftlichen (z. B. Herstellungskosten) und produktionstechnischen (z. B. Durchlaufzeit, Maschinenauslastung) Kennzahlen des im Element 4 definierten Produktprogramms beurteilt. Hierzu erfolgt die Bauteilorientierung, die Erzeugung von Supportstrukturen, das Nesting und Slicing sowie die Vektorisierung, basierend auf den variablen Größen (z. B. Bauraum) des Funktionsmodells. Die Berechnung der Bewertungsgrößen erfolgt im Anschluss daran anhand der diskreten aufbereiteten Baujobs und dem definierten Maschinenkonzept. Dieser Prozess wird iterativ solange wiederholt, bis alle vom Anwender definierten Maschinenkonzepte erzeugt und beurteilt sind. Neben den Bewertungsgrößen wird der Erfüllungsgrad der Kundenanforderungen zur Bewertung der Maschinenkonzepte herangezogen. So können neben den typischen zeitlichen und monetären Anforderungen auch weitere Aspekte in die Bewertung eingebracht werden. Eine Vorselektion kann durch Festlegung der Zielwerte für die Kennzahlen erreicht werden. Die bewerteten und vorselektierten Maschinenkonzepte stellen die Eingangsgröße für die letzte Phase (Gestaltungsphase) dar.

5.3.3 Gestaltungsphase

In der Gestaltungsphase wird aus den diversen Maschinenkonzepten das vielversprechendste für den weiteren Entwicklungsprozess ausgewählt (siehe Tabelle 5-8). Bei der Auswahl des Maschinenkonzepts kann der Anwender sich für eines der paretoeffizienten Konzepte entscheiden. Zur Vereinfachung der Entscheidungsfindung werden für die Konzeptauswahl weitere Kennzahlen als Kriterien herangezogen.

Tabelle 5-8: Übersicht zum methodischen Element *Auswahl Maschinenkonzepts*

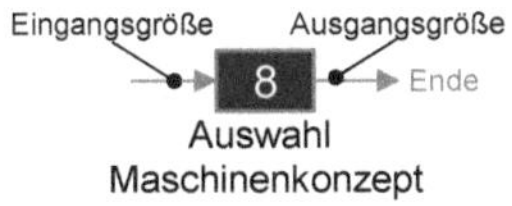

Bezeichnung:	Auswahl des Maschinenkonzepts
Ziel:	Auswahl des vielversprechendsten Maschinenkonzepts
Eingangsgröße:	Bewertete vorselektierte Maschinenkonzepte
Ausgangsgröße:	Maschinenkonzept für die weitere Realisierung

Die Ausgangsgröße stellt ein, beispielweise mittels Nutzwertanalyse, ausgewähltes Maschinenkonzept dar, welches im weiteren Entwicklungsprozess bis zur Realisierung ausgearbeitet wird

6 Detaillierung der Methodik

Die detaillierte Beschreibung der Methodik und der einzelnen Elemente ist für eine anwendungsnahe Vorgehensweise unabdingbar. Basierend auf den modell- und systemtheoretischen Grundlagen werden alle notwendigen Modelle, Systeme und Submethoden beschrieben. Dabei liegt der Fokus insbesondere auf den Transformationsprozess der Ein- in die Ausgangsgröße des jeweiligen methodischen Elements (ME). Zur Verbesserung der Verständlichkeit erfolgt zunächst die detaillierte Darstellung der Methodik in Form eines Ablaufdiagramms (siehe Kapitel 6.1). Die darin enthaltenen methodischen Elemente werden im Anschluss gegliedert nach der Bearbeitungsreihenfolge und der Phase detailliert vorgestellt (siehe Kapitel 6.2).

6.1 Ablaufdiagramm

In Abbildung 6-1 ist das Ablaufdiagramm mit den dazugehörigen Informationenflüssen dargestellt, wobei neben den Ein- und Ausgangsgrößen auch die wesentlichen Funktionen der methodischen Elemente abgebildet werden. Um die Ausführung der Ablaufmodellierung verständlich zu gestalten, wird zum Zweck der einheitlichen Notation die erweiterte ereignisgesteuerte Prozesskette (eEPK) als grafische Modellierungssprache verwendet. Die Notation basiert auf drei Grundelementen:

- **Funktionen:** Mit Funktionen werden im Geschäftsprozess Tätigkeiten bzw. Prozessschritte erfasst, die von Mitarbeitern operativ zu leisten sind. Diese können bei Bedarf in Teilaufgaben unterteilt werden [Sta06, S. 60].
- **Ereignissen:** Ereignisse stellen betriebswirtschaftliche und technische Ereignisse (z. B. Kundenanforderung erfassen) des Geschäftsprozesses dar, welche als Bedingung für die Durchführung einer oder mehrerer Funktionen dienen [Sta06, S. 62].
- **Informationsobjekte:** Informationsobjekte werden als Daten verstanden und werden in Verbindung mit Funktionen gesetzt. Hierbei können Daten in Informationsobjekte geschrieben (dargestellt als in das Objekt zeigender Pfeil) oder aus solchen ausgelesen (dargestellt als aus dem Objekt zeigender Pfeil) werden. [Sta06, S. 64f].

Zusätzlich kommen Pfeile als Darstellung von Informationsflüssen sowie die Verbindungsoperatoren UND (Symbol: $\wedge$), ODER (Symbol: $\vee$) sowie exklusives ODER (XODER, Symbol: $\veebar$) zum Einsatz [Sta06, S. 64ff]. Diese werden entweder zur Bündelung der Eingangsgrößen im oberen Halbkreis (z. B.) oder für die Ausgangsgrößen im unteren Halbkreis (z. B.) eingefügt.

Zur besseren Übersichtlichkeit sind die Informationsobjekte erst in der detaillierten Beschreibung aufgeführt. Die Darstellung der methodischen Elemente und die Beschreibung des Ablaufdiagramms erfolgen in Kapitel 6.2.

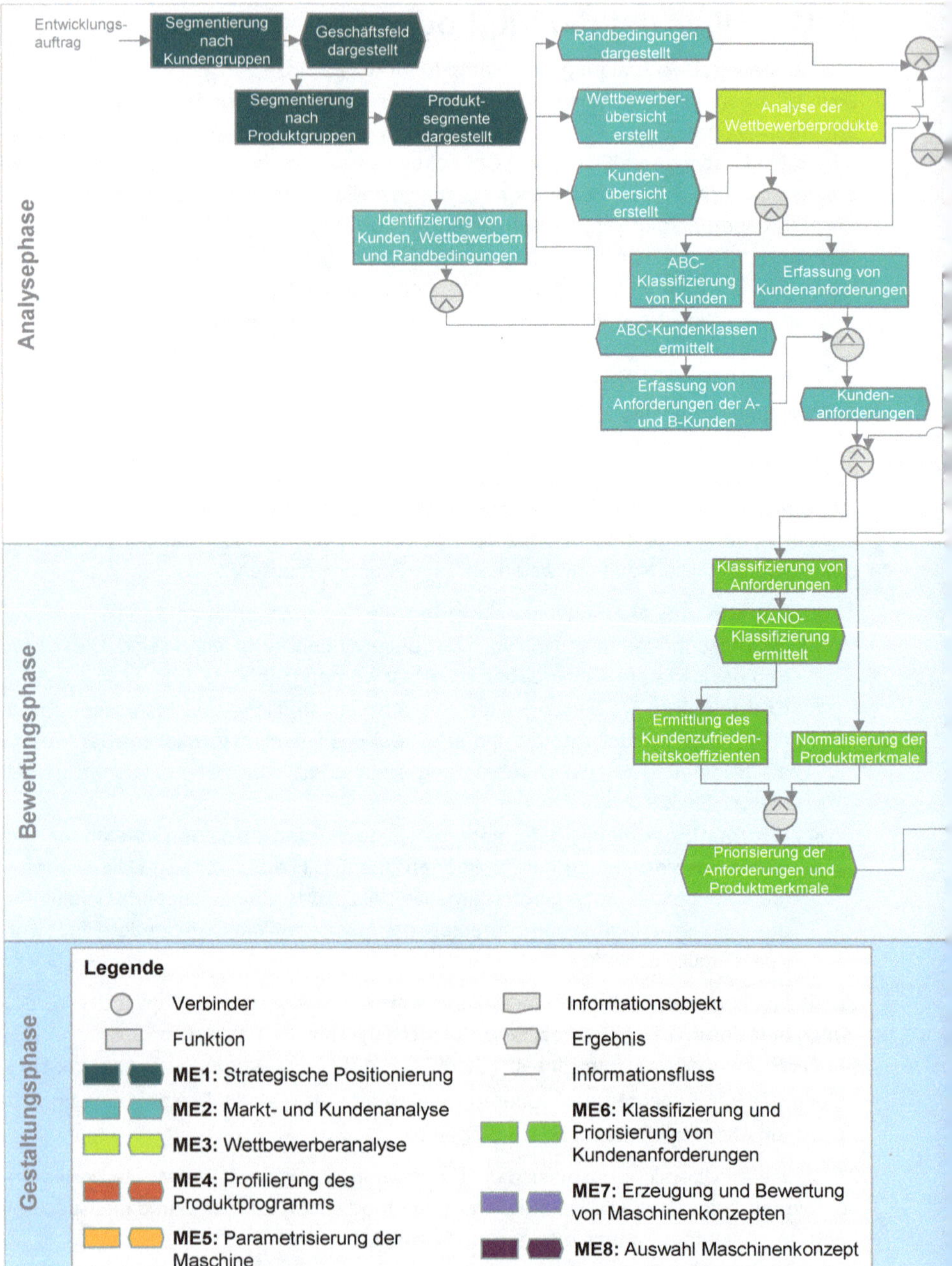

Abbildung 6-1: Ablaufdiagramm der Methodik zur branchen- und anwendungszentrierten Konz

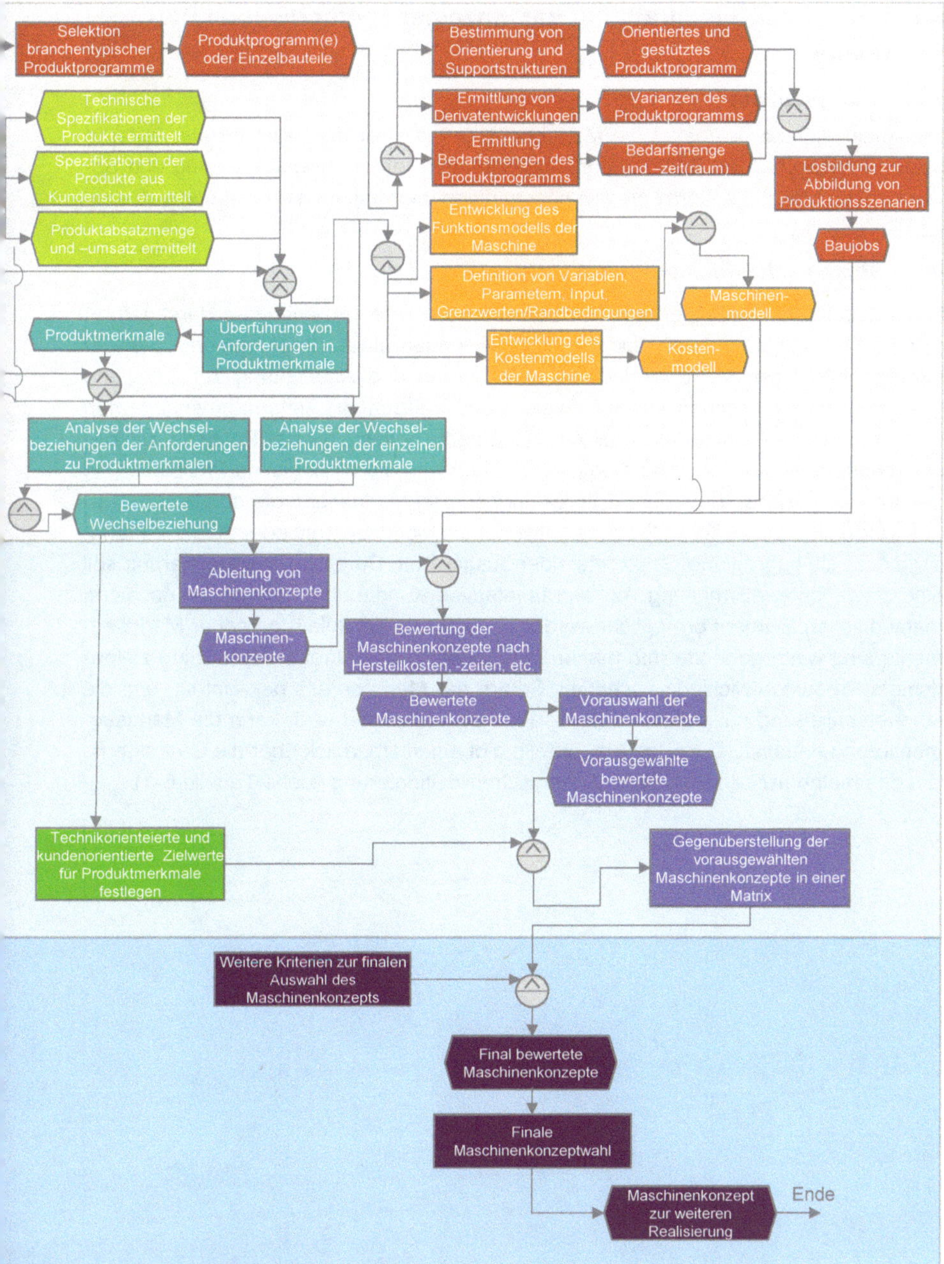

tionierung von LPBF-Maschinen

6.2 Detaillierte Beschreibung der einzelnen methodischen Elemente

6.2.1 Analysephase

Die Analysephase beinhaltet die ME1 bis ME5 und stellt die Basis für die weiteren beiden Phasen dar. Im Rahmen der Analysephase werden für die Ableitung und Bewertung der Maschinenkonzepte alle notwendigen Informationen erfasst und aufbereitet.

ME1: *Strategische Positionierung*

Die strategische Positionierung kann für das komplette Unternehmen durchgeführt werden Dies gilt auch für Bereiche oder Abteilungen eines Unternehmens. Ziel der strategischen Positionierung sind die Orientierung und Ausrichtung zur Erzielung größtmöglicher (wirtschaftlicher) Erfolge. Dazu werden die unternehmensinternen Ressourcen gezielt auf Märkte bzw. Marktsegmente gesetzt, die das Potenzial zur Zielerreichung aufweisen. Im Rahmen dieser Arbeit wird die strategische Positionierung genutzt, um basierend auf dem Entwicklungsauftrag Marktsegmente abzuleiten. Daraus werden für den weiteren Prozess entweder ein Marktsegment oder mehrere Marktsegmente als aggregierte Geschäftsfelder ausgewählt. Durch die Segmentierung soll eine zielgerichtete Ermittlung von repräsentativen Kundenunternehmen im nächsten methodischen Element ermöglicht werden. Im Fall der Erschließung neuer Marktsegmente sind weitergehende Informationen hinsichtlich der Attraktivität für eine zielgerichtete Produktentwicklung essentiell. Sofern der Markt bereits bekannt ist, und die Markterschließung nur durch ein neues Produkt verbessert wird, kann die Marktsegmentierung entfallen. Die folgende Tabelle gibt einen Überblick über die Charakteristika des methodischen Elements Strategische Positionierung (siehe Tabelle 6-1).

Tabelle 6-1: Charakteristika des 1. methodischen Elements – *Strategische Positionierung*

Strategische Positionierung			
Phase der Methodik	Analysephase	**Schritt**	1
Zielsetzung	Beschreibung des aggregierten Geschäftsfelds		

Input	Vorgehen	Output
- Entwicklungsauftrag	- Kundensegmentierung - Charakterisierung der Kundengruppen - Nutzwertanalyse - Paarweiser Vergleich - Produktsegmentierung - Charakterisierung der Produktgruppen	- Ausgewähltes, charakterisiertes Marktsegment - Typauswahl des Produktentwicklungsprojekts (Neuentwicklung oder Anpassungsentwicklung)

eEPK

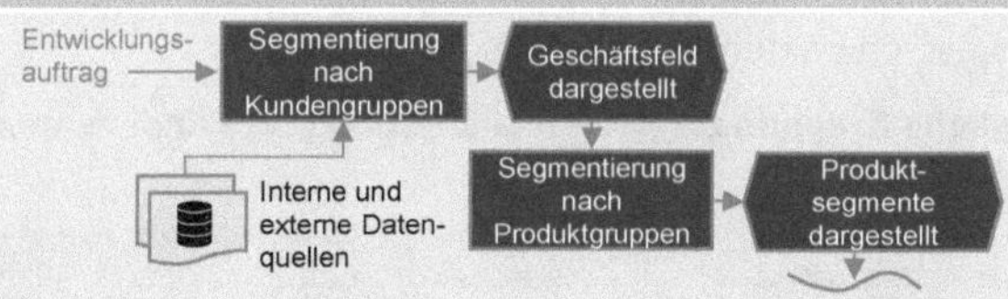

Hilfsmittel	Nutzwertanalyse, paarweiser Vergleich, Markts- und Produktsegmentierung
Kernergebnis	Identifikation und Beschreibung relevanter Marktsegmente für die Erschließung mit neuen oder angepassten Produkten

Der Entwicklungsauftrag beinhaltet relevante Informationen für den Produktentwicklungsprozess. Hierzu zählen die Formulierung eines Ziels (abgeleitet aus der Unternehmensstrategie), zur Verfügung stehende Ressourcen, die Verantwortlichkeiten, Produktstrategie zur Erschließung oder Erweiterung des Markts mit einem neuen oder angepassten Produkt sowie wichtige strategische Produkteigenschaften. Mit dem Entwicklungsauftrag erfolgt auch die Initiierung der Methodik, in welcher im ersten Schritt eine Marktsegmentierung nach Kunden bzw. Produktgruppen durchführt wird. Die Segmentierung ist für eine zielgerichtete Entwicklung von LPBF-Maschinen bedeutend, da hier die Grundlagen für die weiteren Entscheidungen (z. B. Auswahl repräsentativer Kundenunternehmen) in der Methodik gelegt werden. So wird durch die Marktsegmentierungen nach Kundengruppen mit gleichen oder ähnlichen Merkmalen auch die spätere Aufnahme von Anforderungen beeinflusst.

Die Segmentierung erfolgt in einem zweistufigen Prozess, der die Kunden- und die Produktsegmentierung umfasst. Die Qualität der Segmentierung hängt stark von der Qualität der vorhandenen Informationen ab. Hierfür können öffentliche (u. a. Statistiken der IHK, Handelskammer, Statistisches Bundesamt) und kommerzielle (u. a. Bisnode Firmendatenbank) Quellen verwendet werden. Daneben stehen typischerweise auch interne Quellen (u. a. aus dem CRM, Website-Tracking-Informationen,

Kaufhistorien oder Call-Center-Daten) zur Verfügung. Aktuelle Entwicklung zeigen, dass durch Mining-Methodiken und Machine Learning auch relevante Informationen aus der Datenverarbeitung von Social-Media-Beiträgen, Nutzerprofilen, Onlinekommentaren und Onlinebewertungen gewonnen werden können. [Amm21, S. 11ff]

Ausgangspunkt für die Kundensegmentierung ist die Unterscheidung nach primären Ausprägungen der Kundenunternehmen. Im Bereich der Industriegütermärkte ist eine Segmentierung nach geografischen Gesichtspunkten, in Funktion der Größe, sowie der Branche der Kundenunternehmen üblich. Hierzu werden zunächst die durchschnittliche Mitarbeiteranzahl und Umsatz je Unternehmen sowie die Gesamtmitarbeiteranzahl und der Gesamtumsatz, z. B. je Branche oder Standort, ermittelt. Die gewonnen Informationen werden genutzt, um Kundensegmente mit möglichst homogenen Ausprägungen abzuleiten. Darüber hinaus können weitere Kriterien, wie beispielweise Investitionsquote, Ertragskraft oder F&E-Quote zur Beschreibung der Kundensegmente herangezogen werden. Die Kundensegmente können dann, wie in Tabelle 6-2 dargestellt, charakterisiert werden.

Tabelle 6-2: Mögliche Kriterien zur Charakterisierung von Kundensegmenten [Amm21, S. 15]

Segmentierungskriterien	Segment 1	Segment ...	Segment i
Anzahl der Kundenunternehmen	...	...	...
Ø-Umsatz je Unternehmen bzw. Gesamtumsatz im Segment	...	...	...
Ø-Mitarbeiterzahl je Unternehmen bzw. Gesamtmitarbeiterzahl im Segment	...	...	...
Geographische(r) Standort(e)	...	...	...
Position in der Wertschöpfungskette	...	...	...
Käufertyp	...	...	...
...	...	...	...
Marktpotenzial	...	...	...

Basierend auf der Charakterisierung der Kundensegmentierung (siehe Tabelle 6-2) wird das Marktpotenzial[4] je Segment nach der folgenden Formel berechnet:

[4] Das Marktpotenzial ist das theoretisch maximal erreichbare Marktvolumen, also die maximale Absatzmenge eines Produktes bzw. das maximale Umsatzvolumen. [gru22].

$$M_S = c * t_A * p_{AM} \quad 6.1$$

mit

M_S [€]	Marktpotenzial je Segment
c [-]	Anzahl möglicher Kunden im Segment
t_A [$Stück$]	durchschnittliche Absatzmenge je Jahr und Kunde
p_{AM} [$\frac{€}{Stück}$]	durchschnittlicher Umsatz je abgesetzter Einheit

Im nächsten Schritt werden die Kundensegmente auf Basis gezielter Kriterien um die Bewertung geographischer Segmente ergänzt. Die Entscheidungen zum Markteintritt, ggfs. auch auf ausländischen Marktsegmenten, beruhen auf kombinierten Analysen von Marktattraktivität und Marktrisiken. Für die Bewertung der Marktattraktivität und Marktrisiken werden folgende Einflussgrößen analysiert, gewichtet und bewertet:

- **Marktattraktivität**: Marktvolumen[5] und -wachstum[6], Kaufkraft der Kundenunternehmen, potentielle Wettbewerbspositionierung, Preissituation, Intensität des Wettbewerbs, etc. [Amm21, S. 17; Wöh13; Kas02].
- **Marktrisiken:** Stabilität der Legislative, Exekutive, Judikative und der Währung, Regeln für Warenein- und Warenausfuhr, interkulturelles Risiko, Korruptionsrisiken, etc. [Amm21, S. 17].

Die Bewertung erfolgt dabei auf Grundlage einer Nutzwertanalyse mit einem kombinierten Rangfolgeverfahren der Kriterien zur Ermittlung der Gewichtungsfaktoren, welche detailliert im Anhang A3 – ME2 beschrieben sind.

Die Ergebnisse der Nutzwertanalyse (NWA) und der Charakterisierung je Segment werden schlussendlich in einer Entscheidungsmatrix visualisiert (siehe Abbildung 6-2). Die einzelnen Segmente werden nach der Bewertung der Marktattraktivität auf der y-Achse und nach den Marktrisiken auf der x-Achse aufgetragen. Die Kreisfläche des Segments stellt dabei das jeweilige Marktpotenzial dar.

---

[5] Das Marktvolumen beschreibt die reale Absatzmenge bzw. den realen Umsatz einer bestimmten Branche im Markt. [Wöh13, S. 378]

[6] Das Marktwachstum stellt die Veränderung des aktuellen Marktvolumens im Vergleich zu vorherigen Zeiträumen dar. [Kas02, S. 51]

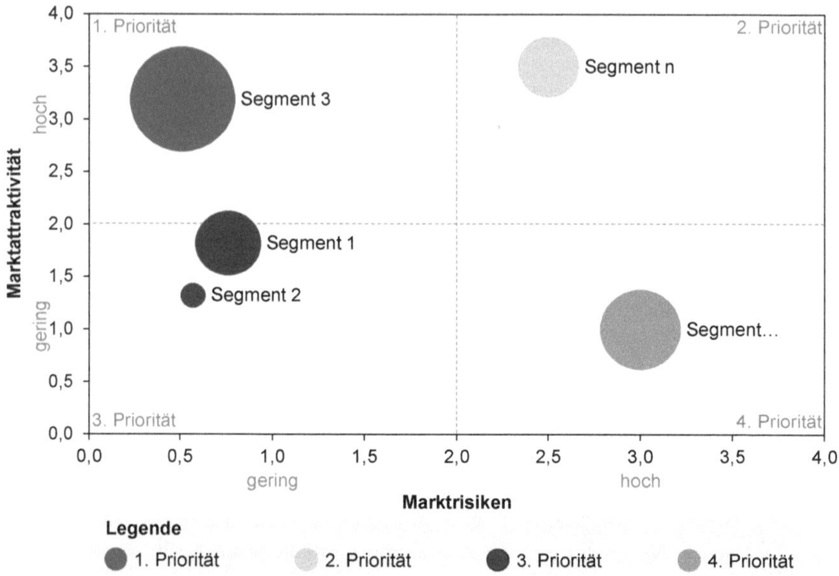

Abbildung 6-2: Ergebnisdarstellung der Segmentcharakterisierung und -bewertung

Für die Segmentierung nach Produktgruppe werden Produkte mit ähnlichen Kriterien zu in sich homogenen Gruppen zusammengefasst und dadurch von anderen Produktgruppen abgegrenzt. [Amm21, S. 16ff]

Mithilfe der Entscheidungsmatrix (1. Priorität bis 4. Priorität) in Abbildung 6-2 können die vielversprechendsten Marktsegmente identifiziert und priorisiert werden. Alle Marktsegmente in Quadrant *1. Priorität* sollten mit höchster Priorität erschlossen werden. In Abhängigkeit der Segmentcharakteristik und dessen Anforderungen an ein Produkt kann eine Zusammenfassung von mehreren homogenen Segmenten zu einem Geschäftsfeld sinnvoll sein. Die Erschließung des Segments bzw. Geschäftsfelds kann hierbei durch ein neues, modifiziertes oder bestehendes Produkt erfolgen (siehe erweiterte Ansoff-Matrix), wobei der Fokus in der vorliegenden Arbeit ausschließlich auf den ersten beiden Fällen liegt.

Die Produktsegmentierung soll dabei die Entscheidung, ob ein Markt mit einem neuen bzw. angepassten Produkt erschlossen werden stützen. Hierzu werden zunächst Kriterien für die Einordnung in Produktgruppen[7] festgelegt. Für die vorliegende Arbeit wird exemplarisch die Definition nach KHORASANI verwendet. Diese Definition, welche die

[7] Allgemein sind Produktgruppen eine Gruppe Waren, die in einer engen Beziehung zueinander stehen. Kriterien für die Zuordnung eines Produkts zu einer Produktgruppe können beispielweise technische Zusammenhänge darstellen. In der vorliegenden Arbeit werden LPBF-Maschinen nach der Definition von KHORASANI einer Produktgruppe zugeordnet. [Jac90, S. 48ff]

LPBF-Maschinen nach *klein, mittelgroß* und *groß* unterteilt, ermöglicht eine grobe Einordnung in Produktgruppen [Kho20; Jac90, S. 481ff]. Diese Unterteilung kann nach unternehmensspezifischen Kriterien (z. B. nach dem Optikkonzept: Scanner-, Gantry-, Scanner-Gantry-basiert) erweitert oder angepasst werden.

Tabelle 6-3: Kriterien zur Segmentierung der Produktgruppen [Kho20]

Kriterien	Kleine Maschine	Mittelgroße Maschine	Große Maschine
Bauraum B [(x10³) mm³]	$15 < B$	$15 \leq B < 21$	$B \geq 21$
Gesamtlaserleistung P_L [W], Anzahl der Scanner/ Laserstrahlquellen L	$250 < P_L \vee L = 1$	$P_L \geq 250 \vee L > 1$	$P_L \geq 250 \vee L > 2$
Aufbaurate $\dot{V}$ [cm³/h]	$20 \leq \dot{V}$	$20 < \dot{V} \leq 60$	$\dot{V} > 60$

Die Zuordnung der Produkte in die Produktgruppen wird noch durch den durchschnittlichen Preis pro Produkt sowie die Absatzmenge pro Produkt (Kreisfläche des Produkts, siehe Abbildung 6-3) ergänzt. Die Ergebnisse der Zuordnung werden dann wie in Abbildung 6-3 aufbereitet.

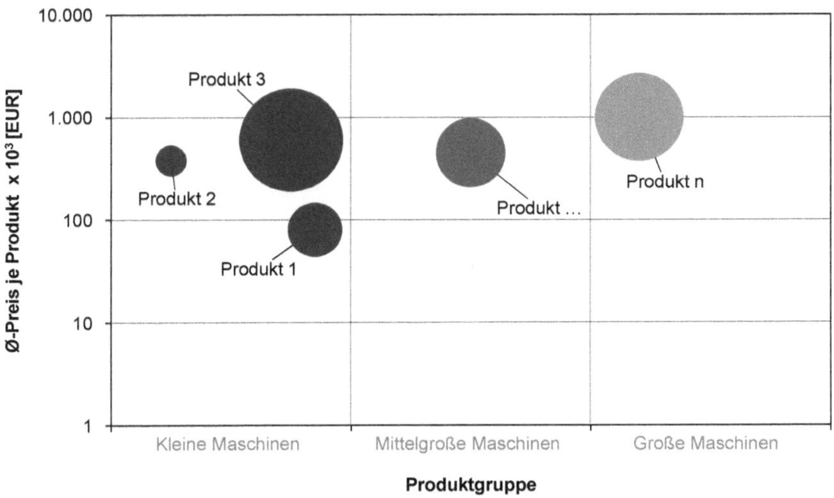

Abbildung 6-3: Klassifizierung der Produkte in Produktgruppen

Basierend auf dem Ergebnis der Produktsegmentierung können sowohl im eignen Produktprogramm der LPBF-Maschinen als auch von Wettbewerbern etwaige Alleinstellungsmerkmale abgeleitet werden. Darüber hinaus unterstützt die Produktsegmentierung die Entscheidungsfindung, ob eine bestehende LPBF-Maschine angepasst oder neu entwickelt werden muss. Beispielweise, wenn zur Markterschließung eine gewissen Preisspanne gefordert wird und in dieser Spanne kein bestehendes Produkt liegt bzw. angrenzt, ist eine Neuentwicklung wahrscheinlich.

ME2: ***Markt- und Kundenanalyse***

Das ausgewählte Marktsegment, welches in dem vorherigen methodischen Element charakterisiert wurde, wird nun im folgenden methodischen Element zur detaillierten Ermittlung von Kunden, Wettbewerbern und Randbedingungen (u. a. Wissen im Geschäftsfeld, Regularien und Branchenstandards, Tätigkeitbereiche, Anwendungsberieche für LPBF) genutzt. Die Ermittlung der Daten kann in Form von Recherchen, Reverse Engineering oder anderen Marktforschungsmethoden (z. B. Interviews oder Fragebogen) erfolgen. Zur Klassifizierung der ermittelten Kundenunternehmen hinsichtlich der Relevanz wird eine ABC-Analyse herangezogen. Nur sehr wichtige (A) und wichtige (B) Kunden werden zur Aufnahme der *Voice of the Customer* (VoC) per Interview/Fragebogen einbezogen. Die ermittelten VoC werden dann über die VoC-Tabelle im *House of Quality* (HoQ) in Kundenanforderungen und schließlich in Produktmerkmale überführt. Ebenso werden im HoQ die Produktmerkmale hinsichtlich der Wechselbeziehungen zueinander als auch zu den Anforderungen analysiert. Die Wettbewerberübersicht stellt nicht nur die Eingangsgröße für das nächste methodische Element dar, sondern bietet auch die Möglichkeit Anforderungen über die Wettbewerberprodukte abzuleiten. In Tabelle 6-4 ist ein Überblick zu den Charakteristika des methodischen Elements gegeben.

Tabelle 6-4: Charakteristika des 2. methodischen Elements – *Markt- und Kundenanalyse*

Markt- und Kundenanalyse			
Phase der Methodik	Analysephase	**Schritt**	2
Zielsetzung	Ermittlung von Kundenanforderungen und Wettbewerberprodukten		
Input	**Vorgehen**	**Output**	
- Geschäftsfeld - Produktgruppensegmente	- Identifikation und Klassifizierung von Kunden, Wettbewerbern und Randbedingungen - Ableitung von Bedürfnissen in Anforderungen - Ableitung von Anforderungen in Produktmerkmale - Untersuchung von Wechselbeziehungen	- Kundenanforderungen - Produktmerkmale - Wechselwirkungen zwischen Produktmerkmalen/ Produktmerkmalen und Produktmerkmalen/ Kundenanforderungen - Wettbewerberübersicht - Randbedingungen	
eEPK			
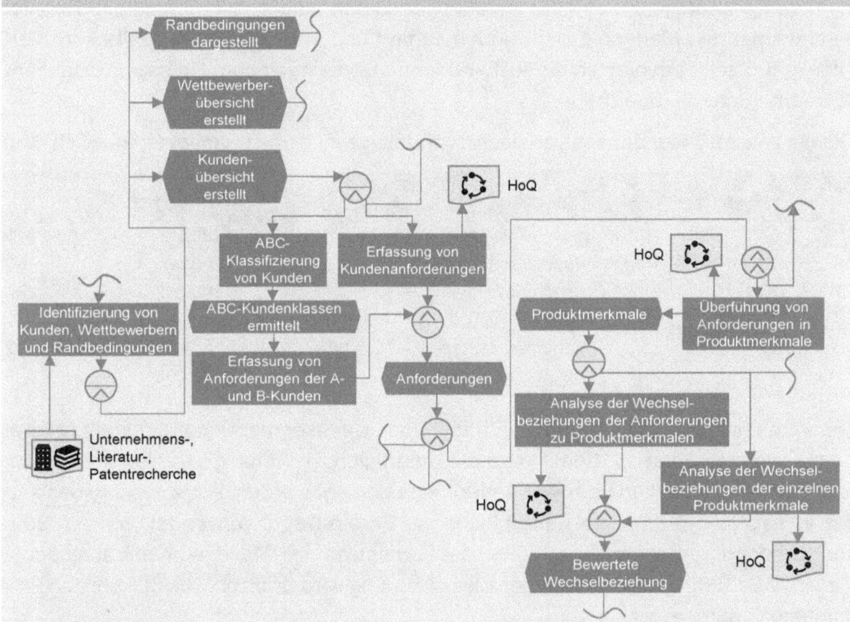			
Hilfsmittel	Recherche, Reverse Engineering, Interviews/ Fragebogen, ABC-Analyse, *House of Quality* (HoQ)		
Kernergebnis	Kundenanforderungen, Produktmerkmale und Wettbewerberübersicht		

Das zu erschließende Geschäftsfeld wird für das zweite methodische Element weiter detailliert. Hierzu werden insbesondere Kundenunternehmen, Wettbewerber und Randbedingungen identifiziert. Sollten das notwendige Wissen oder die erforderlichen

Informationen noch nicht vorhanden sein, ist es zielführend, weitere Quellen heranzuziehen. Hierzu haben sich Methodiken wie die Recherche (u. a. Unternehmensrecherche, Literaturrecherche, Patentrecherche), Interviews und Fragebögen, sowie die Analyse von Wettbewerber- oder Referenzprodukten (auch als Reverse Engineering bezeichnet) etabliert. Das Reverse Engineering bietet sich auch zur Identifikation von Lösungsansätzen und Branchenstandards an. Das Ergebnis des ersten Prozessschritts im methodischen Element ist eine detaillierte Übersicht von Kundenunternehmen, Wettbewerbern und Randbedingungen.

Zur Aufnahme der Kundenbedürfnisse/ -aussagen werden im zweiten Schritt die Kunden mittels einer ABC-Analyse hinsichtlich der Bedeutung für die Marktsegmenterschließung bewertet. Die Bedeutung kann über unterschiedliche Merkmale messbar gemacht werden, z. B. Umsatz/Wachstum im Marktsegment, Marktsegmentanteil, Kaufabsicht, etc. Einige dieser Merkmale (z. B. Umsatz) lassen sich über externe Quellen ermitteln, für andere (z. B. Kaufabsicht) bedarf es einer Datenerhebung mittels Marktforschungsinstrumenten. Zur Durchführung der ABC-Analyse werden zunächst die Merkmale festgelegt und die zugehörigen Daten tabellarisch dargestellt. Nachfolgend werden die Merkmale der Kunden sortiert und in einer neuen Spalte kumuliert. Tabelle 6-5 zeigt bespielhaft die ABC-Kundenanalyse nach dem Umsatz im Zielmarksegment. [Sch17a, S. 12ff]

Tabelle 6-5: ABC-Kundenanalyse nach dem Umsatz im Marktsegment (siehe [Sch17b])

Nr.	Kundenanteil [%]	Kunde	Umsatz im Marktsegment [€]	Kumulierter Umsatz [%]
1	5	Kundenunternehmen 1	400.000	40
2	10	Kundenunternehmen 2	200.000	60
3	15	Kundenunternehmen 3	200.000	80
...	...	...	...	...
20	100	Kundenunternehmen 20	10.000	100
			1.000.000	

Die Unterteilung in die drei Klassen hängt vom Marktsegment und den identifizierten Kundenunternehmen ab. Somit kann die Unterteilung in Abhängigkeit der Zielsetzung bzw. Ausgangssituation vom Anwender frei festgelegt werden. Als Ausgangsbasis für das in Tabelle 6-5 gezeigte Beispiel wird die Pareto-Regel verwendet, wonach 20 % der Kundenunternehmen ca. 80 % des Umsatzes im Marktsegment ausmachen [Sch17a, S. 12ff]. Das Ergebnis der Klassifizierung wird grafisch, wie in Abbildung 6-4 dargestellt, aufbereitet.

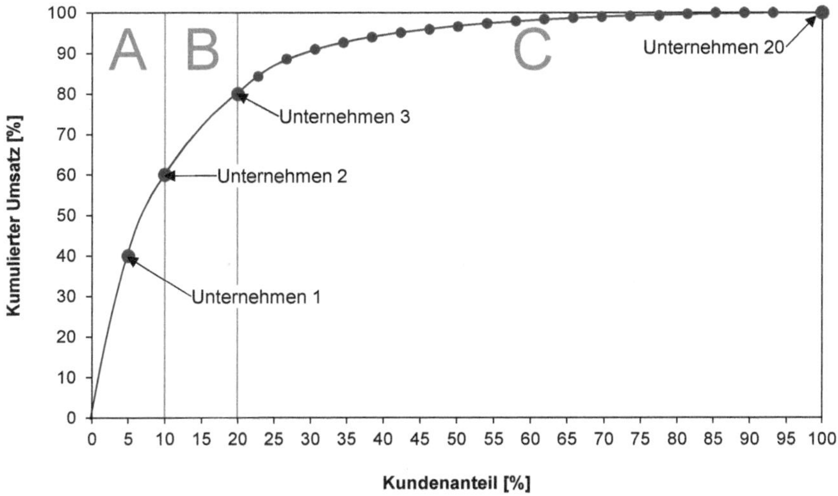

Abbildung 6-4: Visualisiertes Ergebnis der ABC-Kundenanalyse

Die A- und B-Kunden sollen im dritten Prozessschritt zur Aufnahme der Kundenbedürfnisse durch eine qualitative Befragung mittels leitfadengestütztem Experteninterview kontaktiert werden.

Für eine zielführende Erfassung der Kundenbedürfnisse durch das Interview müssen Leitfragen angemessen differenziert formuliert werden. Die Herausforderung besteht in der Gewinnung von vergleichbaren Kundenbedürfnissen verschiedener Experten aus unterschiedlichen Anwendungsgebieten (z. B. metallverarbeitende Unternehmen im Bauwesen und Maschinenbau), ohne dabei einen offenen Gesprächsverlauf zu unterbinden. [Fra04]

Durch den zugrunde gelegten Leitfaden soll das Interview thematisch strukturiert werden und eine Orientierung in der offenen Gesprächsführung geboten werden [Küh09, S. 32ff]. Durch die leitfadengestützten Experteninterviews sollen neben den Kundenbedürfnissen auch Erfahrungswerte, Einschätzungen und Herausforderungen bzw. Randbedingungen aus Sicht verschiedener Experten erhoben werden.

Neben den leitfadengestützten Experteninterviews wird eine weitere Erhebungsform für die Ermittlung der Kundenbedürfnisse genutzt. Über einen Fragebogen im Rahmen einer Online-Umfrage wird eine größere Gruppe an Kundenunternehmen kontaktiert. Bei Onlinebefragungen besteht im Allgemeinen die Herausforderung der Selbstselektivität, geeint mit gemeinhin geringen Rücklaufquoten: Da die Teilnehmenden selbst entscheiden, ob sie an einer Umfrage teilnehmen oder nicht, ist die Auswahl nicht zufällig und möglicherweise mit systematischen Fehlern behaftet. Das lässt die Bildung repräsentativer Stichproben nicht zu, daher dient die Online-Umfrage ausschließlich zur Ergänzung der bereits erfassten Kundenbedürfnisse durch die leitfadengestützten Experteninterviews. [Wel14; Möh19]

Die erfassten Kundenbedürfnisse werden dann mittels der Methodik *Voices of the Customer* (VoC) über Kundenanforderungen in spezifische messbare Kriterien überführt. Das erfasste Kundenbedürfnis stellt zunächst nur eine Aussage des Kunden dar, aus welcher im nächsten Schritt die tatsächliche Problemstellung oder Kundenanforderung extrahiert werden muss. Das Ergebnis der Extraktion wird als Kundenanforderung bezeichnet und im finalen Schritt über eine abbildende Messgröße beschrieben (siehe Beispiel in Tabelle 6-6). Die gesammelten Kundenanforderungen können direkt im HoQ – Teil A dokumentiert werden (siehe Kapitel 3.2.2; HoQ – Teil A). Daneben werden Randbedingungen (wie beispielweise Technische Regeln, Gesetze, Normen) ebenfalls als Anforderungen dokumentiert.

Tabelle 6-6: Beispiel für die Anwendung der VoC-Methodik

Voice of the Customer		
Aussage des Kunden (Erfasstes Kundenbedürfnis aus dem Interview)	**Kundenanforderung** (Extraktion der eigentlichen Problemstellung bzw. Anforderung)	**Merkmal** (Bestimmung der abzubildenden Messgröße (ggfs. in Abstimmung mit dem Kunden)
Die LPBF Maschinenrüstung benötigt viele manuelle Tätigkeiten	Verringerung der Nebenzeiten durch Automatisierungslösungen	z. B. Nebenzeiten [s]

Basierend auf den Kundenanforderungen und Anforderungen aus den Randbedingungen werden die Produktmerkmale für deren Erfüllung identifiziert. Dieser Schritt wird auch oft als *Voice of the Engineers* (VoE) bezeichnet und wird ebenfalls direkt im HoQ – Teil C dokumentiert (siehe Kapitel 3.2.2; HoQ – Teil C). Hierbei erfolgen sowohl die Festlegung von Messgrößen zur diskreten Quantifizierung des Produktmerkmals als auch eine Optimierungsrichtung zur Kundenerfüllung (siehe Kapitel 3.2.2; HoQ – Teil C).

Im nächsten Schritt werden die Wechselbeziehung der Kundenanforderungen zu den Produktmerkmalen analysiert und über eine Punktebewertungsskala [0, 1, 3, 9] klassifiziert (siehe Kapitel 3.2.2; HoQ – Teil D).

Ebenso werden die Wechselbeziehungen zwischen den einzelnen Produktmerkmalen analysiert und bewertet, um etwaige gegenläufige Entwicklungen frühzeitig zu vermeiden und alternative Lösungen aufzuführen (siehe Kapitel 3.2.2; HoQ – Teil E).

Die Produktmerkmale dienen nicht nur als Bestandteil der Wettbewerberübersicht, sondern fungieren als Eingangsgröße für das dritte methodische Element, die Wettbewerberanalyse.

ME3: *Wettbewerberanalyse*

Im dritten methodischen Element sollen die in der Wettbewerberübersicht genannten Unternehmen klassifiziert und die relevanten Wettbewerber weitergehend analysiert werden. Hierbei werden die Produkte in einem direkten relativen Vergleich hinsichtlich der Produktmerkmale bewertet und die technischen Leistungsziele daraus abgeleitet. Neben dem Produktvergleich kann ein ergänzender Unternehmensvergleich

Potenziale in anderen Geschäftsbereichen (u. a. Marketing, Einkauf, ...) aufdecken. In Tabelle 6-7 ist ein Überblick zu den Charakteristika des methodischen Elements gegeben.

Tabelle 6-7: Charakteristika des 3. methodischen Elements – *Wettbewerberanalyse*

Wettbewerberanalyse			
Phase der Methodik	Analysephase	**Schritt**	3
Zielsetzung	Festlegung von Spezifikation der Produktmerkmale		
Input	**Vorgehen**	**Output**	
- Wettbewerberübersicht	- Technik- und kundenorientierte Wettbewerberanalyse	- Produktvergleich - Marketing- und technikorientierte Alleinstellungsmerkmale - Wettbewerberklassifizierung	
eEPK			
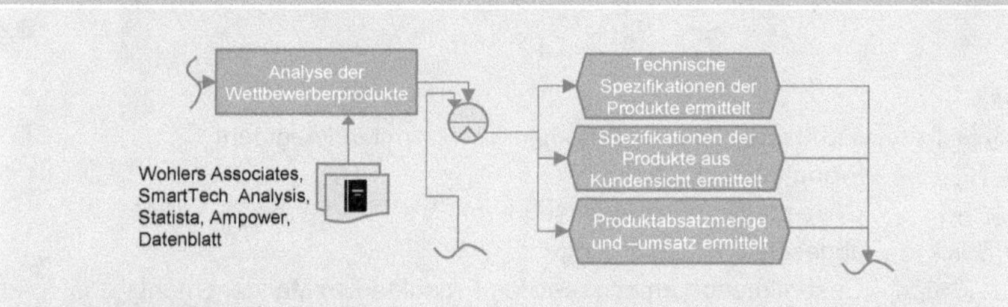			
Hilfsmittel	Recherche, HoQ, ABC-Klassifizierung, Produkt- und Unternehmensvergleich		
Kernergebnis	Marketing- und technikorientierte Produktplatzierung im Vergleich zu Wettbewerberprodukten		

Die technik- und kundenorientierte Wettbewerberanalyse wird anhand der Vorgehensweise in Abbildung 6-5 durchgeführt. Hierbei erfolgt im ersten Prozessschritt eine weitere Eingrenzung der relevanten Wettbewerber, um den Aufwand zu reduzieren.

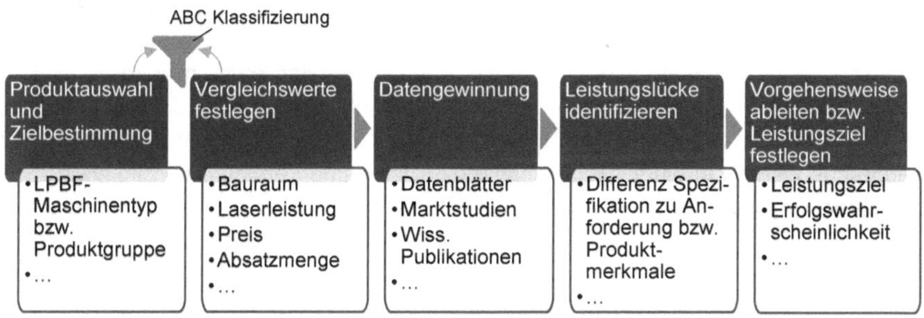

Abbildung 6-5: Vorgehensweise bei der Analyse von Wettbewerberprodukten

Der erste Schritt umfasst die Produkt- bzw. Produktgruppenauswahl, welche dem zu entwickelnden Produkt am nächsten kommt. Hierzu wird das Ergebnis der Produktsegmentierung herangezogen (siehe ME1). Zur Eingrenzung des Aufwands werden die Wettbewerber anhand der Marktrelevanz für die ausgewählten Produkte bzw. Produktgruppen klassifiziert. Zur Ermittlung der Marktrelevanz der Wettbewerberprodukte werden der Marktanteil für das Marktsegment und der Produktumsatz approximiert. Dazu wird die Absatzmenge je Wettbewerberprodukt oder -unternehmen recherchiert. Mittels Marktforschungsmethoden oder Datenbanken (z. B. Senvol Database [Sen20]) können die durchschnittlichen Preise der abgesetzten Produkte ermittelt werden. Der Produktumsatz U_P durch die Multiplikation der abgesetzten Menge mit dem durchschnittlichen Preis berechnet werden.

Der Marktanteil für das Produkt kann hierbei über den Produktumsatz angenähert werden:

$$S_{PU} = \frac{U_P}{U_{MS}}, U_{MS} = \sum U_{P,i} \qquad 6.2$$

mit

S_{PU} [%]	Marktanteil über den Produktumsatz im Marksegment
U_P [€]	Produktumsatz
U_{MS} [€]	Gesamtumsatz im Marktsegment
n [Stück]	abgesetzte Produktmenge
n_{MS} [Stück]	Gesamtmenge an abgesetzten Produkten im Marktsegment

Bedingt durch fehlende Informationen bzw. Zugriff zu diesen, ist eine Annäherung über die Ermittlung des Marktanteils für das komplette Wettbewerberunternehmen möglich. Zur Klassifizierung der Wettbewerber mit deren relevanten Produkten kann erneut eine ABC-Klassifizierung verwendet werden (siehe ME2). Nur A- und B-Wettbewerber werden folglich weiterbetrachtet.

Im zweiten Schritt erfolgt die Festlegung der Leistungswerte, besonders die technischen Spezifikationen (z. B. Bauraum, Laserleistung). Dabei sollten die Leistungswerte mindestens die Produktmerkmale abdecken (siehe ME2). Die anschließende Datengewinnung erfolgt typischerweise über externe Quellen (z. B. wissenschaftliche Publikationen, Datenblätter) und kann durch Benchmarking ergänzt werden. Im Bereich des Additive Manufacturing haben sich die Wohlers Associates, SmartTech Analysis, Statista oder AMpower als Anbieter für Markstudien etabliert. Die Ergebnisse der Recherche werden in einer Vergleichsmatrix erfasst und dem zu entwickelnden Produkt gegenübergestellt (siehe Abbildung 6-6).

#	Kriterium	Wettbewerber-produkt 1	Wettbewerber-produkt 2	Wettbewerber-produkt …	Wettbewerber-produkt n
	Durchschnittlicher Produktpreis [T€]	…	…	…	…
	Abgesetzte Menge im Geschäftsjahr [-]	…	…	…	…
	Umsatz im Geschäftsjahr [T€]	…	…	…	…
	ABC-Klassifizierung	A	C	…	…
1	Bauraum [$x10^6$ mm³]	15,4		…	…
2	Laserleistung [W]	200		…	…
…		…		…	…

Abbildung 6-6: Beispielhafte Vergleichsmatrix zur Gegenüberstellung von Wettbewerberprodukten

Für die weitere technikorientierte Wettbewerberanalyse werden nur A- und B-Wettbewerber berücksichtigt (siehe Abbildung 6-6). Für A- und B-Wettbewerber erfolgt die relative technische Bewertung des zu entwickelnden Produkts im Vergleich zu den Wettbewerbsprodukten sowie der Berechnung der strategischen Bedeutung der Produktmerkmale. Das Ergebnis wird direkt im HoQ – Teil F dokumentiert (siehe Kapitel 3.2.2 A2; HoQ – Teil F1 und F2).

Basierend auf den Ergebnissen der technischen Wettbewerberanalyse werden die technischen Leistungszielwerte definiert (siehe Kapitel 3.2.2; HoQ – Teil F3) und die Erfolgswahrscheinlichkeit einer Realisierung angegeben (siehe Kapitel 3.2.2; HoQ – Teil F4). Ebenso erfolgt die Festlegung der Technikschwerpunkte, welche die Abgrenzung zu Wettbewerberprodukte angeben (siehe Kapitel 3.2.2; HoQ – Teil F5). Die finale Berechnung der strategischen Bedeutung der Produktmerkmale aus dem technikorientierten Wettbewerbervergleich erfolgt dann nach der Formel 3.3 (siehe Kapitel 3.2.2; HoQ – Teil F6).

Im dritten Schritt erfolgt die kundenorientierte Wettbewerbsanalyse analog zum HoQ – Teil B (siehe Kapitel 3.2.2; HoQ – Teil B). Hierfür wird der Erfüllungsgrad der Kundenanforderungen des jeweiligen Wettbewerberprodukts aus Kundenperspektive relativ zum zu entwickelnden Produkt analysiert (siehe Kapitel 3.2.2; HoQ – Teil B1) und im HoQ dokumentiert.

Basierend auf dem Erfüllungsgrad der Kundenanforderungen des jeweiligen Wettbewerberprodukts aus Kundenperspektive werden auch die zu erreichenden Werte festgelegt (siehe Kapitel 3.2.2; HoQ – Teil B2). Im letzten Schritt erfolgt die Untersuchung der Merkmale, die einen marketingbasierten Wettbewerbsvorteil ermöglichen (siehe Kapitel 3.2.2; HoQ – Teil B3). Die Ergebnisse der Schritte B1 bis B3 dienen zur Berechnung der strategischen Bedeutung nach Formel 3.1 (siehe Kapitel 3.2.2; HoQ – Teil B4). Die Dokumentation der technik- und kundenorientierten Bewertung der Wettbewerberprodukt, die Festlegung von Zielwerten sowie die Berechnung der Bedeutung erfolgt direkt im HoQ.

ME4: *Profilierung des Produktprogramms*

Im vierten methodischen Element erfolgt die Profilierung des Produktprogramms bis zur Bildung von branchentypischen Baujobs (Fertigungslose). Hierzu werden zunächst potenzielle Bauteile zur Fertigung mittels AM selektiert, für welche folgend die Orientierung festgelegt und der Support generiert wird. Ebenso werden Bedarfsmengen als auch Derivate/Varianten der selektierten Bauteile ermittelt. Die Modellierung der Baujobs erfolgt dann unter Berücksichtigung der Bedarfsmenge/-zeiten sowie der Varianz der Bauteile. In Tabelle 6-8 ist ein Überblick zu den Charakteristika des methodischen Elements gegeben.

Tabelle 6-8: Charakteristika des 4. methodischen Elements – *Profilierung des Produktprogramms*

<table>
<tr><th colspan="4">Profilierung des Produktprogramms</th></tr>
<tr><td>Phase der Methodik</td><td>Analysephase</td><td>Schritt</td><td>4</td></tr>
<tr><td>Zielsetzung</td><td colspan="3">Festlegung von branchentypischen Produktionsszenarien</td></tr>
<tr><td>Input</td><td colspan="2">Vorgehen</td><td>Output</td></tr>
<tr><td>- Kundenübersicht
- Randbedingungen
- Bauteilselektion (Material, Menge, etc.)
- LPBF-Prozessparameter</td><td colspan="2">- Bauteilselektion für die Herstellung mittels LPBF
- Bauteilorientierung und Erzeugung von Stützstrukturen
- Ermittlung von Varianten und zukünftigen Produktionsszenarien</td><td>- Orientierte und gestützte Bauteile
- Festlegung der Regelung zur Losbildung</td></tr>
<tr><td colspan="4">eEPK</td></tr>
<tr><td colspan="4">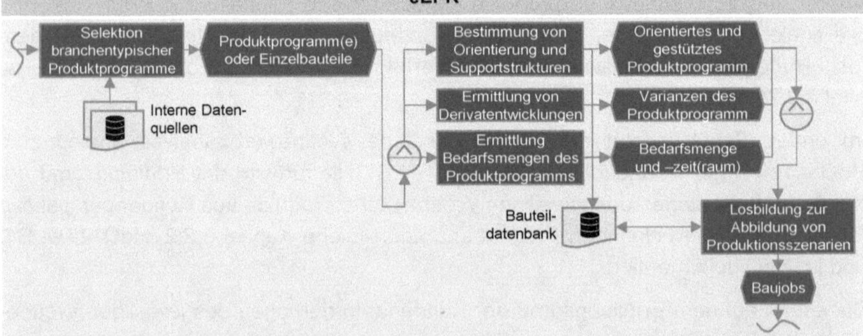
</td></tr>
<tr><td>Hilfsmittel</td><td colspan="3">Bewertungsmethode Geometry for Additive Manufacturing (GAPS), Bauteilselektion nach CONNER ET AL., Software zur Datenaufbereitung (z. B. Netfabb, Magics, Eigenentwicklungen)</td></tr>
<tr><td>Kernergebnis</td><td colspan="3">Orientierte und gestützte Bauteile zur Abbildung realer aktueller und zukünftiger Produktionsszenarien</td></tr>
</table>

Im ersten Schritt erfolgt die Auswahl der Bauteile zur Zusammenstellung eines branchentypischen Produktprogramms. Hierfür können sowohl Bauteile ausgewählt werden, welche bereits mittels LPBF hergestellt werden oder solche, die technologische und/oder wirtschaftliche Potenziale für die Herstellung mittels LPBF aufweisen. Unterstützende Methodiken zur Auswahl potenzialträchtiger Bauteile können den Selektionsprozess für erfahrungsarme bzw. -lose Anwender oder Kunden vereinfachen. BRACKEN ET AL. und KOLTER ET AL. klassifizieren sowie beschreiben verschiedene Methodiken für die Bauteilselektion [Bra20b; Kol21]. Die Auswahl einer geeigneten Methodik kann nach den vorliegenden Informationen, auf Grundlage des Wissens und der Erfahrungswerte im Bereich Additive Manufacturing sowie des Arbeitsaufwands getroffen werden. Die zur Kategorie *Top-Down* gehörende Methodik nach CONNER ET AL. ermöglicht die Klassifizierung der Bauteile nach der in Abbildung 6-7 dargestellten Segmente [Con14; Kol21]. Diese Methodik kann durch Kundenunternehmen ohne Erfahrungswerte selbstständig durchgeführt werden und bedarf nur wenige Informationen über die Bauteile, weswegen diese Methodik prototypisch in die vorliegende Entwicklungsmethodik implementiert wird. Diese kann jedoch gegen eine andere, den Randbedingungen entsprechende Methodik ausgetauscht werden.

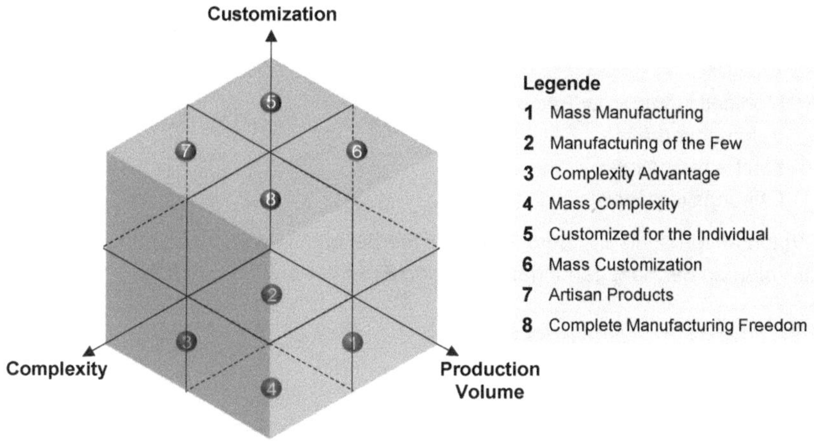

Abbildung 6-7: Klassifikationsdiagramm zur Bauteilauswahl für das Produktprogramm nach CONNER ET AL. [Con14]

Das System zur Klassifikation basiert auf drei Attributen: Produktionsvolumen, Komplexität und Individualisierung (siehe Abbildung 6-7). Diese Attribute spannen einen aus acht Segmenten bestehenden Raum auf. [Con14]

Das Produktionsvolumen bezieht sich auf die Herstellungsmenge in einem definierten Zeitraum. Die Komplexität bezieht sich auf die Anzahl der Bauteil-Features, sowie auf die Geometrie und die Lage der Letzterer. Je komplexer ein Bauteil ist, desto schwieriger, wenn nicht gar unmöglich, ist die Herstellung mit den herkömmlichen subtraktiven oder formgebenden Fertigungstechnologien. Die Individualisierung reicht über eine an die Anatomie des Patienten adaptierte Herstellung von Implantaten bis hin zur

Fertigung von Kunstwerken, wobei die Einzigartigkeit ein wesentliches Erkennungsmerkmal der Individualisierung darstellt. [Con14]

Das System zur Klassifikation nach CONNER ET AL. kann für alle AM-Technologien gleichermaßen verwendet werden. Da in der vorliegenden Arbeit der Fokus auf der Verarbeitung von Metallen mittels LPBF liegt, erfolgt die Klassifizierung ausschließlich für metallische Bauteile. Die Definition der acht Segmente nach CONNER kann Anhang A3 – ME4 entnommen werden.

Damit die Zuordnung zu einem der acht Segmente nach CONNER erfolgen kann, muss im Folgenden der Komplexitätsgrad und der Individualisierungsgrad bestimmt werden. Das Produktionsvolumen kann aus dem ERP entnommen oder über die aufsummierte Auftragsmenge in einem Geschäftsjahr ermittelt werden.

Der Grad der Komplexität wird über den Modified Complexity Factor (MCF) bestimmt. Diese einheitslose Kenngröße ermöglicht die relative Vergleichbarkeit von Bauteilkomplexitäten und wird nach Formel 6.3 berechnet. [Con14]

$$MCF = 5{,}7 + 10{,}8 * C_{PR} + 18 * C_{AR} + 32{,}7 * C_{NH} \quad (6.3)$$

mit

MCF Modified Complexity Factor
C_{PR} Volumenverhältnis
C_{AR} Flächenverhältnis
C_{NH} Öffnungsverhältnis

Das Volumenverhältnis C_{PR} berechnet sich hierbei aus dem Verhältnis Bauteilvolumen V_P zu Volumen der dazugehörigen Bounding Box[8] V_b nach Formel 6.4:

$$C_{PR} = 1 - \frac{V_P}{V_b} \quad (6.4)$$

mit

C_{PR} Volumenverhältnis
$V_P\,[mm^3]$ Bauteilvolumen
$V_b\,[mm^3]$ Volumen der Bounding Box

Analog wird auch das Flächenverhältnis C_{AR} berechnet als Verhältnis zu Bauteiloberfläche A_P zur Oberfläche einer Sphäre V_S mit dem gleichen Volumen V_P wie das Bauteil.

[8] Als Bounding Box wird der kleinste einfache geometrische Körper, der ein komplexes dreidimensionales Objekt oder einen komplexen Körper umschließt, bezeichnet. In der vorliegenden Arbeit wird ausschließlich eine quaderförmige Bounding Box verwendet.

$$C_{AR} = 1 - \frac{A_S}{A_P} \tag{6.5}$$

mit

C_{AR}	Flächenverhältnis
$A_S\ [mm^2]$	Oberfläche einer Sphäre mit dem Volumen V_P
$A_P\ [mm^2]$	Bauteilfläche

Das Öffnungsverhältnis berechnet sich hierbei nach der folgenden Formel:

$$C_{NH} = 1 - \frac{1}{\sqrt{(1 + N_H)}} \tag{6.6}$$

mit

C_{NH}	Öffnungsverhältnis
N_H	Anzahl der Öffnungen (z. B. Bohrungen, Schlitze) im Bauteil

Nach der Bestimmung des Komplexitätsgrad wird für jedes Bauteil der Individualisierungsgrad festgelegt. Dafür wird eine Einteilung in Grad von 0 bis 4 vorgenommen.

- **Grad 0:** Keine Individualisierung. Der Kunde hat keinen Einfluss auf die Anpassung des Bauteils. [Con14]
- **Grad 1:** Vordefinierte Optionen. Hier ist die Anpassung auf einige wenige vordefinierte Optionen beschränkt, die vom Kunden ausgewählt werden können, zum Beispiel die Gehäusefarbe eines Notebooks. [Con14]
- **Grad 2:** Begrenzte Anpassungsoptionen mit Einschränkungen. Das Bauteil hat nur ein Merkmal, das anpassbar ist. Dieses Merkmal ist nicht vom Hersteller vordefiniert. Zum Beispiel die Oberflächenbeschichtung (Art und Farbe) oder Prägung bzw. Gravur. [Con14]
- **Grad 3:** Größere Anzahl an Anpassungsoptionen mit Einschränkung. Das Bauteil hat mehrere Merkmale, die anpassbar sind. Der Umfang der Anpassbarkeit der Merkmale ist nicht beliebig. [Con14]
- **Grad 4:** Komplett anpassbar ohne Einschränkung. Alle Bauteilmerkmale können beliebig angepasst werden. [Con14]

Für jedes Bauteil wird anhand der Kriterien ein Grad der Individualisierung und ein Segment nach CONNER festgelegt. Die Ergebnisse werden tabellarisch erfasst und zur Auswahl der geeignetsten Bauteile herangezogen. Die folgende Tabelle zeigt eine exemplarische Auswertungstabelle für die Bauteilklassifikation nach CONNER ET AL.

Tabelle 6-9: Auswertungstabelle der Bauteilklassifizierung nach CONNER ET AL. [Con14]

<table>
<tr><th colspan="3">Bauteil</th><th>Material</th><th>MCF</th><th>Individualisierung</th><th>Produktionsvolumen</th><th>Segment</th><th>Herstellungskosten</th></tr>
<tr><td>1</td><td colspan="2">Bauteil 1</td><td rowspan="2">Ti6Al4V</td><td rowspan="2">51,8</td><td rowspan="2">Grad 0</td><td rowspan="2">4</td><td rowspan="2">3</td><td rowspan="2">1255 USD</td></tr>
<tr><td>44,0 mm³</td><td>21,4 mm²</td><td>13</td></tr>
<tr><td>...</td><td colspan="2">Bauteil ...</td><td rowspan="2">...</td><td rowspan="2">...</td><td rowspan="2">Grad ...</td><td rowspan="2">...</td><td rowspan="2">...</td><td rowspan="2">...</td></tr>
<tr><td>$V_{p...}$ [mm³]</td><td>$A_{p...}$[mm²]</td><td>N_H</td></tr>
<tr><td>n</td><td colspan="2">Bauteil n</td><td rowspan="2">Material n</td><td rowspan="2">MCF n</td><td rowspan="2">Grad n</td><td rowspan="2">...</td><td rowspan="2">....</td><td rowspan="2">....</td></tr>
<tr><td>V_{pn} [mm³]</td><td>A_{pn}[mm²]</td><td>N_H</td></tr>
</table>

Neben der Bauteilbezeichnung, das Volumen V_P und die Oberfläche A_P, werden noch weitere Informationen in der Auswertungstabelle erfasst. Insbesondere der vorher beschriebene Grad der Individualisierung und die Zuordnung zu einem der acht Segmente werden in der Tabelle dokumentiert (siehe Tabelle 6-9). Als weiteres Kriterium zur Selektion kann die Klassifizierung optional, besonders in unschlüssigen Fällen, um die Herstellungskosten der konventionellen und additiven Fertigungsverfahren ergänzt werden (siehe Tabelle 6-9).

Alle Bauteile der Segmente (siehe Abbildung 6-7) eins und zwei werden nicht weiter betrachtet. Sollte im zweiten Segmente Werkzeuge enthalten sein, die mittels LPBF hergestellt werden sollen, kann eine weitere Berücksichtigung durchaus sinnvoll sein. Ein Vergleich der Herstellungskosten kann als weiteres Kriterium die Entscheidungsfindung unterstützen. Bauteile aus den Segmenten (siehe Abbildung 6-7) fünf bis acht können uneingeschränkt für den weiteren Prozess berücksichtigt werden. Bei den Bauteilen aus den Segmenten drei und vier ist ebenfalls eine genauere Betrachtung sinnvoll. Auch hier können die Herstellungskosten eine Indikation für die Entscheidung liefern. [Con14]

Die Klassifizierung kann um weitere vom Anwender oder Kundenunternehmen zur Verfügung gestellte Kriterien ergänzt werden, um die Selektion zu verfeinern. Im Anschluss an die Klassifizierung nach CONNER ET AL. soll auf Grund der Komplexität der Fertigungstechnologie von LPBF eine weitere Methodik angewendet werden, die ausschließlich für das LPBF und EBM anwendbar ist und bei der die Bewertungsmethode Geometry for Additive Manufacturing zur geometrischen Analyse und Eignungsbeschreibung der Herstellbarkeit der bereits selektierten Bauteile zur Anwendung kommt. Darüber hinaus können nach der Eignungsbewertung auch Maßnahmen zur Verbesserung der Herstellbarkeit durch Anpassung der Bauteilgestalt umgesetzt werden. [Bra20a]

Durch die GAPS-Methodik werden die Bauteile nach Abbildung 6-8 in neun geometrischen Merkmalen analysiert und klassifiziert. [Bra20a]

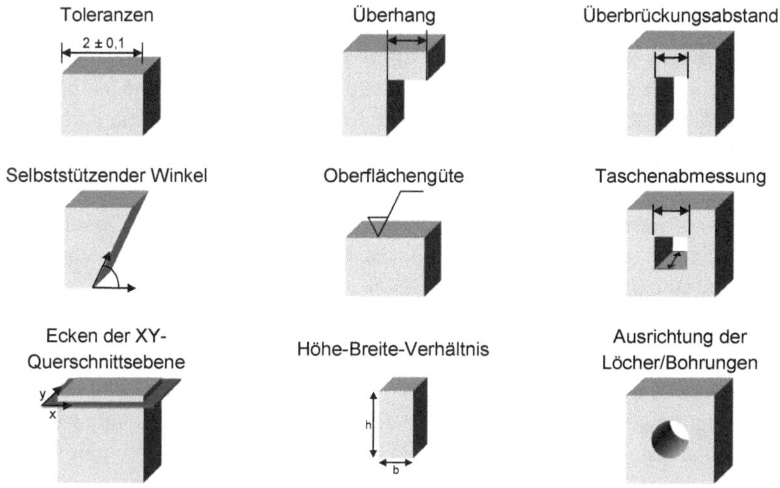

Abbildung 6-8: Geometrischen Merkmale der GAPS-Methodik

Der Methodik liegen zwei wesentliche Annahmen zu Grunde, die vor der Durchführung definiert werden müssen. Zunächst ist eine prinzipielle Verarbeitung des Werkstoffs durch das LPBF oder die Substitution durch einen mittels LPBF verarbeiteten Werkstoff gegeben. Damit die Analyse durchgeführt werden kann, muss die bevorzuge Aufbaurichtung bzw. Bauteilorientierung festgelegt werden, denn durch diese wird die Bewertung der geometrischen Merkmale beeinflusst. [Bra20a]

Für jedes einzelne Bauteil werden die o. g. Merkmale nach der GAPS-Klassifizierung analysiert und mit einer dreistufigen Punktebewertungsskala [1, 3, 5] bewertet [Bra20a]. Das Bewertungsblatt mit der Merkmalsklassifizierung kann Anhang A3 – ME4 entnommen werden. Nachdem alle Merkmale analysiert und bewertet wurden, wird die Gesamtpunktzahl durch die Summe aller Merkmalbewertungen ermittelt. Bei einer Gesamtpunkzahl kleiner gleich 18 wird LPBF als Fertigungstechnologie empfohlen, zwischen 18 und 23 könnte LPBF eine Option darstellen und ab 23 wird das LPBF nicht empfohlen. Bauteile, welche für die Fertigung mittels LPBF empfohlen werden (Gesamtpunktezahl 18 oder weniger) oder eine Option darstellen (Gesamtpunktezahl zwischen 18 und 23) werden im Rahmen dieser Arbeit für den weiteren methodischen Prozess berücksichtigt. Eine individuelle Auswahl von Bauteilen durch fachkundige Personen kann die hier beschriebene Vorgehensweise ergänzen bzw. vollständig ersetzen.

Im nächsten Schritt erfolgt die Bauteilorientierung, welche die Schnittebenen für die Vektorisierung festlegt und somit einen direkten Einfluss auf die Bauteilqualität, wie z. B. die Oberflächenbeschaffenheit, Mikrostrukturen und den thermischen Verzug hat. Die Kriterien, nach denen die Bauteilorientierung erfolgt, sind nicht vollständig explizit verfügbar. Häufig erfolgt die manuelle Wahl einer Orientierung über implizite

Erfahrungswerte im Rahmen der Arbeitsvorbereitung. Eine Vielzahl von Kriterien (z. B. minimales Volumen der Stützstrukturen, maximale Packungsdichte im Bauraum, Nachbearbeitungsaufwand, etc.) existieren, die zur Orientierungswahl herangezogen werden, wobei die Gewichtung der Kriterien häufig sehr individuell und in Abhängigkeit von der Branche, der Nutzungsart (z. B. Prototypenherstellung, Serienfertigung von Gleichteilen, etc.), dem Aufwand für Nachbearbeitung und Qualitätssicherung, etc. erfolgt. [Mor16]

In der Literatur werden diesbezüglich hauptsächlich Kriterien wie die Oberflächenrauheit, die Abschätzung der Aufbauzeiten, die Materialmenge und das Volumen der Stützstrukturen berücksichtigt. [Pha12; Sin09; Pad11]

Typischerweise erfolgt nur die Berücksichtigung von maximal zwei Kriterien zur sukzessiven Bewertung der geeignetsten Bauteilorientierung [Zha16]. Das minimale Stützenvolumen wird als häufigstes Kriterium gewählt, weil Stützstrukturen in der Datenaufbereitung aufwendig und fehleranfällig sind und somit die Herstellungskosten und den Nachbearbeitungsaufwand sowie die Herstellzeit vergrößern. Darüber hinaus erschweren größere und komplexere Stützstrukturen durch die größere Anzahl an Hinterschnitten das Entfernen überschüssigen Pulvers sowie die automatische Bauteilentnahme. [Gri19]

Um hinsichtlich des minimalen Stützenvolumens eine geeignete Orientierung auswählen zu können ist ebenfalls die Anforderung, eine möglichst geringe Fläche zu erzeugen, die gestützt werden muss, zu berücksichtigen. Die Abschätzung der zu stützenden Fläche wird dabei auf tessellierten Flächen des Bauteils nach SINGHAL ET AL. durchgeführt (siehe Tabelle 6-10). Dabei wird die zu stützende Fläche über die Größe, die auf die Substratfläche projizierte Fläche aller Dreiecke bestimmt, deren Flächennormale mit einem kleineren Winkel als 45° zur Aufbaurichtung liegen. Das Stützenvolumen hängt dabei auch vom gewählten Stützstrukturtyp (z. B. Block- oder Linienstützen). Bei der Auswahl der Orientierung wird aber zur Vergleichbarkeit und Auswahl immer der gleiche Stützstrukturtyp zu Grunde gelegt. [Mor16; Sin09]

Weitere Kriterien zur Wahl einer geeigneten Bauteilorientierung können die maximale z-Höhe des Bauteils als auch das Volumen der umschließenden Bounding Box darstellen (siehe Tabelle 6-10).

Tabelle 6-10: Beispiel zur Bauteilorientierung und Supporterzeugung

Bauteil		1. Orientierung	2. Orientierung	3. Orientierung
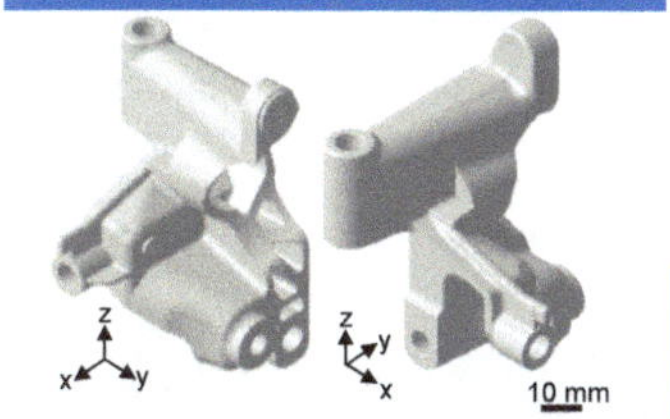		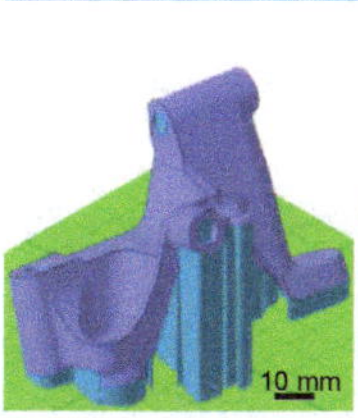	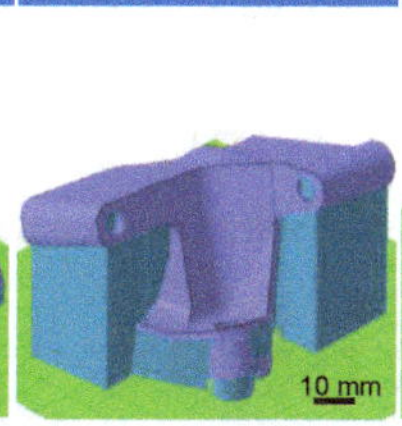	
Eigenschaften:	Supportfläche	25,33 mm²	47,949 mm²	12,881 mm²
$V_P = 48290\ mm^3$	Supportvolumen	36,803 mm³	95,751 mm³	28,689 mm³
$A_P = 22563\ mm^2$	Bounding Box Volumen	390,843 mm³	390,843 mm³	709,324 mm³
$C_P = 0,467\ mm^{-1}$	Höhe	64,6 mm	61,6 mm	105,2 mm

Zur Auswahl einer geeigneten Orientierung kann für den o. g. Ansatz eine kommerzielle Software, wie Autodesk Netfabb oder Materialise Magics, zum Einsatz kommen. Bei ausreichendem Fachwissen kann die Orientierung in Analogie zur Bauteilauswahl vom Anwender manuell vorgenommen werden. Ebenso werden in der einschlägigen Literatur weitere Orientierungsalgorithmen benannt, die ebenfalls herangezogen werden können. Ein Überblick über die Orientierungsalgorithmen liefert die Arbeit von QIN ET AL. [Qin21].

Sobald die Bauteilorientierung festgelegt ist, erfolgt die Generierung des Stützstrukturen (siehe Tabelle 6-10). Diese kann durch Software, wie Autodesk Netfabb oder Materialise Magics, erfolgen. [Sch21]

90 % aller Produktentwicklungsprojekte in der industriellen Praxis stellen lediglich eine Anpassungs- oder Variantenkonstruktion einzelner Baugruppen oder Bauteile dar [Nae20, S. 101f]. Für eine auf den wirtschaftlichen und produktionstechnischen Kennzahlen, etc. basierenden Bewertung der Maschinenkonzepte können neben den hier selektierten Bauteilen weitere Produktprogrammszenarien berücksichtigt werden. Dazu können einfache Bauteilvarianten als Skalierung der selektierte Bauteil um einen Faktor $S_{B,i}$ abgebildet werden.

Nachdem die selektierten Bauteile sowie deren Varianten für weitere Produktprogrammszenarien orientiert und mit Stützstrukturen versehen sind, erfolgt im nächsten Schritt das Slicing und die Vektorisierung für jedes einzelne Bauteil. Dazu können über eine Softwarelösung, wie Autodesk Netfabb, die Vektoren in Abhängigkeit des Werkstoffs und der geforderten Bauteilqualität erzeugt und in ein 2,5D-Datenformat, wie bespielweise das Open Vector Format (OVF) [Git22], exportiert werden. Die hierfür benötigten werkstoffspezifischen Prozessparameter wie Schichtdicke, Spurbreite, Spurabstand und Streifenüberlapp sowie Scangeschwindigkeiten für Mark, Jumps und Delays müssen vorliegen (siehe Kapitel 3.1.2).

Im letzten Schritt erfolgt die Festlegung der Regelung zur Bildung von Baujobs, die eine hohe Allgemeingültigkeit besitzen und die realen Gegebenheiten von aktuellen und zukünftigen Fertigungsszenarien abbilden soll. Hierzu können verschiedene Regeln Anwendung finden. Einige exemplarisch Nesting-Regeln sind in Tabelle 6-11 aufgelistet.

Tabelle 6-11: Exemplarische Nesting-Regeln zur Zusammenstellung von Baujobs [Sti21, S. 110]

Regelung	Erläuterung
Liefertermin	Die orientierten Bauteile werden in der Reihenfolge der Liefertermine zum Baujob hinzugefügt
First-in-First-Out (FIFO)	Die orientierten Bauteile werde in der chronologischen Reihenfolge der Kundenbeauftragung zum Baujob hinzugefügt
Zufall	Die orientierten Bauteile werden auf Zufallsbasis zum Baujob hinzugefügt
Homogenisierung z-Höhe	Die orientierten Bauteile mit ähnlicher z-Höhe werde zum Baujob hinzugefügt
Auslastung des Bauraums	Die orientierten Bauteile werden zu einem Baujob mit maximaler Auslastung des Bauraumvolumens zusammengestellt

Die eigentliche Bildung der Baujobs erfolgt in Abhängigkeit der Maschinenkonfiguration. Hierbei werden, z. B. unter Anwendung der maximalen Bauraumauslastung, bei unterschiedlichen Bauraumgrößen mehr oder weniger Bauteile zum Baujob hinzugefügt (siehe Abbildung 6-9). Der hierfür verwendete Algorithmus füllt dabei nicht nur den Bauraum mit Gleichteilen, sondern ergänzt – sofern vorhanden – auch weitere Bauteile, die beispielweise zu einer besseren Bauraumauslastung führen.

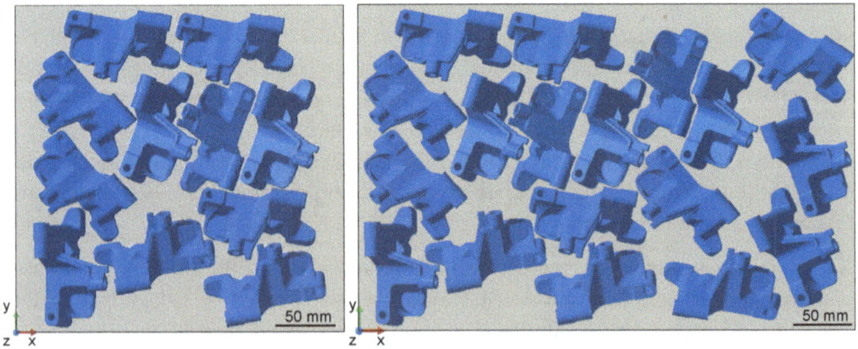

Abbildung 6-9: Unterschiedliche Bauteilanzahl bei verschieden skalierten Bauräumen

Neben der möglichen Änderung des Bauraums kann auch die Anzahl der Optikeinheiten und der Scanfeldüberlappbereiche variieren, sodass eine Anpassung der Zuordnung bzw. Aufteilung für jedes einzelne Bauteil zu der jeweiligen Optikeinheit erfolgen muss. In Abbildung 6-10 ist die Änderung der Zuordnung basierend auf der Anpassung des Überlappbereichs dargestellt. Die Bauteile werden hierbei nicht erneut berechnet, sondern es erfolgt eine Auftrennung der Scanvektoren derjenigen Bauteile, die durch den Scanfeldüberlappbereich geschnitten werden.

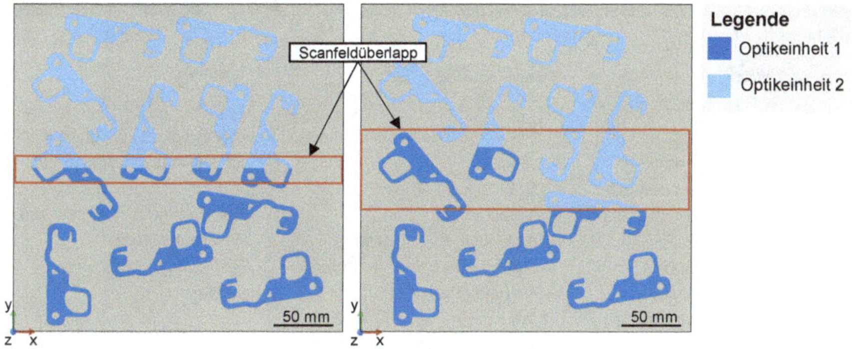

Abbildung 6-10: Änderung des Scanfeldüberlapp bei konstanter Bauraumgröße mit resultierender Auftrennung der Scanvektoren

Durch diese Vorgehensweise reduziert sich die Rechenzeit, da nur die vom Scanfeldüberlapp geschnittenen Bauteile erneut berechnet werden müssen. Dieser Schritt ist zur Berechnung der Maschinenauslastung von großer Bedeutung, da so die inhomogene Verteilung der Bauteile zu den Scanfeldern Berücksichtigung findet. Die bestehenden Modelle zur Berechnung der Herstellzeiten gehen von einer homogenen Verteilung aus, wodurch die benötigte Scan-Zeit durch die Anzahl der Optikeinheiten geteilt werden kann (beispielweise [Yim12; Ale98]). Damit ist die Auslastung aller Optikeinheiten im Modell gleich. Die hier vorgestellte Methodik nutzt dazu im Gegensatz einen ortsaufgelösten Ansatz, d.h. jeder einzelne Scanvektor wird einer Optikeinheit in Abhängigkeit des gewählten Scanfelds bzw. Überlappbereich zugeordnet.

ME5: *Parametrisierung der Maschine*

Eine auf den wirtschaftlichen (z. B. Herstellungskosten) und produktionstechnischen (z. B. Durchlaufzeit, Maschinenauslastung) Kennzahlen basierende effiziente Bewertung der einzelnen Maschinenkonzepte kann nur durch ein parametrisiertes Maschinen-, Herstellzeiten- und Herstellungskostenmodell erfolgen. Hierzu werden im ersten Schritt ein Maschinenstruktur- und Maschinenfunktionsmodell erstellt, mithilfe derer etwaige Abhängigkeiten zwischen einzelnen Bauteilen bzw. Baugruppen analysiert und dargestellt werden können. Die Abhängigkeiten werden einerseits für die Parametrisierung des Maschinenmodells in der Simulationsumgebung zur Berechnung der Herstellzeiten und Maschinenauslastung benötigt und andererseits für die Parametrisierung des Kostenmodells. Im Anschluss erfolgt die Approximation der Maschinenkosten durch eine (multiple) lineare Regression. In Tabelle 6-12 ist ein Überblick zu den Charakteristika des methodischen Elements gegeben.

Tabelle 6-12: Charakteristika des 5. methodischen Elements – *Parametrisierung der Maschine*

<table>
<tr><th colspan="4">Parametrisierung der Maschine</th></tr>
<tr><td>Phase der Methodik</td><td>Analysephase</td><td>Schritt</td><td>5</td></tr>
<tr><td>Zielsetzung</td><td colspan="3">Entwicklung eines parametrierten Kosten- und Maschinenmodells</td></tr>
<tr><td>Input</td><td colspan="2">Vorgehen</td><td>Output</td></tr>
<tr><td>- Kosten (z. B. Personalkosten, je Flächeneinheit, Arbeitszeitschichtmodell, Abschreibungsdauer, Maschinenkosten)
- Tech. Spezifikationen von Wettbewerberprodukten
- Produktmerkmale aus dem HoQ</td><td colspan="2">- Entwicklung eines Funktionsmodells
- Entwicklung eines Strukturmodells
- Ableitung eines parametrisierten Maschinenmodells
- Ableitung von Abhängigkeiten
- Festlegung der anwenderseitigen Eingangsvariablen
- Festlegung von Standardwerten</td><td>- Abhängigkeit zwischen Komponenten und Funktionalitäten
- Parametriertes Kosten- und Maschinenmodell
- Festlegung von Standardwerten</td></tr>
<tr><th colspan="4">eEPK</th></tr>
<tr><td colspan="4">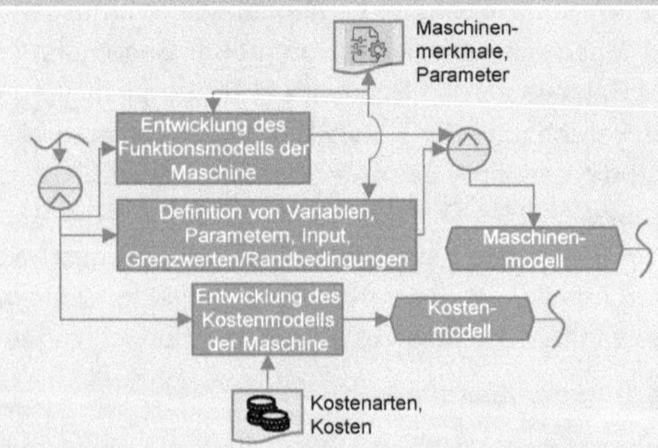
</td></tr>
<tr><td>Hilfsmittel</td><td colspan="3">Funktionsmodell, Strukturmodell, Maschinenmodell, Kostenmodell, (multiple) lineare Regression</td></tr>
<tr><td>Kernergebnis</td><td colspan="3">Identifikation von Abhängigkeiten, Grenzwerten und anwenderseitigen Eingangsvariablen zur Ableitung eines parametrisierten Kosten- und Maschinenmodells</td></tr>
</table>

Im ersten Schritt des methodischen Elements werden basierend auf der vorgestellten Maschinentechnik (siehe Kapitel 3.1.1) ein Maschinenstruktur- und Maschinenfunktionsmodell abgeleitet. Die marktgängigsten Maschinentypen stellen die Scanner-basierten Ein- und Mehrstrahl-Maschinen als auch die Gantry-basierten Einstrahlsysteme dar, weshalb sich die exemplarische Darstellung der beiden Modelle an diesen Maschinentypen orientiert. Die folgende Abbildung zeigt das exemplarische Maschinenstrukturmodell (siehe Abbildung 6-11, Anlage A3).

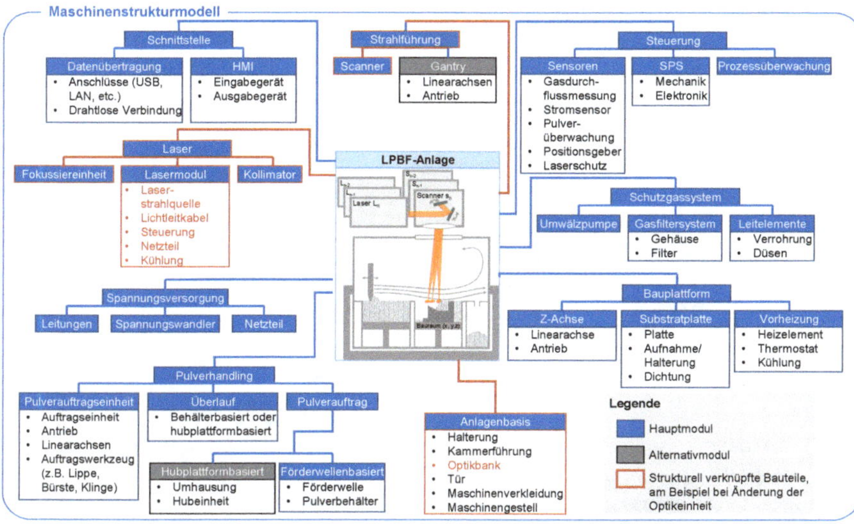

Abbildung 6-11: Beispielhaftes Maschinenstrukturmodell einer LPBF-Maschine ohne Anspruch auf Vollständigkeit

Alternative Module, zum Beispiel zur Strahlablenkung für Gantry-basierte LPBF-Maschinen sind hier in grau dargestellt (siehe Abbildung 6-11). Eine vergrößerte Darstellung der Abbildung 6-11 kann Anhang A3 – M5 entnommen werden. Mithilfe des Strukturmodells lassen sich strukturell verknüpfte Bauteile bzw. Baugruppen einfach identifizieren, sodass Anpassungskonstruktionen vorgenommen oder passende Komponenten beschafft werden können. Beispielsweise muss bei Skalierung des Bauraums die Linearachse für den Pulverauftrag ebenfalls skaliert werden oder bei Änderung der Anzahl von den Optikeinheiten muss die Optikbank konstruktiv angepasst werden sowie die passende Anzahl an Laserstrahlquellen und Scanner beschafft werden (beispielhaft in Abbildung 6-11 rot markiert dargestellt).

Für die Erstellung der Maschinenfunktionsmodells wird zunächst die Gesamtfunktion in Teilfunktionen untergliedert. Hierbei soll die Komplexität der Gesamtfunktion durch weniger komplexe, miteinander verbundener Teilfunktionen mithilfe von Flüssen (Stoff-, Energie- oder Informationsfluss) logisch beschrieben werden. In diesem Zusammenhang wird Komplexität als Grad der Bestimmtheit des Verhältnisses zwischen Input und Output und als die Vielschichtigkeit der nötigen physikalischen Prozesse und die daraus resultierende Anzahl der erforderlichen Bauteile bzw. Baugruppen definiert. Das Funktionsmodell soll grundsätzlich gut verständlich und eineindeutig sein. Die Anzahl an Teilfunktionen zur Beschreibung der Gesamtfunktion hängt vom Neuheitsgrad der zu entwickelnden LPBF-Anlage Ab. Bei der Entwicklung einer neuen Variante (z. B. angepasster Bauraum) müssen nur jene Teilfunktionen, denen ein neues Lösungsprinzip zu Grund liegt, ausführlich dargestellt werden. [Ben21, S. 242ff]

Das folgende Funktionsmodell (siehe Abbildung 6-12) dient zur Identifizierung funktional verknüpfter Bauteile bzw. Baugruppen, wie beispielsweise die Linearachse zur

Realisierung der Bewegung der Bauplattform in z-Richtung. Bei Skalierung des Bauraums muss die Linearachse größere bzw. kleinere Gewichtskräfte des Pulvers aufnehmen. Beide Modelle zusammen werden zur Identifikation und Beschreibung der Abhängigkeiten der einzelnen Komponenten bei der Parametrisierung der LPBF-Maschine herangezogen.

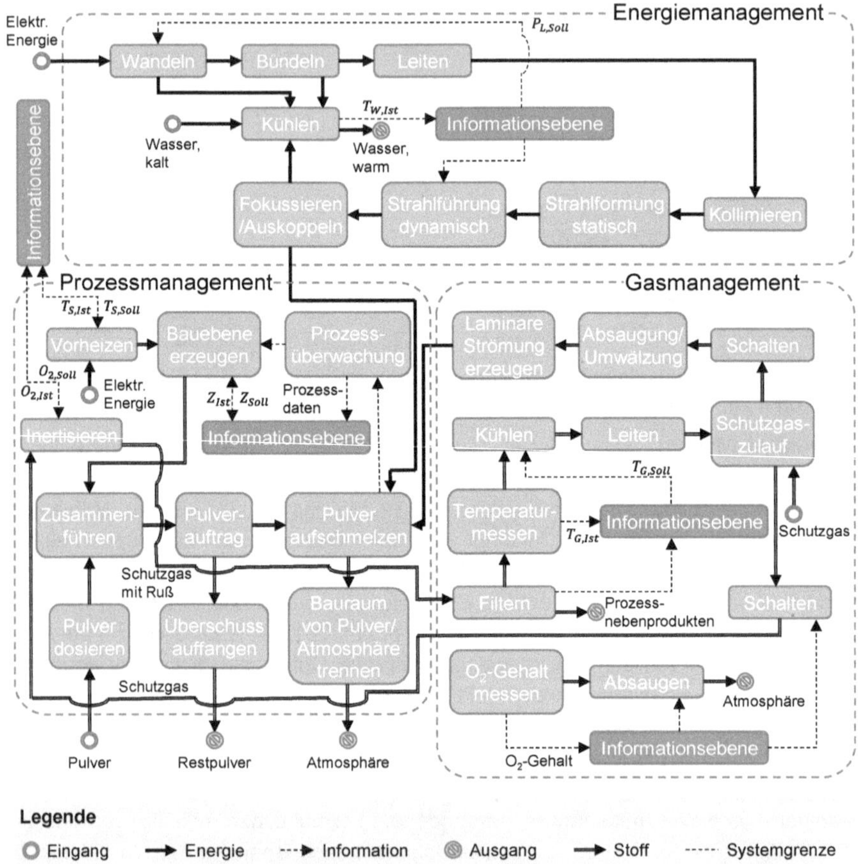

Abbildung 6-12: Beispielhaftes Maschinenfunktionsmodell einer Scanner-basierten Einstrahl-LPBF-Maschine (in Anlehnung an [Sch12c])

Die Optikeinheit (bestehend aus Laserstrahlquelle, Optik, Lichtleitkabel, ggfs. Scanner), die Bauraumgröße und das Produktionsleistungsvermögen (insbesondere durch entsprechende Anordnung der Scanfelder – von 0 bis 100 % Überdeckung, siehe Kapitel 3.1.1) haben sich als Hauptdifferenzierungsmerkmale im Markt herausgestellt, weswegen die Abhängigkeiten zur Parametrisierung der LPBF-Anlage auf diese drei Merkmale zurückgeführt werden. Daraus ergeben sich die in Tabelle dargestellten Parameter zur Erzeugung der Maschinenkonzepte (siehe Tabelle 6-13).

Tabelle 6-13: Parameterübersicht zur Generierung von Maschinenkonzepte

Merkmal	Formelzeichen	Intervall, Schrittweite	Einheit
Optikeinheit	n_{OE}	$\{1, 2, \ldots, i\} := \{i \in N\}$	-
Größe des Bauraums	$B_x, B_y, B_z = \overrightarrow{B_s}$	$[100; a] := \{a \in N\}$	mm
Form der Bauplattform	q, r	Quadratisch, Rund	-
Scanfeldüberlapp	S_o	$[1; b] := \{b \in N\}$	%

Neben dem parametrischen Maschinenmodell muss ebenso ein parametrisches Modell für die Herstellzeiten und Herstellungskosten in Abhängigkeit der Merkmale beschrieben werden, um die Berechnung der Kennzahlen zu ermöglichen. Die folgende Abbildung stellt die maschinen- und bauteilspezifischen Zeitdauern der jeweiligen einzelnen Prozessschritte in Abhängigkeit der Merkmale dar (siehe Abbildung 6-15).

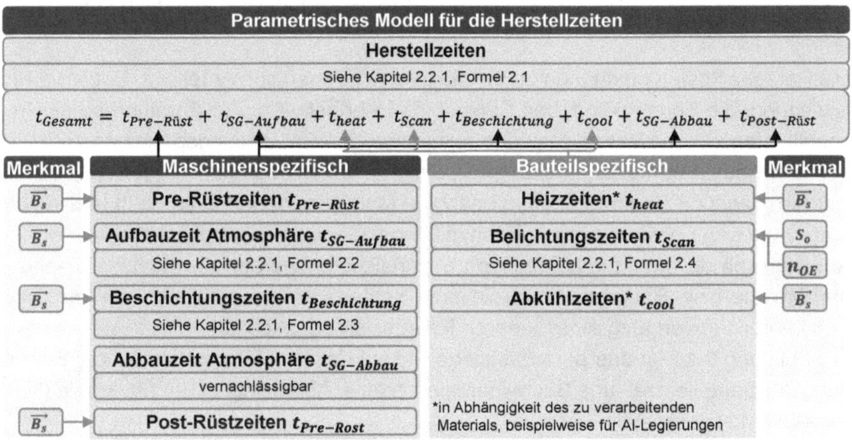

Abbildung 6-13: Parametrisches Modell der Herstellzeiten in Abhängigkeit von den Merkmalen

Im nächsten Schritt werden für die Herleitung des parametrischen Herstellungskostenmodells die funktionalen und strukturellen Abhängigkeiten der Bauteile bzw. Baugruppen aus dem Maschinenstruktur- und Maschinenfunktionsmodell abgeleitet und tabellarisch dargestellt sowie das Kostenverhalten bezogen auf die Merkmale beschrieben (siehe Abbildung 6-14, vollständige Darstellung in Anhang A3 – M5).

Modul	Baugruppe	Abhängigkeit	Kostenverhalten
Anlagenbasis	Maschinenverkleidung	B_s	Lineares Verhalten
	Maschinengestell	B_s	Lineares Verhalten
	Halterung	-	Annähernd Konstant
	Prozesskammerführung		

Abbildung 6-14: Beispielhafte tabellarische Darstellung der Abhängigkeiten und des Kostenverhaltens für Module bzw. Bauteile/ Baugruppen

Durch die Beschreibung des Kostenverhalten lassen sich die Kosten je Modul in Abhängigkeit der Merkmale approximieren und als Maschinenkosten k_M zusammenfassen. Die Maschinenkosten k_M berechnen sich hierbei nach der folgenden Formel:

$$k_M = M * \left(k_{M,pers} + k_{M,\,Mat}\right) = M * \sum_{i}^{m} k_{modul,pers,i} + k_{modul,\,mat,i} \qquad 6.7$$

mit

k_M	Maschinenkosten
M_G	Marge
$k_{M,pers}$ / $k_{modul,pers,i}$	Personalkosten der Herstellung einer LPBF-Maschine / eines Moduls
$k_{M,\,Mat}$ / $k_{modul,\,mat,i}$	Materialkosten, Einkaufkosten, etc. der Herstellung einer LPBF-Maschine / eines Moduls

Die Personalkosten beinhalten auch maschinenunabhängige Anteile, z. B. für die Projektleitung, die Konstruktion, den Einkauf, den Vertrieb, etc. Zur Annäherung der Personalkosten können Vergleichswerte aus vorherigen Entwicklungsprojekten zugrunde gelegt werden. Die merkmalabhängigen Materialkosten dagegen müssen abgeschätzt werden, dagegen sind merkmalunabhängige Module annähernd konstant und können aus vorherigen Entwicklungsprojekten mit hoher Genauigkeit abgeschätzt werden. Zur Abschätzung der merkmalabhängigen Materialkosten werden die Kosten der einzelnen Module bzw. Baugruppen in relevante Kostenanteile untergliedert und anschließend unter Verwendung einer linearen Regression abgeschätzt.

In Abbildung 6-15 ist das parametrisierte Modell der Herstellungskosten zur Berechnung der Bauteileinzel- und Bauteilgemeinkosten in Abhängigkeit der Merkmale (siehe Tabelle 6-13) dargestellt.

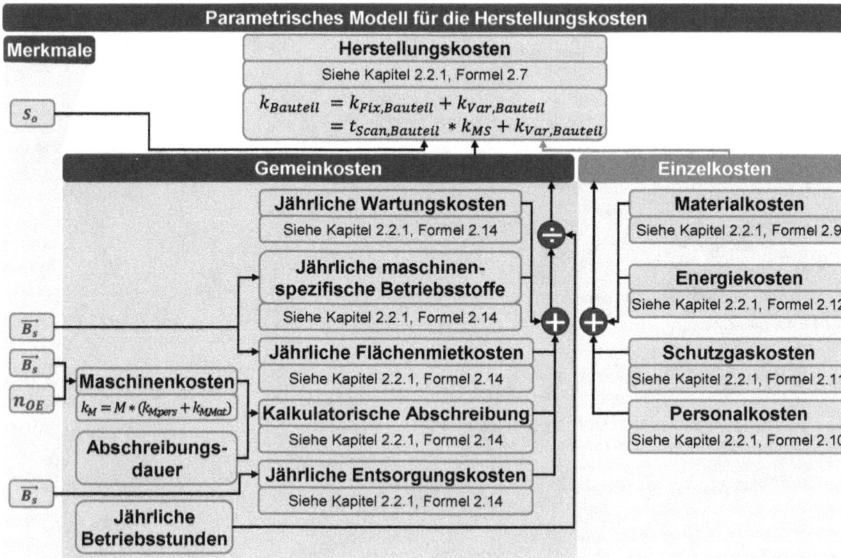

Abbildung 6-15: Parametrisches Modell der Herstellungskosten in Abhängigkeit von den Merkmalen

Zur Berechnung der Herstellungskosten über das parametrische Modell wird zwischen notwendigen und optionalen Eingangsgrößen unterschieden. Die notwendigen Eingangsgrößen sind insbesondere zur Berechnung der Herstellzeiten erforderlich, da ohne diese eine anwendungsbezogene Maschinenkonzeptbewertung nicht möglich bzw. nicht zweckmäßig ist. Beispiele für notwendige Eingaben sind die Bauteilgeometrie als 2,5D-Daten bzw. 3D-CAD Daten, das Material, ggfs. LPBF-Prozessparameter und die geforderte Bedarfsmenge (siehe auch Kapitel 6.2.1 – ME4) [Dir19]. Weitere Eingangsgrößen (z. B. Flächenmietkosten oder Wartungskosten) zur genaueren Berechnung der Herstellungskosten können optional festgelegt werden. Ohne anwenderspezifische Definition der Eingangsgrößen werden die in Tabelle 6-14 definierten Standardwerte angewendet.

Tabelle 6-14: Anwenderseitige Eingangsgrößen für das parametrische Kostenmodell

	Anwenderseitige Eingangsgrößen	Einheit	Standardwert
Notwendig	2,5D-Daten bzw. 3D-CAD Daten des Produktprogramms	.ovf, .stl, o. ä.	-
Notwendig	Bedarfsmenge des Produktprogramms	$\frac{Stück}{a}$	-
Notwendig	Material	-	-
Notwendig	LPBF-Prozessparameter	-	-
Optional	Abschreibungsdauer Quelle: [Bun22]	a	8
Optional	Jährliche Wartungskosten Hinweis: Standardwert ist eine Annahme	$\frac{€}{a}$	2 % der Maschinenkosten

Anwenderseitige Eingangsgrößen	Einheit	Standardwert
Kosten für maschinenspezifische Betriebsstoffe Hinweis: Standardwert ist eine Annahme	$\frac{€}{a}$	1 % der Maschinenkosten
Jährliche Flächenmietkosten Hinweis: Gemittelt aus [Sta22c; Sta22e; Sta22f; Sta22h; Sta22g]	$\frac{€}{a * m^2}$	$\frac{64{,}8\ €}{a * m^2}$
Jährliche Entsorgungskosten Hinweis: Standardwert ist eine Annahme	$\frac{€}{a}$	1 % der Maschinenkosten
Personalkosten Hinweis: Buttostundenverdienst inkl. 30 % Arbeitgeberanteil bei Vollzeitbeschäftigung [Sta22a]	$\frac{€}{h}$	136
Materialkosten Hinweis: Standardwert ist eine Annahme	$\frac{€}{kg}$	$\frac{50\ €}{kg}$
Energiekosten Quelle: [Sta22d]	$\frac{€}{kWh}$	$\frac{0{,}2323\ €}{kWh}$
Schutzgaskosten Quelle:[Lin22]	$\frac{€}{m^3}$	$\frac{20{,}7\ €}{m^3}$
Jährliche Betriebsstunden / Gesamtkapazität Hinweis: Siehe Herleitung im Anhang A3 – M5	$\frac{h}{a}$	$2.712{,}0\ h$
Arbeitstage pro Woche	$\frac{d}{w}$	5
Schichtbetrieb	-	1

Zur automatisierten Berechnung der Herstellzeiten wird der LPBF Machine Emulator [Dir21; Dir19] verwendet, welcher in Kombination mit dem Nesting und Slicing, der Vektorisierung und der Scanfeldzuweisung (siehe Kapitel 6.2.1 – ME4) den Großteil der Datenaufbereitung automatisiert übernimmt und in die prototypische Software *Additive Advisor* (AA) implementiert wird. Mit AA können verschiedene LPBF-Maschinen abgebildet und die Herstellzeiten basierend auf dem jeweiligen Maschinenkonzept berechnet und zu Ermittlung der Kennzahl genutzt werden. Die entsprechenden anwenderseitigen Eingangsgrößen für die Berechnung der Herstellzeiten über den AA werden durch das nachfolgende Modell beschrieben (siehe Abbildung 6-16).

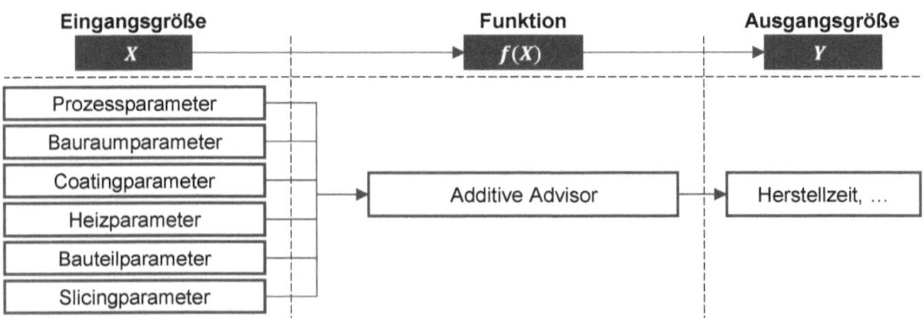

Abbildung 6-16: Anwenderseitige Eingangsgrößen des parametrischen Maschinenmodells im *Additive Advisor* zur Berechnung der Herstellzeiten

Die in Tabelle 6-15 aufgeführten Parameter beschreiben die Eigenschaften des Scanners einer LPBF-Maschine, die in der Software *Additive Advisor* eingestellt werden können. Durch Adaption der Parameterwerte können auch Gantry-basierte LPBF-Maschinen abgebildet werden.

Tabelle 6-15: Auflistung der maschinenseitigen Parameter für den Scanner

	Parameter	Beschreibung
Notwendig	jumpSpeed	Sprung-Geschwindigkeit
	markSpeed	Markier-Geschwindigkeit
	markcontourSpeed	Markier-Geschwindigkeit der Kontur
	laserFocusShift	z-Fokuszustellung des Laserstrahls
	staticDelay	Statisches Delay
	jumpDelay	Delay bei Einschalten des Lasers
	markDelay	Delay bei Ausschalten des Lasers
	polygonDelay	Delay bei Ausführung eines Polygon-Zuges
	skyWritingMode	Sky-Writing-Modus
	Nprev	Sky-Writing-Vorlauf
	Npost	Sky-Writing-Nachlauf
	timeLag	Einstellung, die Nprev und Npost beinhaltet
	limitAngle	Sky-Writing-Grenzwinkel
	nOE	Anzahl der Optikeinheiten
	ScanFieldOverlap	Scanfeldüberlapp

Der modellierte Bauraum einer LPBF-Maschine beinhaltet die in Tabelle 6-16 aufgeführten Parameter. Das Modell beschreibt hierzu die Zeit für die Bewegungen der Bauplattform sowie die benötigte Zeit zum Aufbau einer Schutzgasatmosphäre innerhalb des Bauraums.

Tabelle 6-16: Auflistung der maschinenseitigen Parameter für den Bauraum

	Parameter	Beschreibung
Notwendig	plattformDimension	Abmessung der Bauplattform
	plattformLiftRate	Geschwindigkeit der Bauplattform
	plattformLiftAcceleration	Beschleunigung der Bauplattform
	plattformLiftDelay	Delay der Bauplattformbewegung
	inertatmosphereTime	Dauer des Aufbaus der Schutz-Atomsphäre

Der Beschichter einer LPBF-Maschine trägt das selektiv zu schmelzende Pulver schichtweise auf die Bauplattform auf. Die Zeit, die für diesen Prozessschritt benötigt wird, lässt sich in dem Modell mit den in Tabelle 6-17 aufgeführten Parametern berechnen.

Tabelle 6-17: Auflistung für die maschineseitigen Parameter des Beschichters

	Parameter	Beschreibung
Notwendig	coatingSpeed	Beschichter-Geschwindigkeit
	distance	Beschichter-Strecke
	forewardDelay	Delay der Vorwärtsbewegung
	backwardDelay	Delay der Rückwärtsbewegung
	acceleration	Beschleunigung des Beschichters
	isBidirectional	Flag für Bidirektionalität

Das Beheizen des Bauraums stellt eine Grundanforderung an LPBF-Maschinen in Abhängigkeit des zu verarbeitenden Materials dar. Dieser Grundanforderung wird das untersuchte Modell in Form eines Heizmoduls gerecht. Die zeitliche Dimension des Heizprozesses wird durch das untersuchte Modell und die in Tabelle 6-18 aufgelisteten Parameter beschrieben.

Tabelle 6-18: Auflistung der maschinenseitigen Parameter der Heizung

	Parameter	Beschreibung
Optional	preheatingTemperature	Vorheiztemperatur
	maximumPreheatingTemperatur	Maximale Vorheiztemperatur
	heatingRate	Heizrate
	roomTemperature	Raumtemperatur

Anders als die zuvor beschriebenen maschinenseitigen Parameter unterscheiden sich die Bauteil- und Slicingparameter jedes Baujobs. Diese werden der LPBF-Maschine in Form der 2,5D-Daten übergeben.

Die Bauteilparameter stellen alle definierten Parameter dar, die durch die Geometrie des Bauteils gegeben sind. Die in Tabelle 6-19 aufgeführten Parameter repräsentieren nur eine Auswahl an möglichen Kenngrößen, welche für die vorliegende Methodik benötigt werden.

Tabelle 6-19: Auflistung der bauteilspezifischen Parameter

	Parameter	Beschreibung
Notwendig	Oberfläche	Bauteiloberfläche
	Höhe	Höhe eines Bauteils
	Volumen	Volumen eines Bauteils
	BoundingBox	Volumen der Bounding Box

Die in Tabelle 6-20 aufgeführten Slicingparameter beschreiben die Bedingungen für die Erzeugung der Scanvektoren und können in Abhängigkeit des Baujobs und des zu verarbeitenden Materials variieren. Eine weitergehende Erläuterung zu den Slicingparametern kann Anhang A3 – ME5 entnommen werden.

Tabelle 6-20: Auflistung der Slicingparameter

	Parameter	Beschreibung
Notwendig	hatchingPattern	Scanmuster
	hatchcontourDistance	Abstand zwischen Hatch und Kontur
	hatchhatchSpacing	Spurabstand Δys
	relativerotationAngle	Rotationswinkel pro Schicht
	layerThickness	Schichtdicke Ds

Die Ausgangsgröße aus AA wird zur Berechnung von Kennzahlen verwendet, die im ME6 – *Erzeugung und Bewertung von Maschinenkonzepten* benötigt werden.

6.2.2 Bewertungsphase

Die Bewertungsphase beinhaltet die methodischen Elemente 6 und 7, in welcher die Kundenanforderungen und Maschinenkonzepte bewertet, klassifiziert und priorisiert werden.

ME6: *Klassifizierung und Priorisierung von Kundenanforderungen*

Die ermittelten Kundenanforderungen werden im sechsten methodischen Element durch die Normalisierung nach WASSERMAN. priorisiert sowie mittels des KANO-Modells und des Kundenzufriedenheitskoeffizienten in quantifizierte KANO-Merkmale (u. a. Begeisterungs-, Basismerkmale) unterteilt. Hierzu werden die Ergebnisse aus dem zweiten methodischen Element mittels der in Tabelle 6-12 aufgelisteten Hilfsmittel weiterverarbeitet.

Tabelle 6-21: Charakteristika des 6. methodischen Elements – *Klassifizierung und Priorisierung von Kundenanforderungen*

Klassifizierung und Priorisierung von Kundenanforderungen			
Phase der Methodik	Bewertungsphase	**Schritt**	6
Zielsetzung	Klassifizierung und Ermittlung der Priorisierung von Kundenanforderungen		
Input	**Vorgehen**	**Output**	
- Produktmerkmale und Kundenanforderungen	- KANO-Klassifizierung - Bestimmung der Kundenzufriedenheitskoeffizienten - Normalisierung der Produktmerkmale	- Klassifizierte und priorisierte Kundenanforderungen und Produktmerkmale	
eEPK			

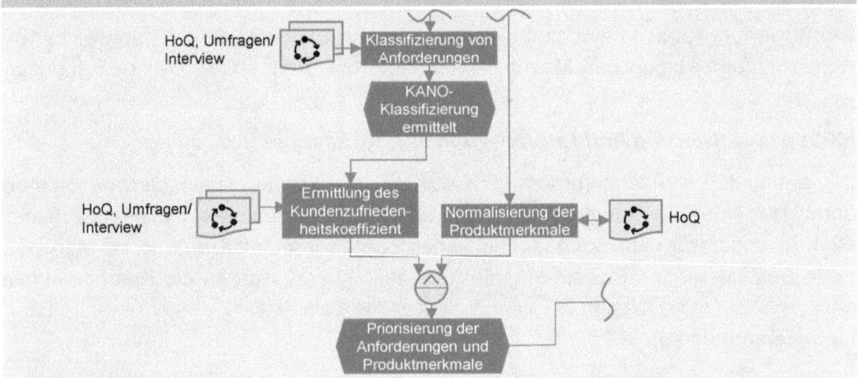

Hilfsmittel	KANO-Fragebogen, HoQ, Normalisierung nach WASSERMAN, Online-Umfrage, Interviews
Kernergebnis	Klassifizierte und priorisierte Kundenanforderungen

Im nächsten Schritt erfolgt die Klassifizierung und Quantifizierung nach dem KANO-Modell. Bei der Quantifizierung und Bewertung der aus den Kundenanforderungen abgeleiteten Produktmerkmale hinsichtlich der Kundenzufriedenheit soll das KANO-Modell unterstützen. Ein hoher Erfüllungsgrad einzelner Produktmerkmale führt nicht grundsätzlich zu einer hohen Kundenzufriedenheit. Das KANO-Modell ermöglicht es dem Anwender, die Wertigkeit einzelner Leistungskomponenten und Produkteigenschafen hinsichtlich der Wahrnehmung des Kunden zu analysieren [Bai96].

Das KANO-Modell kategorisiert die Produktmerkmale in sechs unterschiedlichen Ebenen. Neben den drei wesentlichen Merkmalen (Basis-, Leistungs- und Begeisterungsmerkmal; siehe Abbildung 6-17) wird auch zwischen unerheblichen, fragwürdigen und umgekehrten Merkmalen unterschieden.

Begeisterungsmerkmale (engl. attractive requirement; A) übertreffen grundsätzlich die Erwartungen des Kunden und führen somit zur überproportionalen Zufriedenheit, jedoch bei Nichtvorhandensein fehlen diese dem Kunden nicht und verursachen somit keine Unzufriedenheit [Sir07; Ji14]. Leistungsmerkmale (engl. one-dimensional requirement; O), zeichnen sich dadurch aus, dass Kunden zufriedengestellt werden, wenn die Anforderungen erfüllt werden und zu Unzufriedenheit führen, wenn diese fehlen [Sir07; Ji14]. Basismerkmale (engl. must-be requirement; M) werden vom Kunden als selbstverständlich angesehen und stiften keine zusätzliche Zufriedenheit, verursachen jedoch bei Nichterfüllung Unzufriedenheit [Ji14; Sir07].

Die Kategorisierung von Merkmalen ist nicht statisch, sondern verändert sich auf Grund eines Gewöhnungseffekt mit der Zeit. Ein Begeisterungsmerkmal wird damit im Laufe der Zeit zu einem Leistungsmerkmal und später zu einem Basismerkmal (siehe Abbildung 6-17). [Her17]

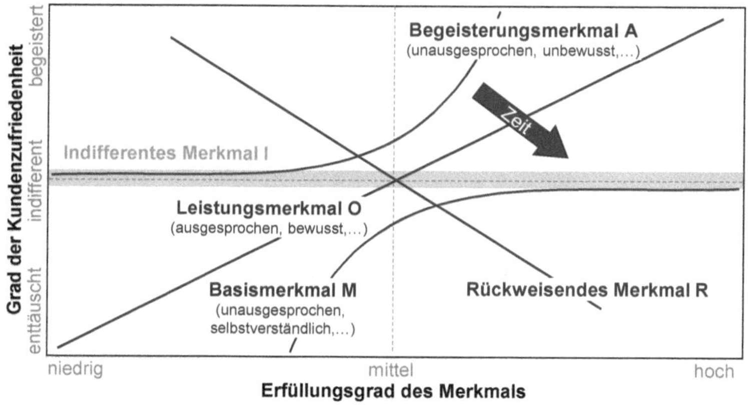

Abbildung 6-17: Die Merkmale des KANO-Modells

Die anderen drei Kategorien im KANO-Modell werden wie folgt definiert [Sir07; Ji14]:

- Indifferente Merkmale (engl. indifferent requirements I) zeichnen sich durch Gleichgültigkeit des Kunden hinsichtlich der Existenz des Merkmals aus.
- Bei Merkmalen, die als rückweisende Merkmale (engl. reverse requirements R) bezeichnet werden, führt das Vorhandensein zur Unzufriedenheit beim Kunden. Jedoch führt das Fehlen des Merkmales nicht automatisch zur Kundenzufriedenheit.
- Fragwürdige Merkmale (engl. questionable requirements Q) zeigen in der Auswertung Inkonsistenz. Hier werden die Informationen vom Kunden fälschlich wiedergegeben oder fälschlich interpretiert. Dieses Merkmal wird nur durch den KANO-Fragebogen kenntlich und ist folglich nicht in Abbildung 6-17 aufführbar.

Der Einsatz eines KANO-Fragebogens ermöglicht es, die Merkmale entsprechend den Kundenbedürfnissen zu kategorisieren. Dazu werden die Anforderungen mittels zweier Fragen, die als funktionale und dysfunktionale Frage bezeichnet werden, erfasst. Die funktionale Frage erfasst die Reaktion des Kunden, wenn das abgefragte Produktmerkmal vorhanden ist. Die dysfunktionale Frage erfasst hingegen die

Reaktion des Kunden, wenn das abgefragte Produktmerkmal nicht vorhanden ist. Eine Analyse erfolgt durch die Kombination beider Antworten mit Hilfe der KANO-Auswertungstabelle (siehe Tabelle 6-22). Beispielweise wird für die Anforderung *Prozessbeobachtung für die LPBF-Maschine* die funktionale und dysfunktionale Frage mit „Ich mag die Integration dieser Funktion" bzw. „Ich mag die Integration der Funktion nicht" beantwortet, stellt diese Anforderung aus Sicht des Kunden ein Leistungsmerkmal dar (siehe Tabelle 6-22). [Sau00, S. 40].

Tabelle 6-22: KANO-Auswertungstabelle und Klassifizierung der KANO-Merkmale [Sau00, S. 40]

Legende
Q Fragwürdiges Merkmal
A Begeisterungsmerkmal
I Indifferentes Merkmal
R Rückweisendes Merkmal
M Basismerkmal
O Leistungsmerkmal

		Dysfunktionale Form der Fragestellung				
		Ich mag das Weglassen dieser Funktion	Ich brauch das Weglassen dieser Funktion	Ich stehe dieser Funktion neutral gegenüber	Ich kann mit dem Wegfall dieser Funktion leben	Ich mag die Integration der Funktion nicht
Funktionale Form der Fragestellung	Ich mag die Integration dieser Funktion	Q	A	A	A	O
	Ich brauch die Integration dieser Funktion	R	I	I	I	M
	Ich stehe dieser Funktion neutral gegenüber	R	I	I	I	M
	Ich kann mit der Integration dieser Funktion leben	R	I	I	I	M
	Ich mag die Integration der Funktion nicht	R	R	R	R	Q

SAUERWEIN beschreibt die Auswertung des Fragebogens in drei Schritten. Nachdem die Antworten der funktionalen und dysfunktionalen Frage für jeden Teilnehmer in der Auswertungstabelle kombiniert wurden, werden die Ergebnisse für jede Kategorie in einer Ergebnistabelle, aus der die Gesamtverteilung ersichtlich ist, aufgelistet. Im nächsten Schritt folgen eine Analyse und Interpretation der Ergebnisse. [Sau00]

Für die vorliegende Arbeit ist das KANO-Modell aus zwei Gründen relevant. Einerseits können aus den Erkenntnissen der KANO-Klassifizierung die Kundenanforderungen hinsichtlich der Wichtigkeit und Bedeutung besser priorisiert und qualitativ bewertet werden [Ton07]. Anderseits können die Erkenntnisse zur genaueren quantitativen Bewertung des Erfüllungsgrades von technischen Eigenschaften herangezogen werden [Wan10; Ji14; Ji22].

Die Analyse und Quantifizierung der KANO-Klassifizierung erfolgt indem die Kundenanforderungen CR mithilfe der Kundenzufriedenheitskoeffizienten CS und des Kundeunzufriedenheitskoeffizienten DS ausgedrückt werden [Sau00; Wan10]. Zur Berechnung der Koeffizienten werden die Verteilungen der zuvor genannten Ergebnistabelle genutzt. Um den Zufriedenheitswert für CS_i zu berechnen, müssen alle Antworten i mit Zufriedenheitselementen (Begeisterungs- und Leistungsmerkmale) addiert und durch die Gesamtzahl der Begeisterungsmerkmale f_A, Leistungsmerkmale f_O, Basismerkmale f_M und indifferenten Merkmalen f_I geteilt werden:

$$CS_i = \frac{f_A + f_O}{f_A + f_O + f_M + f_I} \qquad 6.8$$

Analog wird der Wert für DS_i berechnet, indem alle Antworten i mit Unzufriedenheitselementen (Leistungs- und Basismerkmale) addiert und durch die Gesamtzahl der Begeisterungsmerkmale f_A, Leistungsmerkmale f_O, Basismerkmale f_M und indifferenten Merkmalen f_I geteilt werden:

$$DS_i = -\frac{f_O + f_M}{f_A + f_O + f_M + f_I} \qquad 6.9$$

Im Kundenunzufriedenheitskoeffizienten werden im Vergleich zum Kundenzufriedenheitskoeffizienten auch die Leistungsmerkmale berücksichtigt, da diese in Abhängigkeit des Erfüllungsgrad auch zur Unzufriedenheit führen können. Dagegen führen Basismerkmale bestenfalls zu einer indifferenten Kundenzufriedenheit und im schlechtesten Fall zur Unzufriedenheit (siehe Abbildung 6-17).

Für CS_i reicht der Wertebereich von 0 bis 1 und für DS_i entsprechend von 0 bis -1. Werte nahe null bedeuten, dass die Leistung eines Merkmals einen geringen Einfluss auf die Zufriedenheit bzw. Unzufriedenheit hat. Als kritische Werte werden in der Literatur 0,5 bzw. - 0,5 bezeichnet. Wichtig ist dabei, dass die Werte-Paare der DS_i bzw. CS_i-Koeffizienten immer in Relation zueinander interpretiert werden. [Sau00]

Nach der Berechnung der CS_i- und DS_i -Punkte können die Beziehungskurven zwischen Kundenzufriedenheit CS bzw. Kundenunzufriedenheit DS und Kundenanforderungserfüllung S_{CR}, wie in Abbildung 6-18 dargestellt, geplottet werden [Wan10]. Wenn ein Merkmal vollständig erfüllt wird, ist der $S_{CR} = 1$. Bei vollständiger Nichterfüllung eines Merkmals ist der $S_{CR} = 0$.

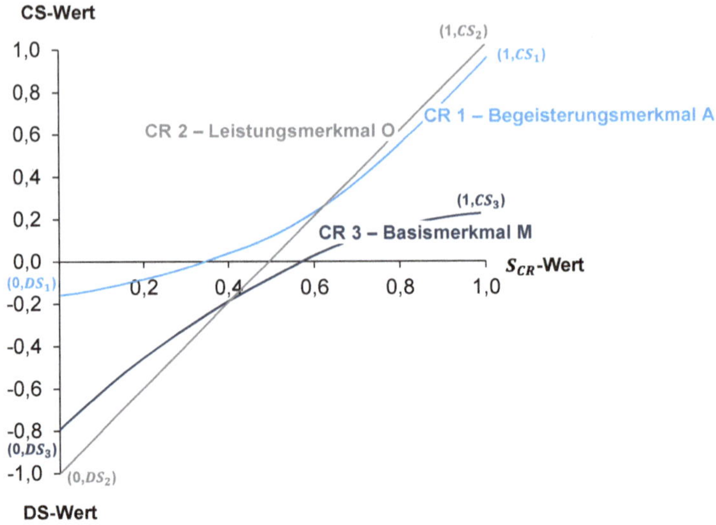

Abbildung 6-18: Beziehungskurven des Kundenzufriedenheitskoeffizienten CS bzw. Kundenunzufriedenheitskoeffizienten DS und Kundenanforderungserfüllung S_{CR} [Wan10]

Die in Abbildung 6-18 dargestellte Beziehungskurven können als Funktion des Erfüllungsgrads eines Produktmerkmals $x_i \in [0,1]$ in Abhängigkeit des Merkmaltyps mit dem Kundenzufriedenheitskoeffizienten CS bzw. Kundenunzufriedenheitskoeffizienten DS beschrieben werden [Wan10]:

Kundenanforderungserfüllungsfunktion für Leistungsmerkmale O:

$$S_{CRi}(x_i) = (CS_i - DS_i) * x_i + DS_i \tag{6.10}$$

Kundenanforderungserfüllungsfunktion für Basismerkmale M:

$$S_{CRi}(x_i) = -\frac{\mathrm{e} * (\mathrm{CS_i} - \mathrm{DS_i})}{\mathrm{e} - 1} * \mathrm{e}^{-\mathrm{x_i}} + \frac{\mathrm{e} * \mathrm{CS_i} - \mathrm{DS_i}}{\mathrm{e} - 1} \tag{6.11}$$

Kundenanforderungserfüllungsfunktion für Begeisterungsmerkmale A:

$$S_{CRi}(x_i) = \frac{\mathrm{CS_i} - \mathrm{DS_i}}{\mathrm{e} - 1} * \mathrm{e}^{\mathrm{x_i}} - \frac{\mathrm{CS_i} - \mathrm{e} * \mathrm{DS_i}}{\mathrm{e} - 1} \tag{6.12}$$

Zeitgleich erfolgt die Normalisierung nach WASSERMAN, welche in Kombination mit den Koeffizienten CS bzw. DS zur Priorisierung der relevanten Kundenanforderungen bzw. Produktmerkmale verwendet wird. Die Priorisierung der Produktmerkmale DR_j ist von entscheidender Bedeutung, um die Kundenanforderungen CR_i optimal zu erfüllen. Durch die Verwendung des Normalisierungsmodells können die bewerteten

Interdependenzen c_{ij} zwischen CR_i und DR_j, sowie die bewerteten Interdependenzen t_{jk} zwischen den DR_j in der Matrix gebündelt und normalisiert werden.

In der vorliegenden Arbeit wird das Normalisierungsmodell anhand der Ausführungen von WASSERMAN verwendet [Che14].

Die Wechselbeziehungsmatrix dient der Darstellung von Interdependenzen c_{ij} zwischen den Kundenanforderungen CR_i und dem Produktmerkmal DR_j. Häufig wird die Punktebewertungsskala bei geplanter Anwendung der Normalisierung von der vormals beschriebenen Skala [0, 1, 3, 9] zu [-0,9; -0,3; -0,1; 0; 0,1; 0,3; 0,9] geändert, welche die Interdependenzen c_{ij} und t_{jk} nach *stark negativen, mäßig negativen, schwach negativen, keinen, schwach positiven, mäßig positiven* und *stark positiven* Zusammenhang zwischen zwei Kundenanforderungen CR_i und einem Produktmerkmal DR_j klassifiziert.

In der technischen Wechselbeziehungsmatrix des HoQ werden die Abhängigkeiten der Produktmerkmale DR_j zueinander dargestellt. Im Abbildung 6-19 sind die bewerteten Interdependenzen c_{ij} (zwischen CR_i und DR_j), die Interdependenzen t_{jk} (zwischen den Produktmerkmalen DR_j) sowie die normierte Gewichtung w_i zum jeweiligen CR_i in einem vereinfachten HoQ dargestellt. [Che14]

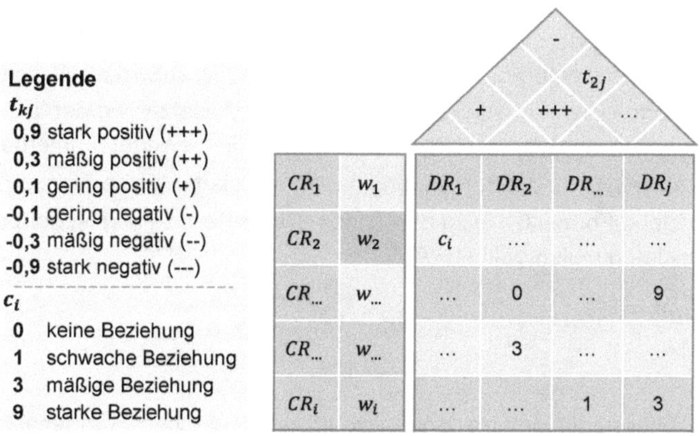

Abbildung 6-19: Darstellung eines vereinfachten HoQ mit den normierten Gewichtungsfaktoren w_i

Die im HoQ zusammengefassten Informationen helfen den Anwendern, sich auf die Produktmerkmale DR_j zu fokussieren, welche die Kundenzufriedenheit am stärksten beeinflussen. Im technikorientierten Wettbewerbervergleich wird danach die normierte Bedeutung des Produktmerkmals $d_{rT,j}$ basierend auf der normierten Gewichtung w_i der Kundenanforderungen CR_i und der bewerteten Interdependenzen c_{ij} ermittelt. Die Produktmerkmale mit der höchsten normierten strategischen Bedeutung $d_{rT,j}$ haben einen verstärkten Einfluss auf die Kundenzufriedenheit und sollten demnach in den folgenden Schritten der Produktentwicklung fokussiert werden. Die Berechnung der normierten Gewichtung w_i erfolgt nach Formel 6.13:

$$w_i = \frac{W_i}{\sum_{i=1}^{m} W_i} \qquad 6.13$$

mit

w_i normierte Gewichtung der Kundenanforderungen CR_i

W_i Gewichtung der Kundenanforderungen CR_i

Die normierte relative Bedeutung $d_{rT,j}$ des Produktmerkmale DR_j wird wie folgt berechnet:

$$d_{rT,i} = \sum_{i=1}^{m} w_i * R_{ij}^{WNorm} \qquad 6.14$$

mit

R_{ij}^{WNorm} normalisierter Interdependenzkoeffizient zwischen Kundenanforderungen CR_i und Produktmerkmal DR_j nach WASSERMAN

w_i normierte Gewichtung der Kundenanforderungen CR_i

c_{ij} Interdependenzkoeffizient zwischen CR_i und DR_{ij}

Zur Gewährleistung der besseren Vergleichbarkeit und der Berücksichtigung der Interdependenzkoeffizienten t_{jk} der Produktmerkmale DR_j entwickelt Wasserman einen Ansatz zur Normalisierung [WAS93]. Mittels diesem Ansatzes werden die bewerteten Interdependenzen c_{ij} zwischen CR_i und DR_j sowie die bewerteten Interdependenzen t_{jk} zwischen den DR_j für die Berechnung der normalisierten Bewertungsgröße R_{ij}^{WNorm} verwendet (siehe Formel 6.15) zu berechnen. Diese Berechnung ist nur bei unabhängigen Produktmerkmalen gültig [WAS93].

$$R_{ij}^{WNorm} = \frac{\sum_{k=1}^{n} c_{ik} * t_{kj}}{\sum_{j=1}^{n} \sum_{k=1}^{n} c_{ik} * t_{kj}}, \; t_{kj} = \begin{cases} 1, & j = k \\ 0, & j \neq k \end{cases} \qquad 6.15$$

mit

R_{ij}^{WNorm} normalisierter Interdependenzkoeffizient zwischen Kundenanforderungen CR_i und Produktmerkmal DR_i nach WASSERMAN

t_{kj} Interdependenzkoeffizient t_{kj} zwischen DR_j und DR_k

c_{ij} Interdependenzkoeffizient zwischen CR_i und DR_j

ME7: *Erzeugung und Bewertung von Maschinenkonzepten*

Im siebten methodischen Element erfolgt die Erzeugung der Maschinenkonzepte sowie deren Bewertung anhand der selektierten Bauteile. Hierzu werden verschiedene Maschinenkonfigurationen und dazugehörige Baujobs erzeugt, die Herstellzeiten und die wirtschaftlichen (z. B. Herstellungskosten) und produktionstechnischen (z. B. Durchlaufzeit, Maschinenauslastung) Kennzahlen berechnet. Auf dieser Grundlage können die Kennzahlen zur Bewertung und Vorselektion der Maschinenkonzepte herangezogen werden. Im letzten Schritt wird die Maschinenvorselektion mittels einer Matrixdarstellung gegenübergestellt und bewertet. Ein Überblick zu den Charakteristika des methodischen Elements ist in Tabelle 6-23 gegeben.

Tabelle 6-23: Charakteristika des 7. methodischen Elements – *Erzeugung und Bewertung von Maschinenkonzepten*

<table>
<tr><th colspan="4">Erzeugung und Bewertung von Maschinenkonzepten</th></tr>
<tr><td>Phase der Methodik</td><td>Bewertungsphase</td><td>Schritt</td><td>7</td></tr>
<tr><td>Zielsetzung</td><td colspan="3">Ermittlung einer Selektion von vielversprechenden Maschinenkonzepte</td></tr>
<tr><td>Input</td><td colspan="2">Vorgehen</td><td>Output</td></tr>
<tr><td>- Kostenmodell
- Maschinenmodell
- Selektierte Bauteile bzw. Baujobs
- Arbeitszeitenschichtmodell (AZM)
- Maschinenmerkmale n_{OE}, $\overrightarrow{B_s}$, S_o, r/q</td><td colspan="2">- Berechnung der Herstellzeiten, wirtschaftlichen und produktionstechnischen Kennzahlen für die modellierten Baujobs
- Berechnung der Maschinenauslastung
- Berechnung von Kennzahlen zur Bewertung der Maschinenkonzepte
- Berechnung der Maschinenkosten und weitere Kosten</td><td>- Vorselektierte Maschinenkonzepte</td></tr>
<tr><th colspan="4">eEPK</th></tr>
<tr><td colspan="4">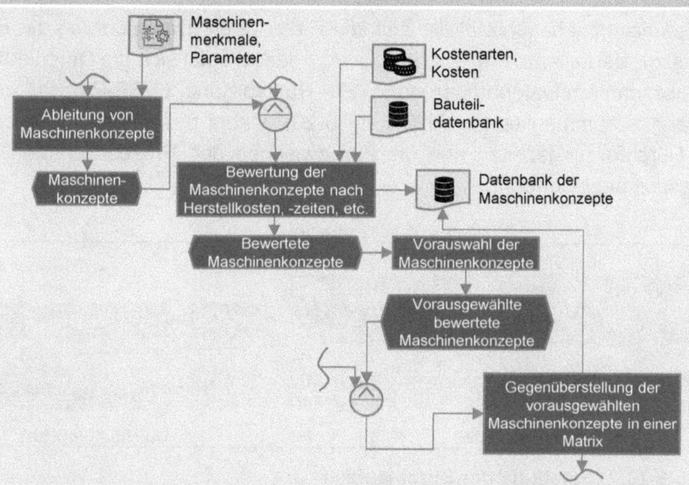
</td></tr>
<tr><td>Hilfsmittel</td><td colspan="3">PUGH-Matrix bzw. NWA, Software zur Datenaufbereitung (z. B. Netfabb, Magics, Eigenentwicklungen)</td></tr>
<tr><td>Kernergebnis</td><td colspan="3">Leistungsvermögen der vorausgewählten Maschinen basierend auf den selektierten Bauteilen</td></tr>
</table>

Zunächst werden die relevanten Kennzahlen zur Bewertung der LPBF-Maschinenkonzepte abgeleitet und ausgewählt. Darüber hinaus dienen die Kennzahlen zur Ermöglichung der Vergleichbarkeit von Maschinenkonzepten. Hierzu werden für die vorliegende Arbeit die in Tabelle 6-24 aufgelisteten exemplarischen Kennzahlen verwendet, welche sowohl im wirtschaftlichen als auch im produktionstechnischen Bereich liegen. Weitere Kennzahlen können in Abhängigkeit des Anwendungsfall für die Bewertung der Maschinenkonzepte aufgenommen werden.

Tabelle 6-24: Kennzahlen zum Vergleich und zur Bewertung von LPBF-Maschinenkonzepten

Kennzahl	Formelzeichen	Einheit	Beschreibung
Durchlaufzeit	t_{LT}	s	Benötigte Zeit zur Herstellung des Bauteils von der Datenaufbereitung bis zur Bauteilentnahme
Maschinenauslastung	EE	%	Prozentuale Auslastung einer Maschine, bezogen auf den Betrachtungszeitraum
Produktionsleistung	n_{PO}	$\frac{Stück}{a}$	Fehlerfrei produzierte Bauteile pro Betrachtungszeitraum
Herstellungskosten	$k_{Bauteil}$	$\frac{€}{Stück}$	Entstandene Kosten je Bauteil
Maschinenproduktivität	k_{EE}	$\frac{Stück}{€}$	Kehrwert der Herstellungskosten
Volumenkosten	k_{Vol}	$\frac{€}{mm^3}$	Verhältnis der Summe aller Kosten für die Herstellung des summierten Bauteilvolumens pro Betrachtungszeitraum

Die Durchlaufzeit t_{LT} beschreibt die Zeitdauer, die für die Durchführung der Prozessschritte bis zur Bauteilentnahme benötigt wird. Hierbei setzt sich die Durchlaufzeit aus den Prozessschritten Datenaufbereitung, Pre-Rüstvorgang, LPBF-Prozess und Post-Rüstvorgang zusammen (siehe Abbildung 6-20). Dabei besteh jeder Prozessschritt aus den Durchführungszeiten und die Zeit zwischen den Prozessschritten wird als Übergangszeit bezeichnet.

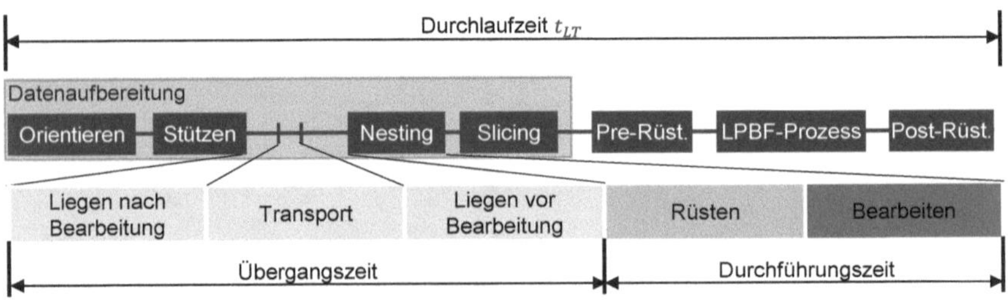

Abbildung 6-20: Darstellung der Durchlaufzeit

Im Rahmen der vorliegenden Arbeit werden die Durchführungszeiten der Prozessschritte der Datenaufbereitung, des Pre-Prozesses, des LPBF und Post-Prozesses herangezogen, weil in dieser Zeit der wertschöpfende Beitrag geleistet wird, und als Durchlaufzeit t_{LT} aufsummiert. Der benötigte Transportaufwand in der Datenaufbereitung ist zu vernachlässigen und bei den folgenden Prozessschritten im Vergleich zum

LPBF-Prozess relativ gering, während in Liegezeiten keine Arbeit an den Bauteilen verrichtet wird. Somit ist die Bestimmung der Übergangszeit aufgrund der wertschöpfungsorientierten Zielsetzung nicht Gegenstand der Betrachtung. Daraus ergibt sich zur Berechnung der Durchlaufzeit t_{LT} folgende Formel:

$$\begin{aligned} t_{LT} = t_{Data.prep.} + t_{Pre-Rüst} + t_{SG-Aufbau} + t_{heat} \\ + t_{Scan} + t_{Beschichtung} + t_{cool} \\ + t_{SG-Abbau} + t_{Post-Rüst} \\ = t_{Data.prep} + t_{Gesamt} \end{aligned} \tag{6.16}$$

mit

$t_{...}\ [s]$ Zeitdauern des jeweiligen einzelnen Prozessschrittes

Die Maschinenauslastung EE ergibt sich aus dem Verhältnis der Maschinenlaufzeit zu der Gesamtkapazität im Betrachtungszeitraum und berechnet sich nach Formel 6.17.

$$EE = \frac{\sum t_{Gesamt}}{\text{Gesamtkapazität}} \tag{6.17}$$

mit

$t_{Gesamt}\ [\mathrm{h}]$ Summe aller einzelnen Herstellzeiten inkl. Nebenzeiten
$\text{Gesamtkapazität}\ [\mathrm{h}]$ zur Verfügung stehende maximale Betriebsstunden der Anlage

Die Maschinenlaufzeit beinhaltet die Summe aller Herstellzeiten der Bauteile und Nebenzeiten, wie beispielweise der Rüstvorgänge, im Betrachtungszeitraum. Die Gesamtkapazität beschreibt die jährlichen Betriebsstunden, in der eine Maschine zur Produktion zur Verfügung steht. Dabei werden planmäßige Stillstandzeiten, beispielweise für die Wartung oder Betriebsferien, bereits berücksichtigt (siehe Anhang A3 – ME7).

Die Produktionsleistung eines Fertigungsprozesses beschreibt die fehlerfrei produzierten Bauteile pro Jahr. Hierbei werden ungeplante Stillstandzeiten vernachlässigt, sodass sich die theoretische Anzahl an produzierten Bauteilen $n_{PO,theo.}$ ermitteln lässt. Zur Berücksichtigung etwaiger Produktionsausfälle durch beispielweise ungeplante Stillstandzeiten der Maschine oder Bauteilausschuss durch Maschinen- oder Prozessfehler wird der Faktor f_r definiert. Dadurch lässt sie die reale Anzahl an produzierten Bauteilen n_{PO} für den Betrachtungszeitraum, wie in Formel 6.18 gezeigt, berechnen:

$$n_{PO} = f_r * n_{PO,theo.} \tag{6.18}$$

mit

n_{PO} reale Gesamtanzahl an hergestellten Bauteilen im Betrachtungszeitraum

$n_{PO,theo.}$ theoretische Gesamtanzahl an hergestellten Bauteilen im Betrachtungszeitraum

$f_r \in [0,1]$ Faktor für Maschinenverfügbarkeit

Die Produktionsleistung dient der direkten Vergleichbarkeit der Produktivität verschiedener Maschinenkonzepte. Die dazugehörige kostentechnische Bewertung der Produktionsleistung stellt die Maschinenproduktivität dar.

Die Maschinenproduktivität (Formel 6.19) bildet das Verhältnis der Gesamtanzahl hergestellter Bauteile zu den Gesamtherstellungskosten im Betrachtungszeitraum ab.

$$k_{EE} = \frac{n_{PO}}{\sum k_{Bauteil}} \tag{6.19}$$

mit

$k_{EE}\left[\frac{Stück}{€}\right]$ Maschinenproduktivität

$k_{Bauteil}[€]$ Herstellungskosten

n_{PO} reale Gesamtanzahl an hergestellten Bauteilen im Betrachtungszeitraum

Die Volumenkosten k_{Vol} stellen eine der gängigsten Kennzahlen zum bauteilunabhängigen Vergleich der Wirtschaftlichkeit von LPBF-Maschinen dar [Eis13]. Hierfür wird das Verhältnis der Gesamtkosten zum Gesamtbauteilvolumen im Betrachtungszeitraum wie folgt berechnet.

$$k_{Vol} = \frac{\sum k_{Bauteil}}{\sum V_{Bauteil,i}} \tag{6.20}$$

mit

$k_{Vol}\left[\frac{€}{mm^3}\right]$ Volumenkosten

$k_{Bauteil}[€]$ Herstellungskosten

$V_{Bautiel,i}\ [mm^3]$ Bauteilvolumen

Nach der Festlegung der Kennzahlen erfolgt die Erzeugung und Bewertung der Maschinenkonzepte nach dem in Abbildung 6-21 dargestellten Ablaufdiagramm, das in den anwenderseitigen Eingangsgrößen den Startpunkt hat.

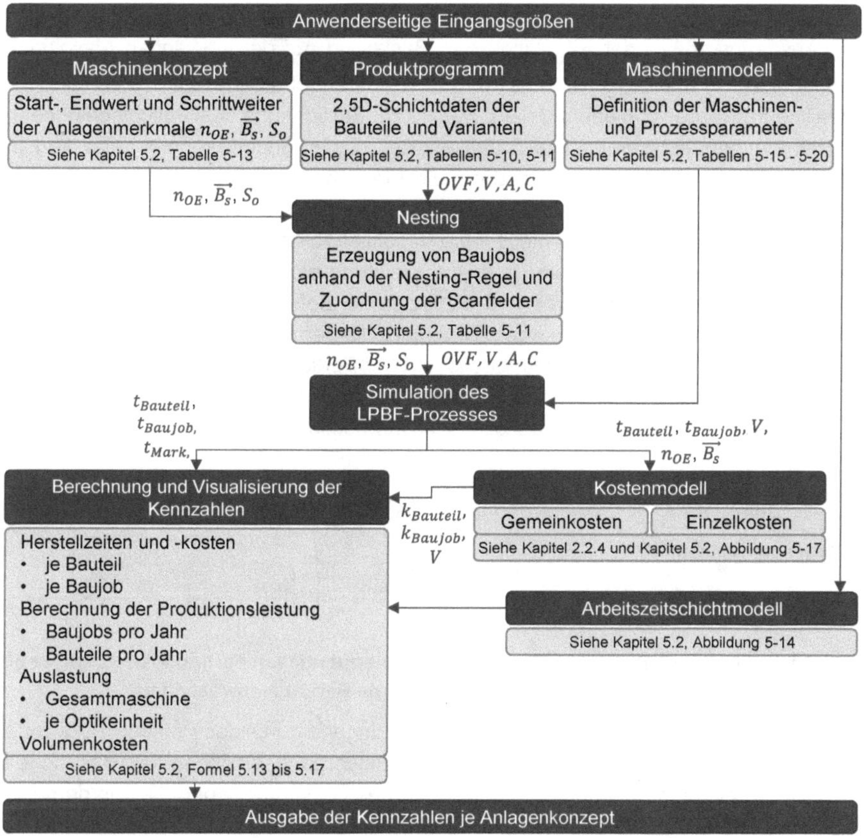

Abbildung 6-21: Ablaufdiagramm zur Erzeugung und Bewertung der einzelnen Maschinenkonzepte

Die Maschinenmerkmale mit Start-, Endwert und Schrittweite, die 2,5D-Schichtinformationen des Produktprogramms sowie die Maschinen- und Prozessparameter stellen die Eingangsgrößen dar. Darüber hinaus können ein einzelnes oder mehrere Arbeitszeitschichtmodelle gewählt werden, um ein möglichst reales Abbild der Arbeitssituation innerhalb der Branche zur Bewertung der Maschinenkonzepte zu erhalten. Im nächsten Schritt erfolgt, basierend auf der gewählten Nesting-Regel und den jeweiligen Abmessungen des Bauraums, die Erzeugung von Baujobs. Danach werden die Scanvektoren von Bauteilen, die durch den Scanfeldüberlapp geschnitten werden, aufgetrennt und einem der Scanfelder zugeordnet, wobei die Zuweisung des jeweiligen Scanvektors immer zu dem Scanfelds erfolgt, das bereits die größere Schnittmenge des Scanvektors beinhaltet. Der komplette Baujob wird mit den zugeordneten Scanfeldern dem AA übergeben. Zusammen mit den Maschinen- und Prozessparametern wird anschließend die Simulation des LPBF-Prozesses durchgeführt. Die Herstellzeiten je Bauteil eines einzelnen Baujobs (aufgeteilt in die Zeitanteile für Belichtung,

Beschichtung und Plattformbewegungen) sowie die Auslastung je Optikeinheit stellen die Ausgangsgrößen der Simulation dar. Basierend auf den gewählten Maschinenmerkmalen n_{OE} und $\overrightarrow{B_s}$ werden die Investitionskosten für die Maschine durch die multiple lineare Regression approximiert, welche zur Berechnung des Maschinenstundensatzes k_{MS} benötigt werden. Auf Grundlage des Kostenmodells können dann die Herstellungskosten für den Baujob und die einzelnen Bauteile in Abhängigkeit des Maschinenkonzepts berechnet werden. Die Herstellungskosten und -zeiten für den Baujob sowie für die einzelnen Bauteile werden schließlich zur Berechnung der weiteren Kennzahlen verwendet. Um die Produktionsleistung errechnen zu können, muss zunächst die Anzahl von Baujobs und Bauteilen im Betrachtungszeitraum (typischerweise eines Jahres) ermittelt werden. Dazu wird die Fertigungsabfolge in Abhängigkeit des gewählten Arbeitszeitschichtmodells und der Fertigungsumgebung bestimmt. Abbildung 6-22 stellt die exemplarische vereinfachte sequentielle Fertigungsabfolge in Abhängigkeit des gewählten Arbeitszeitschichtmodells für ein Jahr dar.

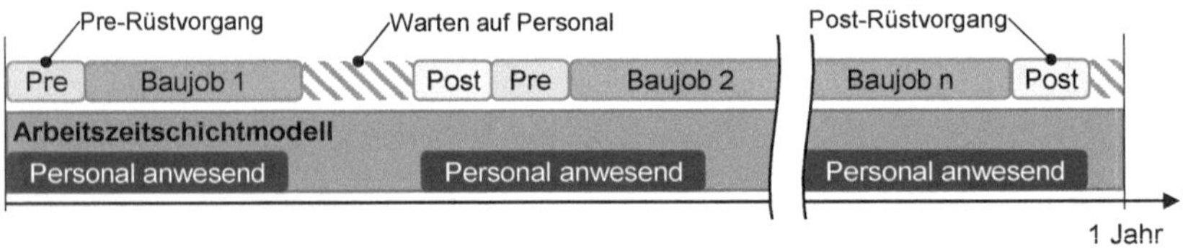

Abbildung 6-22: Schematische Darstellung der sequentiellen Fertigungsabfolge für ein Jahr, beeinflusst durch die schichtmodellbedingte Personalanwesenheit

Werden für einzelne Prozessschritte manuelle Eingriffe durch das Personal notwendig, wie beispielweise für den Pre- und den Post-Rüstvorgang, wird innerhalb des Modells geprüft, ob diese in den Anwesenheitszeiten des Personals liegen. Neben dem Pre- und Post-Rüstvorgang gehören die Inertisierung der Prozesskammer sowie die Vorheizung der Substratplatte zu den manuellen Tätigkeiten, da der LPBF-Fertigungsprozess erst im Anschluss manuell gestartet werden kann (siehe Kapitel 2.2.1). Für den Fall, dass kein Personal anwesend ist oder die Anwesenheitszeit für die Ausführung des manuellen Prozessschrittes nicht genügt, wird dieser Prozessschritt erst dann ausgeführt, sobald wieder Personal anwesend ist. Prozessschritte, die keine Anwesenheitszeit des Personals benötigen, können folglich zu jeder Zeit ausgeführt werden. Beispielsweise können bereits laufende LPBF-Prozesse am Wochenende beendet werden. In der Serienproduktion wird typischerweise auf ein Dreischichtmodell (in einer 6- oder 7-Tage Woche) bzw. entsprechende vollkontinuierliche Schichtmodell, um eine hohe Maschinenauslastung zu realisieren und den Einsatz teurer Anfahrprozesse gering zu halten. Typischerweise erfolgt bei der Produktion geringerer Stückzahlen, beispielweise für die Herstellung von Prototypen, ein Einschichtmodell bei einer 5-Tage-Woche. Aus der Berechnung der sequentiellen Fertigungsabfolge ergibt sich die maximale Anzahl der Baujobs n_{BJ} im Betrachtungszeitraum für das jeweilige Maschinenkonzept. Bei der Gleichteilfertigung kann die maximale Anzahl an Bauteilen im

Betrachtungszeitraum durch die Multiplikation mit der Bauteilanzahl des Baujobs $n_{Bauteil,BJ}$ berechnet werden (Formel 6.21).

$$\begin{aligned} n_{PO} &= f_r * n_{PO,theo.} \\ &= f_r * n_{BJ} * n_{Bauteil,BJ} \end{aligned} \tag{6.21}$$

mit

n_{BJ}	Gesamtanzahl an Baujobs im Betrachtungszeitraum
$n_{Bauteil,BJ}$	Bauteilanzahl des Baujobs
n_{PO}	reale Gesamtanzahl an hergestellten Bauteilen im Betrachtungszeitraum
$n_{PO,theo.}$	theoretische Gesamtanzahl an hergestellten Bauteilen im Betrachtungszeitraum
$f_r \in [0,1]$	Faktor für Maschinenverfügbarkeit; Standardwert $f_r = 0{,}83$ [Eis13]

Bei der Fertigung von individuellen Bauteilen erfolgt die Berechnung der Herstellzeiten jedes einzelnen Baujobs über AA (siehe ME5), darüber lassen sich auch die Gesamtzahl der Baujobs n_{BJ} und Gesamtzahl der Bauteile $n_{PO,theo.}$ ermitteln. Der Rechenaufwand ist bei diesem Szenario im Vergleich zur Gleichteilfertigung wesentlich höher.

Zur Berechnung der Herstellungskosten wird das Kostenmodell (siehe Kapitel 6.2.1 – ME5) verwendet. Hierbei werden sowohl die Kosten für das einzelne Bauteil wie auch jene für die Baujobs berechnet. Im Kostenmodell werden zudem neben den Herstellungskosten als weitere Bewertungskriterien auch die Volumenkosten, die Maschinenproduktivität und -auslastung und die Produktionsleistung herangezogen.

Neben der Berechnung der konkreten Kennzahlen für die Maschinenkonzepte kann zur besseren applikationsunabhängigen Vergleichbarkeit und Auswahl des wirtschaftlichsten Maschinenkonzepts eine Normierung der Produktionsleistung und der Volumenkosten erfolgen.

Die Ergebnisse verschiedener Simulationsreihen (beispielweise durch verschiedene Eingangsgrößen: AZM, Bauteile, Gleichteilfertigung, individuelle Bauteilfertigung) können nicht direkt verglichen werden, sodass für die Normierung der Volumenkosten und Produktionsleistung die Formel 6.22 verwendet. Eine Normierung der Kennzahlen ermöglicht die Vergleichbarkeit der Maschinenkonzepte, wenn unterschiedliche Eingangsgrößen für die Simulationsreihen gewählt werden. Der Wertebereich wird damit in das Intervall $[0, 1]$ verschoben.

$$\|k_{Vol,i}\| = \frac{k_{Vol,i}}{\max(k_{Vol})}, bzw.$$
$$\|n_{PO,i}\| = \frac{n_{PO,i}}{\max(n_{PO})} \qquad 6.22$$

mit

$k_{Vol,i}$	Volumenkosten je Maschinenkonzept i
$n_{PO,i}$	Produktionsleistung je Maschinenkonzept i
$\max(k_{Vol})$, $\max(n_{PO})$	max. Kennwert der Volumenkosten bzw. Produktionsleistung

Die Ergebnisse der normierten Volumenkosten bzw. Produktionsleistung verschiedener fiktiver Simulationsreihen sind exemplarisch in Abbildung 6-23 dargestellt.

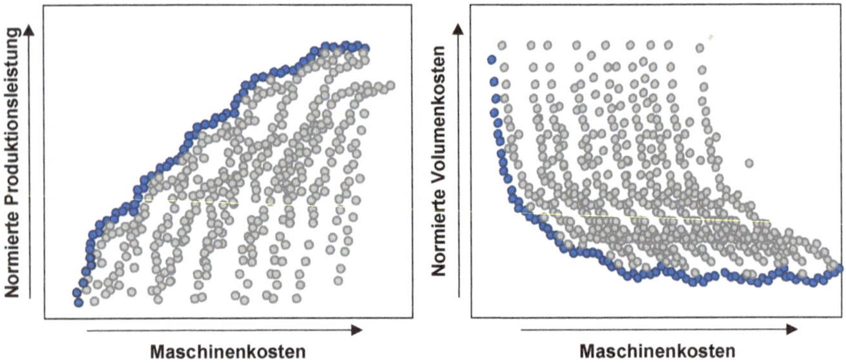

Abbildung 6-23: Schematische Darstellung der berechneten Kennzahlen (Produktionsleistung, links; Volumenkosten, rechts) für die Maschinenkonzepte in Abhängigkeit von den Maschinenkosten.

Ergebnisse, die einen pareto-effizienten Zustand abbilden, d. h. den bestmöglichen Zustand, in dem es nicht möglich ist, beispielweise eine größere Produktionsleistung bzw. geringere Volumenkosten zu erzielen, ohne dass zugleich die Maschinenkosten steigen, sind in der Abbildung 6-23 blau dargestellt. Die Produktionsleistung steigt mit zunehmenden Maschinenkosten, da effizientere LPBF-Maschinen im Allgemeinen teurer sind als weniger effiziente LPBF-Maschinen. Die Produktionsleistung hängt hierbei jedoch von den herzustellenden Produktproramm ab, sodass die die Bauteilgeometrie(n) einen größeren Einfluss auf die Kennzahl hat als vergleichsweise konventionelle Fertigungstechnologien (siehe Kapitel 2.2.2). Analog verhalten sich die Volumenkosten, welche mit zunehmender Maschineneffizienz (Maschinenkosten) geringere Volumenkosten ermöglichen.

Sofern ein größerer Lösungsraum möglicher Maschinenkonzepte untersucht werden soll, bietet sich die Vorauswahl von pareto-effizienten Maschinenkonzepten über die normierten Volumenkosten und die Produktionsleistung an. Die ergänzende

Anwendung weiterer Kennzahlen (z. B. die Auslastung der Optikeinheiten, Durchlaufzeiten) erlaubt eine darüber hinausgehende Bewertung der Maschinenkonzepte.

Für den weiteren Prozess ist, auf Grundlage der genannten Kennzahlen, eine Reduzierung der Anzahl geeigneter Maschinenkonzepte vorzunehmen, die zudem durch den manuellen Aufwand bei der Bewertung weiter begrenzt wird. Je nach gewünschtem Aufwand kann die maximale Anzahl vergrößert und verkleinert werden. Die vorselektierten Maschinen können im Anschluss durch eine PUGH-Matrix aufgeführt und nach dem Erfüllungsgrad der technik- und kundenorientierten Zielwerte bewertet werden.

Die PUGH-Matrix dient zum Vergleich verschiedener Varianten. Insbesondere für die Auswahl einer bestmöglichen Lösungsvariante kann die PUGH-Matrix zur hilfreich sein. Wie in Abbildung 6-24 dargestellt, werden die Stärken und Schwächen verschiedener Lösungsalternativen miteinander verglichen und tabellarisch zusammengefasst. Die beste Lösung enthält im Idealfall die Vorteile aus verschiedenen Alternativen. Um alle Lösungsalternativen miteinander zu vergleichen, wird ein Basismodell (auch Muster genannt) definiert, mit dem alle Lösungsalternativen verglichen werden. Im Anschluss erfolgt eine Bewertung, indem jedes Kriterium einer Lösungsalternative mit dem Muster verglichen wird und mit *besser* (+ oder 1), *schlechter* (- oder -1) und *gleich* (G oder 0) bewertet wird. Die Lösungsvariante mit den meisten + oder 1 stellt die vorläufig geeignetste Lösung dar.

Legende
Bewertung im Vergleich zum Muster:
+ / 1 besser
- / -1 schlechter
G / 0 gleich

#	Kriterium	Gewichtung	Muster / Basismodell	Lösungsvariante 1	Lösungsvariante 2	Lösungsvariante ...	Lösungsvariante ...	Lösungsvariante n
1	Produktivität	6	N/A	+	G	...	...	...
2	Kosten	7	N/A	G	-			
3	Wartungsfreundlichkeit	4	N/A					
						...	...	...
	Summe + / 1		N/A	Σ+	Σ+	...	...	...
	Summe - / -1		N/A	Σ−	Σ−	...	...	...
	Summe G / 0		N/A	ΣG	ΣG	...	...	...
	Gesamtgewichtsbewertung		N/A	(Σ+) + (Σ−)	(Σ+) + (Σ−)	...	...	...

Abbildung 6-24: PUGH-Matrix zur Auswahl der bestmöglichen Lösung

Sollte basierend auf dem für die PUGH-Matrix notwendigen Basismodell keine Bewertung der Maschinenkonzepte vorgenommen werden können, empfiehlt es sich, die Bewertung durch Verwendung einer Nutzwertanalyse vorzunehmen, wie sie bereits im ersten methodischen Element beschrieben wurde. Die Gewichtungsfaktoren können dem technik- bzw. kundenorientierten Wettbewerbervergleich im HoQ entnommen werden (siehe Kapitel 3.2.2). Sollte auf Grund des unzureichenden Detaillierungsgrads der Maschinenkonzepte keine Bewertung möglich sein, erfolgt für die PUGH-Matrix die Bewertung mit *G* bzw. *0* und für die die NWA mit *N/A*. Abschließend wird für die Maschinenkonzepte in der PUGH-Matrix bzw. in der NWA die gewichtete finale Gesamtpunktzahl bzw. der Nutzwert berechnet.

Die Bewertung der vorausgewählten Maschinenkonzepte in Form der NWA oder PUGH-Matrix wird an das achte methodische Element übergeben, um schließlich unter Berücksichtigung weiterer Kennzahlen oder Kriterien die finale Auswahl vereinfacht zu ermöglichen.

6.2.3 Gestaltungsphase

In der Gestaltungsphase wird das finale Maschinenkonzept für die weitere Ausgestaltung im Produktentwicklungsprozess ausgewählt. Hierzu kann in Abhängigkeit des anvisierten Marktsegment weitere Kriterien für die finale Maschinenkonzeptauswahl verwendet werden.

ME8: *Auswahl Maschinenkonzept*

Im letzten methodischen Element erfolgt die Auswahl des Maschinenkonzepts für die weitere Ausgestaltung. In Abhängigkeit des Anwendungsszenarios der zu entwickelnden LPBF-Maschine, z. B. für die Serienproduktion komplexer individueller Bauteile, oder durch die Anforderungen des Marktsegments können weitere Kriterien zur Bewertung der Maschinenkonzepte notwendig sein. Insbesondere die Reduzierung manueller Tätigkeiten soll dabei Rechnung getragen werden, weswegen die Ermittlung des Automatisierungspotenzials für die vorausgewählten Maschinenkonzepte im Fokus steht. Wird mittels (Teil-)Automatisierung ein Prozessschritt verkürzt, so sinkt die Durchführungszeit einzelner Baujobs. Dies erhöht die jährliche Anzahl der Baujobs, die durchgeführt werden können und führt damit direkt zu einer Steigerung der Produktionsleistung. Werden dagegen Kosten durch die (Teil-)Automatisierung reduziert, weil Ressourcen eingespart werden können, so sinkt der Input und die Produktivität steigt. Bedingt durch den sehr hohen Automatisierungsgrad der Bauteilherstellung ergeben sich Ansätze für eine Steigerung der Produktivität durch Automatisierung vorrangig in der noch personalintensiven Rüstvorgängen.

Hierbei soll das Automatisierungspotenzial eine erste Einschätzung geben, ob eine Automatisierung voraussichtlich die Produktivität der LPBF-Maschine steigert, bzw. die Volumenkosten senkt. Daraus lassen sich prozess- und maschinenseitige Automatisierungspotenziale identifizieren, wie beispielweise Reduzierung der Beschichtungszeiten durch eine unidirektionale oder bidirektionale Beschichtungsstrategie oder die Vergrößerung der Schichtstärke. Das prozessseitige Automatisierungspotenzial wird, sofern keine funktionalen oder strukturellen Anforderungen an die LPBF-Maschinen abgeleitet werden können, nicht weiter berücksichtigt. Das Automatisierungspotenzial liefert dabei in erster Linie eine Information über die relative Steigerung der Produktivität gegenüber dem vorherigen Zustand, eine direkte Aussage über die absolute Produktivität ist jedoch nicht möglich. Die technische Umsetzbarkeit und die reale Produktivitätssteigerung sind dann in weiteren Analysen und während der

Ausgestaltung im weiteren Produktentwicklungsprozess zu überprüfen. Nach der Darstellung des maschinenseitigen Automatisierungspotenzials erfolgt schlussendlich die finale Auswahl des Maschinenkonzepts. Ein Überblick zu den Charakteristika des methodischen Elements ist in Tabelle 6-25 gegeben.

Tabelle 6-25: Charakteristika des 8. methodischen Elements – *Auswahl Maschinenkonzept*

<table>
<tr><th colspan="4">Auswahl Maschinenkonzept</th></tr>
<tr><td>Phase der Methodik</td><td colspan="1">Gestaltungsphase</td><td>Schritt</td><td>8</td></tr>
<tr><td>Zielsetzung</td><td colspan="3">Finale Auswahl des Maschinenkonzept für die weitere Realisierung</td></tr>
<tr><td>Input</td><td>Vorgehen</td><td colspan="2">Output</td></tr>
<tr><td>- NWA bzw. PUGH-Matrix
- Vorselektierte Maschinenkonzepte</td><td>- Ermittlung des Automatisierungspotenzials, ggfs. weitere Kennzahlen</td><td colspan="2">- Bewertung des Automatisierungspotenzials anhand von Kennzahlen</td></tr>
<tr><td colspan="4">eEPK</td></tr>
<tr><td colspan="4">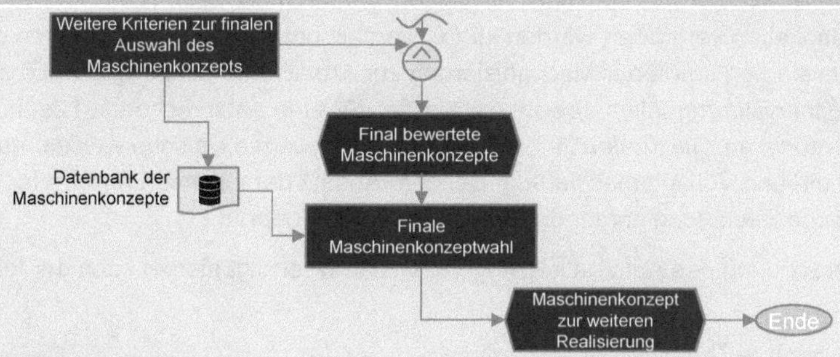
</td></tr>
<tr><td>Hilfsmittel</td><td colspan="3">-</td></tr>
<tr><td>Kernergebnis</td><td colspan="3">Bewertung des Automatisierungspotenzials je Maschinenkonzept</td></tr>
</table>

Neben den wirtschaftlichen Zielen ist ein weiteres Ziel der (Teil-)Automatisierung die Reduzierung des Gefahrenpotenzials einzelner Prozessschritte. Die verwendeten Metallpulver haben neben der spezifizierten Partikelfraktionen auch einen Feinanteil, der kleinere, ggfs. lungengängige Partikel enthält, die gesundheitsgefährdend sein können. Bei reaktiven Metallpulvern besteht zudem bei dem Kontakt mit Sauerstoff eine erhöhte Explosionsgefahr [Heb21]. Daraus lässt sich die allgemeine Forderung formulieren, dass gerade im Produktionsumfeld der direkte Umgang des Personals mit offenem Pulvern zu vermeiden ist. Dadurch kann ebenfalls ein Mehrwert für das Kundenunternehmen generiert werden, indem Arbeitssicherheitsmaßnahmen geringer ausfallen oder sogar komplett wegfallen können. Diese Faktoren lassen sich nur schwer durch Berechnungen wirtschaftlich quantifizieren, daher werden diese bei der Ermittlung nicht berücksichtigt. Im weiteren Produktentwicklungsprozess können bedingt durch eine detaillierte Konzeption sowie durch weitere Analysen und Bewertungen diese Aspekte Berücksichtigung finden.

Insgesamt lässt sich das Automatisierungspotenzial über Verkleinerung des Inputs, insbesondere über die Personalkosten und über Vergrößerung des Outputs, die Steigerung der wertschöpfenden Zeitanteilen, darstellen (siehe Anhang A3 – M8). Beide Ansätze können sich auch überlagern, woraus sich die Automatisierungsansätze zur *Substitution* und *Optimierung* einzelner Arbeits-/Prozessschritte ableiten lassen.

Hierbei wird die *Substitution* als Automatisierungsansatz zur Reduzierung der Personalkosten durch die Substitution des Personals durch Automatisierungstechnik verstanden. Folglich entsteht ein Kostenvorteil durch den Einsatz der Automatisierungstechnik, der im Gegensatz zum Personal je nach Auslastung der Maschine variieren kann. Der Kostenvorteil ist abhängig von den Kosten für die Automatisierungslösung und den Personalkosten. Der Ansatz beinhaltet sowohl die Form der Voll- als auch Teilautomatisierung.

Der Automatisierungsansatz *Optimierung* beschreibt die Beschleunigung von manuellen Tätigkeiten, z. B. bei den Rüstvorgängen, wodurch der Zeitanteil an wertschöpfenden Tätigkeiten vergrößert werden kann. Hierbei kommen vorrangig Formen der Teilautomatisierung sowie der Mechanisierung zur Arbeitsunterstützung zum Einsatz. Bei der Mechanisierung fallen sowohl die Kosten für eine entsprechende Lösung als für das Personal an. Die Kosten für die Mechanisierung liegen typischerweise unter denen einer Teil- und Vollautomatisierung. Bei dem Ansatz der Optimierung wird für die wirtschaftliche Bewertung immer der Break-Even-Point geprüft.

Die Berechnung des Automatisierungspotenzial AP erfolgt hierbei nach der folgenden Formel:

$$AP = \left(k_{Vol,Auto,max} - k_{Vol}\right) * n_{Vol,PO} * t_{kA} \tag{6.23}$$

mit

$k_{Vol,Auto,max}\ \left[\frac{€}{mm^3}\right]$	Volumenkosten für das vollautomatisierte Maschinenkonzept
$k_{Vol}\ \left[\frac{€}{mm^3}\right]$	Volumenkosten
$n_{Vol,PO}$	Volumen der Bauteile im Betrachtungszeitraum, Produktionsleistung
$t_{kA}\ [a]$	Abschreibungszeitraum

In dieser frühen Phase der Produktentwicklung sind die Kosten für die Automatisierungslösung gänzlich unbekannt. Damit der Kostenvorteil trotz der fehlenden Investitionskosten für die Automatisierungslösung ermittelt werden kann, werden die Volumenkosten für die automatisierte und nicht automatisierte LPBF-Maschine ermittelt. Hierbei werden die Automatisierungskosten innerhalb der Maschinenkosten vernachlässigt, wodurch in Kombination mit der höheren Produktionsleistung der automatisierten LPBF-Maschine, bei konstanten Maschinenkosten, sich im Vergleich zur nicht automatisierten Maschine niedrigere Volumenkosten ergeben.

Die Differenz der Volumenkosten multipliziert mit Volumen aller Bauteile im Betrachtungszeitraum ergibt die maximal zulässigen Kosten für die Automatisierungslösung.

Dadurch kann eine Aussage über die Wirtschaftlichkeit der Automatisierung getroffen werden, ohne die konkreten Entwicklungs- und Herstellungskosten für die Lösung zu kennen. So niedriger die Kosten für die Automatisierungslösung bei gleichbleibenden Grad der Automatisierung so größer der Kostenvorteil.

Neben dem Automatisierungspotenzial wird der Nutzfaktor als weitere Kennzahl zur Beschreibung der Amortisierung einer möglichen Automatisierung herangezogen. Hierbei wird das Verhältnis zwischen dem automatisierten und nicht automatisierten Maschinenzustand über die Volumenkosten beschrieben. Da die Volumenkosten für die automatisierte LPBF-Maschine typischerweise unter denen der nicht automatisierten Maschine liegen, lässt sich der Nutzfaktor nach der folgenden Formel berechnen:

$$NF = \left|1 - \frac{k_{Vol,Auto}}{k_{Vol}}\right| \qquad 6.24$$

mit

$k_{Vol,Auto,max}\left[\frac{€}{mm^3}\right]$	Volumenkosten für das vollautomatisierte Maschinenkonzept
$k_{Vol}\left[\frac{€}{mm^3}\right]$	Volumenkosten

Der Nutzfaktor liegt für alle betrachteten Maschinenkonzepte in einem Intervall $NF \in [0,1]$. Je näher NF an der oberen Grenze liegt, desto schneller amortisieren sich die Investitionen.

Zur Bewertung unterschiedliche Maschinenkonzepte wird der Vergleichsfaktor als Kennzahl genutzt. Hierbei können die Volumenkosten in Abhängigkeit des Maschinenkonzepts in Verhältnis zu einer Referenzmaschine i gesetzt werden. So kann beispielweise Überprüft werden, ob die Automatisierung bei einem anderen Maschinenkonzept lohnenswerter ist oder ob der Wechsel beispielweise von einer scannerbasierten zu einer gantrybasierten LPBF-Maschine vielversprechend ist. Der Vergleichsfaktor berechnet sich nachfolgender Formel:

$$VF = \left(\frac{\min_i k_{Vol}}{k_{Vol}}\right)^2 \qquad 6.25$$

mit

i	Ausgewähltes Maschinenkonzept für den Vergleich
$k_{Vol,Auto,max}\left[\frac{€}{mm^3}\right]$	Volumenkosten für die vollautomatisierte Maschinenkonzept
$k_{Vo}\left[\frac{€}{mm^3}\right]$	Volumenkosten

Unter der Annahme, dass die Volumenkosten im *Optimierung*-Ansatz stets kleiner sind als die Volumenkosten der nicht automatisierten LPBF-Maschine, liegt der Vergleichsfaktors zwischen 0 und 1.

Die Kennzahlen werden für die ausgewählten Maschinenkonzepte berechnet und dienen so neben der finalen Bewertung bzw. dem Nutzwert als Orientierungshilfe für die Entscheidungsfindung. Ob eine Automatisierung notwendig ist, hängt vom

Kundensegment und der Branche ab. Jedoch können Automatisierungslösungen ebenfalls einen Beitrag zu Senkung des Aufwands für die Arbeitssicherheit liefern. Schlussendlich erfolgt die Auswahl des vielversprechende Maschinenkonzepts für die Realisierung im weiteren Produktentwicklungsprozess, welches sich nahtlos an die entwickelte Methodik angliedert.

7 Validierung und kritische Reflexion der entwickelten Methodik

Aufbauend auf der Herleitung und Entwicklung der Methodik erfolgt die praktische beispielhafte Anwendung der entwickelten Methodik. Bedingt durch die globalen Megatrends *Digitalisierung* und *Individualisierung* ergeben sich gerade für lokal agierende Handwerks- und kleine Industriebetriebe immer mehr Opportunitäten zur (Neu-) Kundengewinnung, Produkterweiterung und (Weiter-) Entwicklung von Geschäftsmodellen. Ein Befähiger, der zunehmend auch in ebensolchen Handwerksbetrieben und kleine Unternehmen eine wesentliche Rolle spielt, ist das Additive Manufacturing, derzeit primär allerdings im kunststoffbasierten Bereich [Han18]. Als Anwendungsbeispiel dient die Erschließung von Handwerkbetrieben, Klein- und Kleinstunternehmen für die LPBF-Fertigungstechnologie. Zur Gewährleistung des Datenschutzes werden keine Namen von Unternehmen oder Personen genannt.

Die Struktur des vorliegenden Kapitels gliedert sich entlang den Phasen der Methodik mit den einzelnen methodischen Elementen (siehe Kapitel 6.2). Zur Unterstützung der Methodik wird das komplette HoQ in Microsoft Excel abgebildet und zur Bewertung der verschiedenen LPBF-Maschinenkonzepte die prototypische Software *Additive Advisor* verwendet. Die dazugehörigen Ablauf-Diagramme zur Beschreibung der Software können Anhang A5 entnommen werden.

7.1 Analysephase

Ziel der Analysephase ist die Identifikation der relevanten Kundenunternehmen zur Ermittlung der Anforderungen, des Produktprogramms und zur Ableitung relevanter Maschinenkonzepte mit entsprechenden Start- und Endwerten sowie der Schrittweite der Maschinenmerkmale.

ME1: ***Strategische Positionierung***

In Deutschland spielt im Bereich der lokalen Wertschöpfung das Handwerk mit mehr als 500.000 Betrieben, 5,3 Millionen Beschäftigten und mehr als 600 Milliarden Euro Jahresumsatz eine wesentliche Rolle und stellt das Rückgrat des deutschen Mittelstandes dar [Bun19]. Da die einzelnen Betriebe i.d.R. Klein- und Kleinstunternehmen sind, ist die größte Einstiegshürde für den Einsatz des metallischen 3D Drucks die hohe Investition in die Systemtechnik ($\gg$ 233.000 US$). Da solche Systeme bei diesen kleinen Betrieben i.d.R. mit $\ll$1000 h/Jahr (besonders zu Beginn bei Einführung der Technologie) ausgelastet werden, sind Investitionen in o.g. Höhe aufgrund der fehlenden Preiselastizität im Markt nicht in sinnvollen Zeiträumen zu amortisieren. Aus Sicht eines Maschinenhersteller ist die Erschließung dieses Geschäftsbereiches auf Grund des Marktpotenzials als auch von den Anwendungsbereichen von Interesse. Basierend auf den vom *Statischen Bundesamt* erfassten Daten der Handwerkbetriebe und kleinen Unternehmen werden folgende fünf Marktsegmente abgeleitet (siehe Tabelle 7-1). Hierbei werden primär Marktsegmente mit dem Schwerpunkt

Maschinenbau bzw. Metallverarbeitung ausgewählt und gegenübergestellt (siehe Tabelle 7-1). Laut KFW lag die Umsatzrendite des verarbeitenden Gewerbes, zu dem auch die in Tabelle 7-1 aufgeführten Marktsegmente gehören, im Jahr 2021 bei durchschnittlich ca. 5 % [KfW21]. Ein Umsatz von 1,497 Mio.€ (siehe Marktsegment 1, Tabelle 7-1) entspricht demnach eine Umsatzrendite von 74.850 €, welcher maximal zur Verfügung für Investitionen genutzt werden kann. Die Umsatzrendite wird für die Berechnung des Marktpotenzial nach Formel 6.1 herangezogen und mit 1 % der Anzahl an Kundenunternehmen (erwartete Kundenunternehmen mit ernsthafter Kaufabsicht) multipliziert. Dabei wird von einer erwarteten Absatzmenge von einer LPBF-Maschine pro Kundenunternehmen ausgegangen.

Tabelle 7-1: Marktsegmente mit dem Schwerpunkt der Metallverarbeitung bzw. Maschinenbau [Met21; Sta22b; KfW21]

Segmentierungskriterien	**Segment 1** Herstellung von Metallerzeugnissen	**Segment 2** Maschinenbau	**Segment 3** Reparatur/Instandhaltung von Maschinen	**Segment 4** Gas-, Wasser-, Heizungs-, Lüftungsinstallation	**Segment 5** Reparatur und Instandsetzung KFZ
Anzahl der Kundenunternehmen	21.814	5.525	7.743	44.886	51.297
Ø-Umsatz je Unternehmen (Ø) bzw. Gesamtumsatz im Segment (G) [Mio. €]	Ø: 1,497 G: 32.670	Ø: 4,453 G: 24.607	Ø: 1,907 G: 14.770	Ø: 0,940 G: 42.237	Ø: 2,755 G: 141.365
Ø-Mitarbeiterzahl je Unternehmen (Ø) bzw. Gesamtmitarbeiterzahl im Segment (G)	Ø: 13 G: 272.802	Ø: 27 G: 148.874	Ø: 14 G: 108.816	Ø: 8 G: 344.816	Ø: 11 G: 559.927
Größter geographische(r) Standort(e)	19,69 % in NRW	19,69 % in NRW	19,69 % in NRW	18,68 % in NRW	18,15 % in NRW
Position in der Wertschöpfungskette	Primär	Primär	Sekundär	Primär	Sekundär
Käufertyp bzw. Investitionsverhalten	Konservativ	N/A	Konservativ	N/A	Konservativ
Marktpotenzial [Mio. €]	4,081	3,128	1,845	5,274	17,665

Im Jahr 2018 wurden weltweit 1.436 LPBF-Maschinen verkauft, wovon jedoch lediglich 316 in den Bereich der kleinen LPBF-Maschinen (nach KOHRASANI) fallen, welche mit einem durchschnittlichen Preis von 233.228 US$ abgesetzt wurden [Kho20; Sma19]. Da dieser durchschnittliche Preis den Gewinn der Zielkunden übersteigt, wird die Kaufwahrscheinlichkeit bei einem Preis in dieser Größenordnung als sehr gering eingestuft und für die Berechnung des Marktpotenzials nicht verwendet. Das Marktpotenzial ist ein weiterer Indikator, ob die Erschließung eines neuen Markts wirtschaftlich lohnenswert sein kann und wird neben der NWA im Entscheidungsfindungsprozess herangezogen.

Die folgende NWA soll dabei die Attraktivität gegen die Risiken des zu erschließenden Markts bewerten und über eine Entscheidungsmatrix die Entscheidungsfindung über die Markterschließung stützen. Die Ergebnisse der Nutzwertanalyse sind in

Abbildung 7-1 dargestellt. Die dafür erstellte Nutzwertanalyse mit entsprechender Berechnung der Gewichtungsfaktoren über den paarweisen Vergleich ist Anhang A4 – ME1 zu entnehmen. Alle Marktsegmente im oberen linken Quadranten (1. Priorität) mit hoher Marktattraktivität und geringem Risiko können für den weiteren Prozess genutzt werden. Eine Zusammenfassung der Marktsegmente eins bis drei zu einem Geschäftsfeld ist auf Grund der dicht zusammenliegenden Bewertungen zielführend. Ebenso ist zu erwarten, dass die Kundenbedürfnisse dieser Segmente wegen der ähnlichen unternehmerischen Tätigkeitsfelder sehr ähnlich oder gleich ausfallen. Für den weiteren Prozess werden die drei Marktsegmente verdichtet und als Geschäftsfeld weiter analysiert. Insbesondere zur Erhebung der Kundenbedürfnisse der relevantesten Kundenunternehmen.

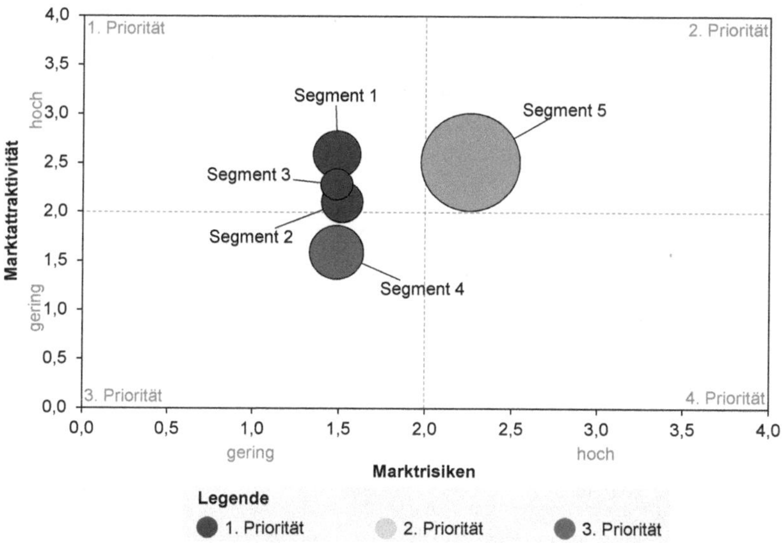

Abbildung 7-1: Marktsegmentcharakterisierung und -bewertung im Bereich der metallverarbeitenden und Maschinenbau Betriebe

Neben der Marktsegmentierung erfolgt ebenso eine Produktsegmentierung, so dass der Typ des Entwicklungsprojekts definiert werden kann. In Abhängigkeit der Entscheidung, ob ein neues Produkt entwickelt soll oder ein bestehendes Produkt für das Geschäftsfeld angepasst werden soll, erfolgt die Segmentierung bestehender LPBF-Maschinen in den Kategorien nach KOHRASANI in kleine, mittelgroße oder große LPBF-Maschinen. Die Kategorisierung erfolgt exemplarisch an den Maschinen der Firma Trumpf, die aktuell vier LPBF-Maschinengrundkonzepte im Markt anbietet. Die TruPrint1000, TruPrint2000 und TruPrint3000 können dabei optional noch mit einer zweiten Optikeinheit ausgestattet werden, wodurch diese weitere Maschinenvariante in die jeweils nächste Kategorie eingestuft werden. Das Portfolio an LPBF-Maschinen der

Firma Trumpf ist dabei hinsichtlich Umfangs und Variantenvielfalt annährend vergleichbar mit anderen LPBF-Maschinenhersteller (z. B. EOS, SLM Solutions).

Die Ergebnisse der Produktsegmentierung der LPBF-Maschinen der Firma Trumpf sind in Abbildung 7-2 dargestellt. Die Absatzmenge für die Maschinenvarianten mit der optionalen zweiten Optikeinheit sind nicht bekannt und daher in einer einheitlichen Kreisgröße dargestellt. Die Absatzmengen für die Maschinengrundkonzepte stellt die Kreisfläche dar. Insgesamt wurden ca. 300 Maschinen bis 2019 abgesetzt. Hierbei weist die kleinste LPBF-Maschine (TruPrint1000) die größte Absatzmenge im Vergleich zu den anderen Grundkonzepten auf [Tru19; Sma19].

Basierend auf den Geschäftsfeldern und deren Umsatzzahlen ist die flächendeckende Erschließung mit kostenintensiver Maschinentechnik (> 50.000 EUR) nicht realistisch [Bal21b], da diese von den meisten Unternehmen laut einer Umfrage des *Zentralverbands des deutschen Handwerks* (ZDH) mittels Eigenkapital finanziert werden [Rim17; Rim22]. In der Momentaufnahme der zugrundeliegenden Umfragen der ZDH kommen die aktuellen Krisen (u. a. COVID-19, Ukraine-Krieg, Sanktionen gegen Russland) dazu, die ein rückläufiges Investitionsvolumen bei der Mehrzahl der Betriebe verursacht [Rim22].

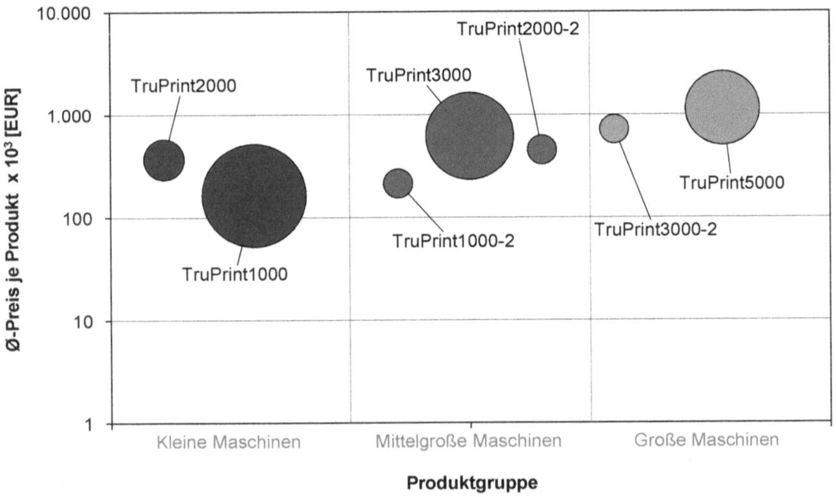

Abbildung 7-2: Produktsegmentierung, beispielhaft an den LPBF-Maschinen der Firma Trumpf dargestellt. Die Absatzmenge ist über die Kreisgröße dargestellt.

Daraus lässt sich ableiten, dass zur Erschließung des Geschäftsfelds (bestehend aus Segment 1, 2 und 3; siehe Abbildung 7-1) eine kostengünstige LPBF-Maschine entwickelt werden muss, welche in der Preisspanne von 10.000 bis 50.000 EUR liegt. Nicht nur die Investitionskosten sollten dabei möglichst niedrig sein, sondern auch die Folgekosten (z. B. Energiekosten) beim Betrieb und Unterhalt der LPBF-Maschine. Derzeit ist keine LPBF-Maschine der Firma Trumpf in diesem Preissegment auf dem

Markt. Ebenso ist der Preis der günstigsten Maschine (TruPrint1000) mit mehr als 100.000 EUR mehr als doppelt so hoch ist wie die anvisierte obere Grenze der Preisspanne, wodurch eine Neuentwicklung notwendig ist.

Im nächsten methodischen Element (*Markt- und Kundenanalyse)* erfolgt die genauere Analyse hinsichtlich der relevanten Kundenunternehmen zur Erfassung der Anforderungen, Erfassung von Wettbewerbern und deren Produkte zur Differenzierung und Recherche zu Randbedingungen (z. B. branchentypische technische Regeln) im Geschäftsfeld.

ME2: *Markt- und Kundenanalyse*

Im zweiten methodischen Element werden Profile von Kundenunternehmen über die *Bisnode* Firmendatenbank ermittelt. Basierend auf den Ergebnissen der Marktsegmentierung liegen ca. 20 % der Kundenunternehmen im Geschäftsfeld in NRW (siehe Tabelle 7-1), zur Ermittlung regionales relevanter Kundenunternehmen wird daher der Fokus exemplarisch auf dieses Bundesland gelegt. Diese Profile enthalten Informationen zu Beschäftigtenanzahl, Umsätzen, Kontaktinformationen (Anschrift, Telefon, E-Mailadresse), etc. Zur Vorbereitung für die ABC-Klassifizierung werden nur die Profile von Klein- und Kleinstunternehmen berücksichtigt und von nicht benötigten Informationen bereinigt. Damit die große Anzahl an recherchierten Unternehmensprofilen (insgesamt 4.554 Unternehmensprofile im Geschäftsfeld mit eine Gesamtumsatz von 15.696 Mio. EUR) in eine sinnvolle und handhabbare Größenordnung zur Erfassung der Kundenanforderung gelangt, werden die Intervallgrenzen für A und B jeweils auf 2 % für C auf 10 % des Kundenanteils festgelegt. Da diese Grenzen nicht der typischen ABC-Klassifizierung zu Grunde liegenden Pareto-Regel entsprechen, werden die Intervalle als A_+, B_+ und C_+ bezeichnet. Abbildung 7-3 zeigt einen Ausschnitt der Unternehmensprofile mit dem berechneten kumulierten Umsatze als auch des Kundenanteils. Eine vollständige Liste kann Tabelle A5 im Anhang A4 – ME2 entnommen werden.

Kundenunternehmen	Ort	Beschäftigte	Umsatz [Mio. €]	Kundenanteil	Kumulierter Umsatz
Nis***********	Düsseldorf	27	35,146	1,98%	13,78%
Ant***********	Mönchengladbach	27	34,439	2,09%	14,19%
Sul***********	Bonn	10	31,725	2,20%	14,56%
Pic***********	Finnentrop	45	30,05	2,31%	14,92%
HAP***********	Remscheid	50	30	[illegible]	[illegible]
[illegible]***********	Ahaus				

Abbildung 7-3: Ergebnisausschnitt der Ermittlung relevanter A_+- und B_+- Kundenunternehmen aus dem Geschäftsfeld in NRW

Insgesamt werden für die $A_+B_+C_+$-Klassifizierung 4.554 Unternehmen herangezogen und entsprechend des Gesamtumsatzes in A_+, B_+ oder C_+ eingeordnet. Das Ergebnis der $A_+B_+C_+$-Klassifizierung ist Abbildung 7-4 dargestellt.

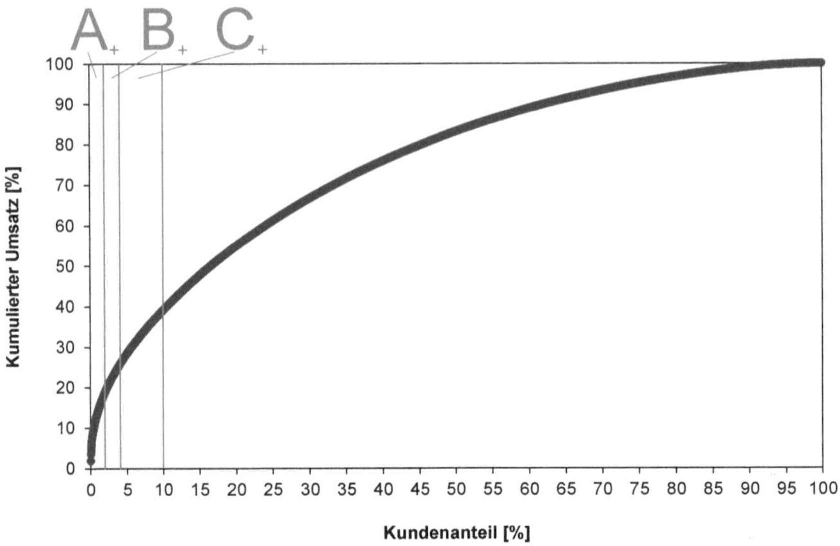

Abbildung 7-4: Ergebnis der erweiterten A+B+C+-Analyse der Kundenunternehmen aus NRW

Von den insgesamt 4.554 Unternehmensprofilen liegen 182 in der A+- oder B+-Kategorie, welche 23,94 % des Gesamtumsatzes im Geschäftsfeld in NRW ausmachen. Für die Erfassung der Kundenanforderungen an eine LPBF-Maschine werden im nächsten Schritt diese 182 Kundenunternehmen als potenzielle Interviewpartner für das leitfadengestützte Interview schriftlich angefragt. Die Transkription des Interviews erfolgt mit der Webapplikation oTranscribe, wobei lediglich inhaltlicher Text ohne Sprechpausen und Interjektionen[9] verschriftlicht wird. Zudem wird auf das Mitschreiben von Anakoluthen[10] und Füllwörtern verzichtet, sofern diese keinen Mehrwert für das Verständnis des Kontextes liefern. Für die Auswertung der transkribierten Interviews wird die Software Citavi verwendet, wobei die Kodierung von Aussagen der verschiedenen Experten unter Zuweisung von Wissenselementen erfolgt. Die identifizierten Wissenselemente werden nach dem Informationsgehalt hinsichtlich der Leitfragen des Interviews (siehe Abbildung 7-5) unterschieden und durch kontextbezogene Kategorien strukturiert. Die relevanten Kategorien werden durch eine Zusammenfassung der konstituierenden Aussagen veranschaulicht. Um die Auswertung der Experteninterviews nachvollziehbar zu gestalten und dabei den schriftlichen Umfang der vorliegenden Arbeit einzuhalten, werden einige transkribierte Zitate der Interviewreihe in

[9] Interjektionen stellen wortähnliche Lautäußerungen dar (z. B. *oh, ah, hoppla*)

[10] Anakoluth stellen einen Bruch des Satzbaus oder auch Abbruch bei einem einmal begonnenen Satz dar

Rahmen der Auswertung wiedergegeben. Schlussendlich wird das Interview mit 19 Interviewpartner durchgeführt.

Durch den zugrunde gelegten Leitfaden soll das Interview thematisch strukturiert werden und eine Orientierung in der offenen Gesprächsführung geliefert werden. Der im Rahmen der vorliegenden Arbeit verwendete Interviewleitfaden wird in fünf übergeordnete Leitfragen unterteilt (siehe Abbildung 7-5).

Leitfrage 1	Bitte beschreiben Sie Ihr Unternehmen in drei Sätzen: 1) Was macht das Unternehmen? (Unternehmensgegenstand) 2) Wer sind Ihre Kunden? (Unternehmensgröße, geographisch, etc.) 3) Wie würden Sie Ihre Marktposition beschreiben und wie halten Sie diese? (Marktposition und –strategie)
Leitfrage 2	Wie und wo nutzen Sie LPBF bzw. AM im Unternehmen?
Leitfrage 3	Welche (aktuelle/potenziellen) Anwendungen haben Sie für das LPBF?
Leitfrage 4	Wir würden Sie Ihre Investitionsbereitschaft in kostenintensive Technologien beschreiben? Was ist für Sie „kostenintensiv"?
Leitfrage 5	Welche Anforderungen haben Sie an eine LPBF-Maschine. Folgende Kategorien sollen berücksichtigt werden: 1) Materialien 2) Rüstvorgänge und Bedienbarkeit 3) Schnittstellen und Datenaufbereitung 4) Leistungsklasse und Bauraumgröße 5) Automatisierung und Maschinenintelligenz 6) Prozessbeobachtung 7) Arbeitssicherheit und Schulung-/Weiterbildungsaufwand 8) Abfallwirtschaft 9) Wirtschaftlichkeit 10) Arbeitsumgebung und Medienversorgung

Abbildung 7-5: Leitfragen für das Interview zur Charakterisierung der Interviewpartner und Ermittlung der Kundenbedürfnisse

Bedingt durch die Herausforderung der Interdisziplinarität dieses Vorhabens, wird zu Beginn das Profil des Experten hinsichtlich der Erfahrungswerte im Bereich AM, vorhandene Infrastruktur für das LPBF und der Unternehmensgegenstand mit Fokus auf Fertigungstechnologien (insbesondere auf Subtraktive Fertigung, Fügeverfahren und dazugehörige Qualitätssicherung) sowie der Marktposition erstellt (Leitfrage 1 und 2). Je nach Kontext wird nach aktuellen und potenziellen Anwendungsbereichen für das LPBF gefragt (Leitfrage 3). Die nächste Leitfrage soll die Investitionsbereitschaft sowie den typischen finanziellen Umfang für kostenintensive Technologien beschreiben und monetär klassifizieren (Leitfrage 4). Die letzte Leitfrage (Leitfrage 5) widmet sich der Erfassung von Wünschen und Anforderungen an eine LPBF-Maschine für den konkreten Anwendungsfall oder die Branche.

In Abbildung 7-6 ist ein Ausschnitt der Ergebnisse der Interviews für die Leitfragen 1 bis 4 dargestellt und über Harvey Balls zwecks Vergleichbarkeit kodiert. Die vollständigen Ergebnisse können in Abbildung A16 im Anhang A4 – ME2 eingesehen werden.

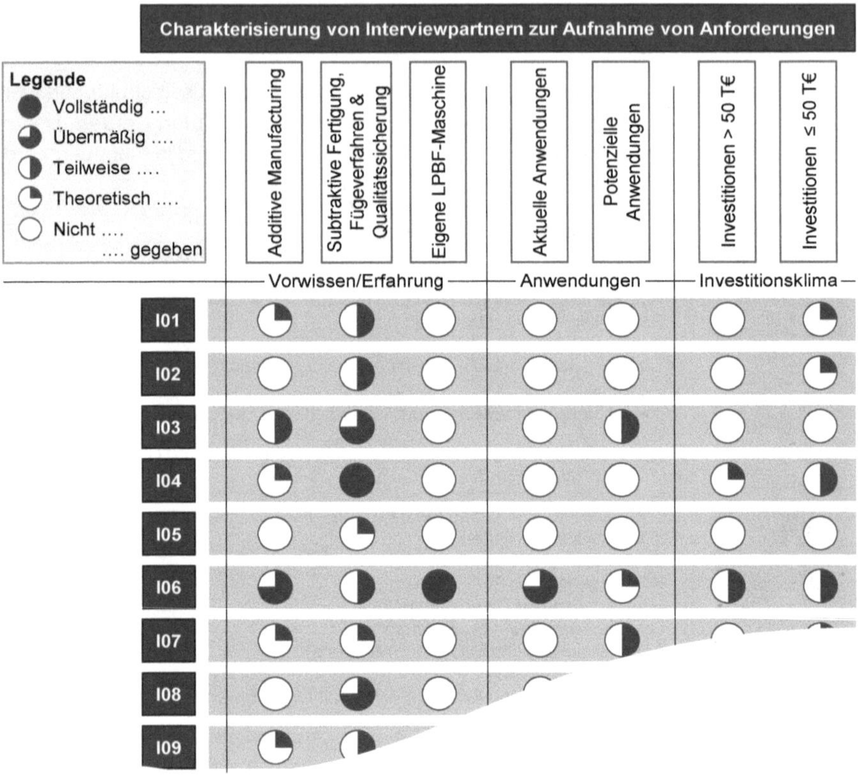

Abbildung 7-6: Ausschnitt der Charakterisierung und der Beschreibung der 19 Interviewpartner

Insgesamt haben 8 Interviewpartner bereits praktisches Vorwissen im Bereich AM vorzuweisen, vornehmlich in der Verarbeitung von Kunststoffen (u. a. FDM und SLS). Daneben haben I12 und I06 eine eigene LPBF-Maschine (von Trumpf und SLM Solutions) zur Herstellung von Funktionsprototypen und individuellen Bauteilen. 16 Interviewpartner haben mit subtraktiven Fertigungsverfahren, Fügeverfahren und Qualitätssicherung auf Grund des Unternehmensgegenstandes mindestens teilweise Vorwissen oder Erfahrungswerte. I05 und I07 nutzen ausschließlich urformende Fertigungsverfahren, wodurch die Eigenbewertung nur mit *theoretisch* angegeben ist. I11 hat keine Erfahrungen oder Vorwissen in dem Bereich, da das Unternehmen nur Konstruktionsdienstleistungen im Geschäftsfeld anbietet. Im Bereich der potenziellen bzw. aktuellen Anwendungen weisen nur die maschinenbetreibenden Interviewpartner I12 und I06 aktuelle Anwendungen aus, dennoch haben sechs weitere eine konkrete Anwendung identifiziert, jedoch noch nicht umgesetzt. Das Investitionsklima der interviewten Unternehmen ist als indifferent zu bezeichnen. Die Unternehmen beschreiben die Investitionsgrenze für kostenintensive Technologien zwar einheitlich bei ca. 50.000

EUR, jedoch sind nur sieben Unternehmen tatsächlich bereit bis zu 50.000 EUR aktuell zu investieren. Hinzukommen noch weitere sieben Unternehmen, die keine Investitionsbereitschaft aufweisen. Alle anderen Unternehmen sind in der aktuellen Situation entweder nicht in der Lage zu investieren (z. B. auf Grund der schlechten wirtschaftlichen Lage durch COVID19) oder sehen ein zu großes Risiko beispielweiser durch den Ukraine-Krieg und/oder steigende Preise (u. a. Energiepreise).

Die Ergebnisse der Leitfrage 5, welche den Hauptteil des Interviews ausmacht, werden direkt zur Überführung in Kundenanforderungen im HoQ erfasst. In Abbildung 7-7 sind die Kundenaussagen auszugsweise dargestellt, welche durch die 6 W und die VoC in Kundenanforderungen und durch die VoE in Produktmerkmale mit Messgrößen überführt und dokumentiert werden.

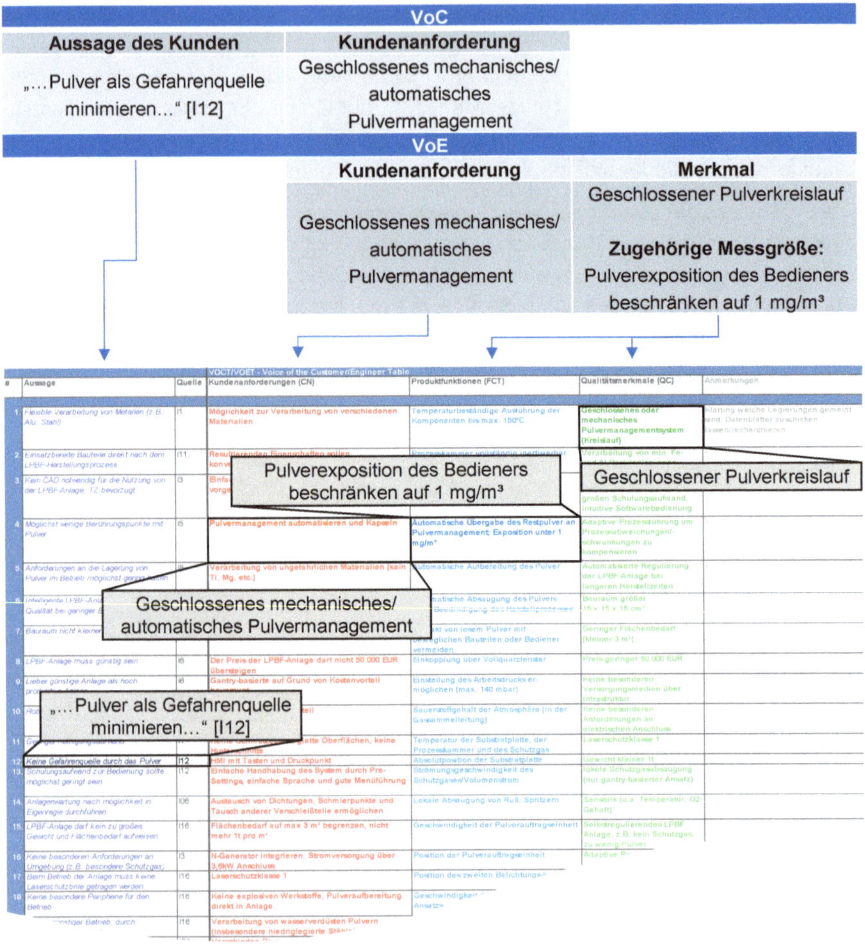

Abbildung 7-7: Aufgenommene Kundenbedürfnisse und über VoC bzw. VoE abgeleitete Anforderungen, Produktmerkmale, etc. im HoQ

In Abbildung 7-7 ist eine exemplarische Kundenaussage, die aus dem Interview mit I12 extrahiert wurde, hervorgehoben. Beispielhaft wird über die VoC aus der Kundenaussage „…Pulver als Gefahrenquelle minimieren…“ [I12] die Anforderung „Geschlossenes mechanisches/ automatisches Pulvermanagement“ abgeleitet und mittels der VoE in das Produktmerkmal „Geschlossener Pulverkreislauf“ mit der zugehörigen Messgröße „Pulverexposition des Bedieners beschränken auf 1 mg/m³“ überführt. Aus einer Aussage können mehrere Anforderungen und Merkmalen abgeleitet werden. Dopplungen in den Aussagen, Anforderungen und Merkmale werden zusammengeführt und nicht mehrfach erfasst. Die Ergebnisse der VoC und VoE werden im HoQ erfasst, damit Anforderungen und Merkmale direkt automatisiert für den weiteren Prozess innerhalb der Methodik weiterverwendet werden können.

Durch diese Vorgehensweise lassen sich die insgesamt 32 Kundenaussagen in 35 Kundenanforderungen; 61 Produktmerkmale und 18 Qualitätsmerkmale überführen. Eine vollständige Übersicht kann Anhang A4 – ME2 (siehe Tabelle A6) entnommen werden. Die meisten Aussagen wurden hinsichtlich Preis-Leistung (insbesondere der Preis in Bezug zur Produktivität bzw. Qualität), Arbeitssicherheit und geforderte zu verarbeitende Werkstoffen getroffen.

Damit branchentypische Randbedingungen ebenfalls Berücksichtigung bei der Ermittlung von den (Kunden-)Anforderungen finden, wird im Rahmen der Interviews danach gefragt und eine Literaturrecherche bzw. Recherche nach technischen Regeln, Arbeitssicherheitsvorschriften, Normen, etc. durchgeführt. Das Rechercheergebnis für das zu erschließende Geschäftsfeld ist in Abbildung 7-8 zusammengefasst.

Branchentypische Regeln/Normen	Allgemeine Regeln/Normen	Weitere Bereiche
N/A	VDI 3405; Merkblatt DVS 1209; DIN EN ISO/ASTM 52908; TROS; TRBS; TRGS; DIN EN 482 & 13890	Geringes Vorwissen und Erfahrungswerte (u.a. auch im Bereich CAD, Datenaufbereitung)

Abbildung 7-8: Übersicht zu weiteren Randbedingungen, hier insbesondere zu Normen und technische Regeln sowie zum Vorwissen

Die Recherche ergibt keine branchentypischen Regeln oder Normen, welche bei der Entwicklung einer LPBF-Maschine berücksichtigt werden müssen. Für LPBF-Maschinen allgemein einzuhaltende Regeln, u. a. hinsichtlich des Umgangs mit Pulverwerkstoffen und allgemeine LPBF-spezifische Gefahrenquellen/Anwendersicherheit (VDI3405 Blatt 6.1, DVS1209, DIN52908), muss genauso Rechnung getragen werden wie Betriebsstätten-Grenzwerte für Gefahrenstoffe (TRGS), Lasersicherheit (TROS) oder die allgemeine Betriebssicherheit der Maschine (TRBS). Ein weiterer Aspekt, der bereits bei den Ergebnissen des leitfragengestützten Interviews sichtbar ist, stellen die geringen Erfahrungswerte und Vorwissen für das LPBF sowie vorgelagerte Prozessschritte (z. B. Datenaufbereitung) dar [Bal21b; Han18].

Im Anschluss zur Überführung der Kundenaussagen in Anforderungen und die Ableitung der Produktmerkmale erfolgt die Ermittlung der Gewichtungen für die Kundenanforderungen. Abbildung 7-9 zeigt exemplarische Ergebnisse des Rangfolgeverfahrens zur Ermittlung der Gewichtungsfaktoren w.

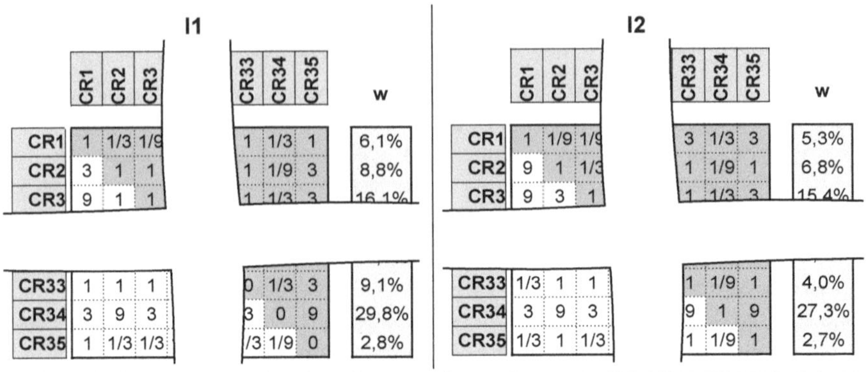

Legende

1/9 viel weniger wichtig **1/3** weniger wichtig **1** ähnlich wichtig **3** wichtiger **9** viel wichtiger

Abbildung 7-9: Exemplarischer Ergebnisausschnitt des Rangfolgeverfahrens von Interviewpartner I1 und I2 zur Ermittlung der Gewichtungsfaktoren w für die Kundenanforderungen

Die Interviewpartner I1 bis I19 führen das Rangfolgeverfahren zur Bestimmung der Gewichtungsfaktoren für die Kundenanforderungen CR1 bis CR35 aus. Im Anschluss wird der Mittelwert für jede Kundenanforderung gebildet, um den über alle Interviewpartner gemittelten Gewichtungsfaktor zu erhalten. Durch das Vorgehen soll sichergestellt werden, dass ein über alle Interviewpartner repräsentativer Gewichtungsfaktor ermittelt wird. Die Gewichtungsfaktoren werden im HoQ dokumentiert und können Anhang A4 – ME2 (siehe Tabelle A6) entnommen werden.

Im nächsten Schritt erfolgt im HoQ die Klassifizierung der Wechselbeziehungen zwischen Kundenanforderungen CR und Produktmerkmal DR sowie zwischen Produktmerkmal DR und Produktmerkmal DR. Ein Ergebnisausschnitt der beiden Klassifizierungen ist in Abbildung 7-10 dargestellt.

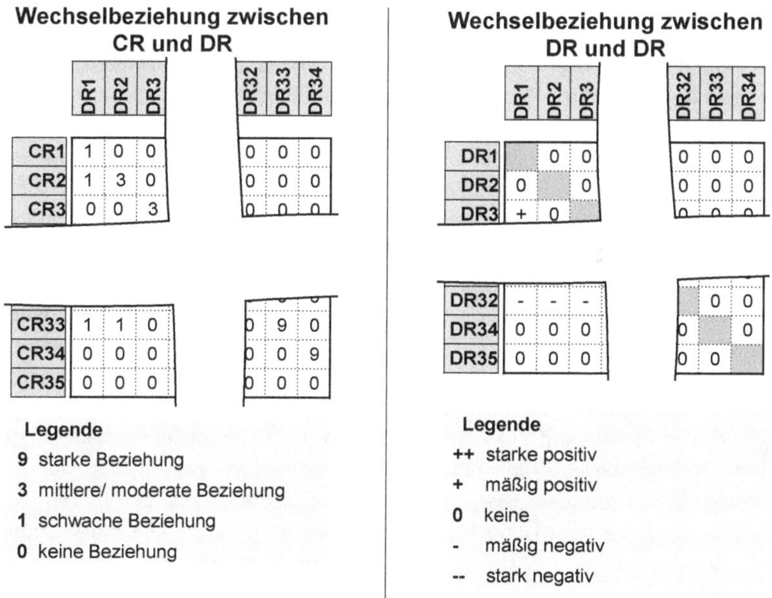

Abbildung 7-10: Ausschnitt aus der Klassifizierung der Wechselbeziehungen zwischen CR und DR (links) und zwischen DR und DR (rechts)

Die Klassifizierung der Wechselwirkungen (zwischen CR und DR; zwischen DR und DR) werden für die WASSERMAN-Normierung zur Berechnung der normierten strategischen Bedeutung von CR und DR im ME6 benötigt. Durch die normierte strategische Bedeutung erfolgt zusammen mit der KANO-Klassifizierung die Priorisierung.

Ebenso in Vorbereitung für das ME3 wird eine Übersicht an möglichen Wettbewerbern erstellt. Neben den von den maschinenbetreibenden Interviewpartnern genannten LPBF-Maschinen konnte die in Abbildung 7-11 dargestellte Übersicht an möglichen Wettbewerbern mit dazugehörigen Produkten recherchiert werden. Hierbei werden LPBF-Maschinen aufgeführt, die im Geschäftsfeld im Einsatz oder auf Grund der technischen bzw. wirtschaftlichen Spezifikationen als Wettbewerberprodukt eingestuft sind. Insgesamt werden alle nach KOHRASANI *kleine* klassifizierten LPBF-Maschinen ermittelt.

Hersteller	Trumpf	EOS	One Click Metal	SLM Solutions	Eplus3D	Kurtz Ersa	Xact Metal	3DLAM	Prima Additive	Open Additive
Modell	TruPrint 1000	M100	MPRINT+	SLM125	M150	ALPHA 140	XM200C	Mid	150 Family	PANDA (klein)

Abbildung 7-11: Wettbewerberübersicht inklusive mit den im Geschäftsfeld verwendeten LPBF-Maschinen der beiden Interviewpartner I06 und I12 (grau)

Die Wettbewerberübersicht wird im nächsten methodischen Element (*Wettbewerberanalyse*) weitergehend analysiert.

ME3: *Wettbewerberanalyse*

Basierend auf der Übersicht an Wettbewerberprodukten aus dem vorherigen methodischen Element werden die Produkte im Rahmen der Wettbewerberanalyse weitergehend beschrieben. Insbesondere technische Spezifikationen und mit diesen Produkten erzielter Umsatz sind von Relevanz. In Abbildung 7-12 ist eine Übersicht anhand der der Datenblätter der LPBF-Maschinen sowie dem Wohlers Report 2022 als auch SmartTech Analysis Report 2019 der relevanten Wettbewerberprodukte aufgeführt [Sma19; Woh21]. Die Marktzahlen stammen dabei aus dem Jahr 2019. Die vollständige Übersicht an Wettbewerberprodukten kann Abbildung A17 im Anhang A4 – ME3 entnommen werden. LPBF-Maschinen aus den USA (Firma Open Additive), Russland (Firma 3DLAM) oder China (Firma Eplus3D) werden auf Grund der zusätzlichen Kosten für den Import (z. B. Zölle) und Versand sowie etwaige nicht Einhaltung nationaler oder europäischer Produktstandards (u. a. CE, Produkthaftung) nicht weiter berücksichtigt. Von den insgesamt 11 Maschinen basieren zwei Maschinen auf einem gantry-basierten Ansatz. Alle anderen Hersteller verwenden einen scanner-basierten Ansatz. Zum Vergleich der Wettbewerberprodukte werden vor allem die technischen Spezifikationen aus Datenblättern und Richtpreisangeboten genutzt. Die marktgängigsten LPBF-Maschinen (A- und B-Klassifizierung) stellen auch zeitgleich die teuerste Maschinentechnik dar.

#	Kriterium	Wettbewerberprodukt 1 MPRINT+	Wettbewerberprodukt 2 Alpha140	Wettbewerberprodukt 3 M100	Wettbewerberprodukt 4 TruPrint1000	Wettbewerberprodukt 5 XM200C	Wettbewerberprodukt 9 Sharp 150	Wettbewerberprodukt 11 SLM125
	Durchschnittlicher Produktpreis [€]	84,9 T€	89,9 T€	333,5 T€	163 T€	62 T€	keine Angabe	200 T€
	Abgesetzte Menge in 2019	2	2	133	165	0	0	102
	Umsatz in 2019 [€]	169.800 €	179.800 €	44.352.840 €	26.895.000 €	- €	- €	20.400.000 €
	ABC-Klassifizierung	C	C	A	A	-	-	B
1	Hersteller	One Click Metal	Kurtz ERSA	EOS	Trumpf	XACT METAL	Prima Additive	SLM Solution
2	Modell	MPRINT+	ALPHA 140	EOS M100	TruPrint 1000	XM200C	Sharp 150	SLM 125
3	Land	Deutschland	Deutschland	Deutschland	Deutschland	USA	Italien	Deutschland
4	Laserleistung	200 W Faserlaser	140 W Faserlaser; 200 W Diodenlaser	200 W Faserlaser	200 W Faserlaser	100 W bzw. 200 W Faserlaser	300 W bzw. 200 W (Grün) Faserlaser	400 W Faserlaser
5	Fokus-durchmesser	45 µm	140 µm	40 µm	30-55 µm	25 µm	35 - 100 µm	70 - 100 µm
6	Ablenkkinematik	Scanner	Gantry	Scanner	Scanner	Gantry	Scanner	Scanner
7	Scange-schwindigkeit	bis 3 m/s	keine Angabe	bis zu 7 m/s	keine Angabe	650 mm/s	bis 5 m/s	bis 10 m/s
8	Bauvolumen	150 x 150 x 150 mm³	Ø 140 x 200 mm³	Ø 100 x 95 mm³	Ø 100 x 100 mm³	127 x 127 x 127 mm³	Ø 150 x 160 mm³	125 x 125 x 125 mm³
9	Schichthöhe	20 - 80 µm	30 - 90 µm	keine Angabe	30 - 55 µm	20 - 100 µm	20 - 120 µm	20 - 75 µm
10	Werkstoffe	Fe-, Al-, Ti-, Ni-Basis	Fe-, Al-, Ti-, Ni-, Co-, Cu-Basis	Fe-, Al-, Ti-, Ni-Basis	Fe-, Al-, Ti-, Ni-, Co-, Cu-Basis	Fe-, Al-, Ti-, Ni-Basis	Fe-, Al-, Ti-, Ni-, Co-, Cu-Basis	Fe-, Al-, Ti-Basis
11	Datenauf-bereitungs-software	MPREP	LMI Slice AM	EOSPRINT, Netfabb, Magics	TruTops Print	keine Angabe	Netfabb, Magics	Netfabb, Magics
12	Schutzgas	N	N oder Ar	N oder Ar	N oder Ar	N oder Ar	N oder Ar	N oder Ar
13	Stromversorgung	230 V, 16 A, 50/60 Hz	230 V, 50 Hz, 16 A	240 V, 50 Hz 3,6 A	230 V, 9A, 50/60 Hz	240 V, 3,6 A 50/60 Hz	380 V, 50 Hz, 32A	400 V 32 A, 50/60 Hz
14	Abmessungen	1,1 x 1,9 x 0,79 m³	1,7 x 0,9 x 1,5 m³	0,8 x 1 x 2,3 m³	1,5 x 1,7 x 7,3 m³	0,6 x 0,6 x 1,3 m³	1,8 x 1,2 x 2,2 m³	1,4 x 0,9 x 0,25 m³
15	Gewicht	450 kg	ca. 500 kg	580 kg	650 kg	205 kg	1800 kg	700 kg
16	Schutzgas-verbrauch	keine Angabe	40 l/min (Fluten) 6 l/min (Prozess)	600 l/min (Fluten) 2 l/min (Prozess)	keine Angabe	keine Angabe	3 l/min (Prozess)	70 l/min (Fluten) 0,6 l/min (Prozess)
17	Optionales Zubehör	Auspack-station	keine Angabe	Nassab-scheider, Strahlkabine, Prozess-beobachtung	Performance-, Pulverbett-, Condition-Monitoring	keine Angabe	keine Angabe	Prozess-beobachtung (MPM, LPM) und Siebstation
18	Aufbaurate	keine Angabe	keine Angabe	keine Angabe	2 - 18 cm³/h	keine Angabe	2 - 50 cm³/h	bis zu 25 cm³/h

Abbildung 7-12: Ergebnis der Analyse der Wettbewerberprodukte

Die A- und B-Maschinen werden für die kundenorientierte als auch für die technikorientierte Wettbewerberanalyse der Produkte herangezogen. Diese werden im HoQ durchgeführt und dokumentiert.

Die kundenorientierte Wettbewerberanalyse soll hierbei die Auswirkung auf die Zufriedenheit hinsichtlich der Kundenforderung aus Sicht des Kunden bewerten, um unter Berücksichtigung der zur Verfügung stehenden Ressourcen (u. a. Kosten- und Zeitvorgaben, verfügbare Technologie) strategische Ziele/Spezifikationen festzulegen. Dadurch soll eine ausreichende Differenzierung zu den Wettbewerberprodukten, im besten Fall Alleinstellungsmerkmale, sichergestellt werden. Durch die Bewertung kann die strategische Bedeutung jedes einzelnen Qualitätsmerkmals berechnet werden, umso eine Priorisierung der Qualitätsmerkmale zu erreichen. Die Ergebnisse der Berechnung, die durch die Bewertung der Interviewpartner I2, I4, I06, I12 und I15 ermöglicht wurde, kann Tabelle 7-2 entnommen werden. Die vollständige Übersicht kann Anhang A4 – ME2 (Tabelle A6) entnommen werden.

Tabelle 7-2: Ausschnitt aus der Berechnung der strategischen Bedeutung der Top-Qualitätsmerkmale

Nr.	Qualitätsmerkmal	Strategische Bedeutung $c_{SW,i}$
1	automatische Pulveraufbereitung	0,4774
2	gekapseltes Pulverhandling	0,4774
3	Prozessbeobachtung	0,4527
4	Aufstellfläche	0,2185
5	Stickstoffgenerator	0,1763
6	Anzahl der Laserstrahlquellen	0,0705
7	Laserleistung	0,0705
8	Schichtstärke	0,0705
9	Scangeschwindigkeit	0,0705
10	Fokusdurchmesser	0,0705

Insbesondere die automatische Pulveraufbereitung und das gekapselte Pulverhandling ist für die o.g. Interviewpartner von Bedeutung, da der Umgang mit Pulverwerkstoffen aus Gründen der Arbeitssicherheit auf ein Minimum reduziert werden soll. Ebenso sehen die Interviewpartner Einsparpotenzial bei weitergehenden Investitionen in die für die Pulveraufbereitung notwendige Peripherie (u. a. Siebstation, Absaugung) sowie geringen Schulungsaufwand und geringe Kosten für persönlich Schutzausrüstung. Die Anzahl an Laserstrahlquellen, maximale Schichtstärke, max. Scangeschwindigkeit und Fokusdurchmesser sind einerseits Faktoren für die Produktivität der zu entwickelnden LPBF-Maschine. Anderseits beeinflussen diese die Investitionskosten einer LPBF Maschine. Insbesondere die Kosten stehen bei Klein und Kleinstunternehmen im Fokus, daher ist vor allem die wirtschaftliche Ausführung von größerer Relevanz.

Im Anschluss wird die technikorientierte Wettbewerberanalyse zur konkreten Quantifizierung der technischen Spezifikationen unter Berücksichtigung der Realisierbarkeit durchgeführt. In Analogie zur kundenorientierten Wettbewerbsanalyse erfolgt basierend auf der Bewertung die Berechnung der strategischen Bedeutung. Die Berechnung der strategischen Bedeutung aus der technikorientierte Wettbewerberanalyse kann Tabelle 7-3 entnommen werden. Die vollständigen Ergebnisse kann Anhang A4 – ME2 (Tabelle A6) entnommen werden.

Tabelle 7-3: Ausschnitt der aus der Berechnung strategische Bedeutung der Top-Produktmerkmale

Nr.	Produktmerkmale	Strategische Bedeutung D_{rTj}
1	Max. Gewichtskräfte auf Substratplatte durch den Pulverwerkstoff (max. 2,33 kN)	0,6509
2	Überwachung des Sauerstoffgehalts der Atmosphäre in der Prozesskammer	0,6419
3	Kollisionsüberwachung von Pulverauftragseinheit und Bauplattform	0,4908
4	Automatische Übergabe des Restpulver an Pulvermanagement; Exposition unter 1 mg/m³	0,4751
5	Temperaturbeständige Achsen und Lager	0,4441
6	Automatische Aufbereitung des Pulvers	0,4338
7	Schnittstelle für Pulverzuführung von oben für Pulverauftragseinheit	0,4338
8	Laserschutzklasse 1	0,3646
9	Kollisionsüberwachung von Pulverauftragseinheit und der Laserstrahlung.	0,3375
10	Drucküberwachung der Atmosphäre	0,3075
11	Kartuschen-System für Pulverhandling, um Kontakt mit Bediener zu vermeiden	0,2914

Im Vergleich zur kundenorientierten Analyse kann ebenfalls eine relative hohe strategische Bedeutung von automatischer Pulveraufbereitung und Pulvermanagement (Zeile 4 und 6, Tabelle 7-3) abgeleitet werden. Auch eine Kapselung des Pulvers beispielweise über ein Kartuschen-System (Zeile 11, Tabelle 7-3) wird eine hohe strategische Bedeutung zugeschrieben.

Die Ergebnisse der beiden Wettbewerberanalyse werden im letzten methodischen Element zur Bewertung der Maschinenkonzepte herangezogen.

ME4: *Profilierung des Produktprogramms*

Die Profilierung des Produktprogramms erfolgt prototypisch zusammen mit den Interviewpartnern. Hierbei werden für potenzielle Bauteile zunächst die Klassifizierung nach CONNER gefolgt von der GAPS-Analyse durch die Interviewpartner durchgeführt. Eine vollständige Übersicht für die Validierung der Methodiken genutzten Bauteile können Tabelle A7 im Anhang A4 – ME4 entnommen werden.

Tabelle 7-4 charakterisiert zwei Bauteile, welche durch die Klassifizierung nach CONNER und die GAPS-Analyse von I8 eigenständig identifiziert wurden. Die Bauteile weisen eine mittlere Komplexität auf. Hierbei ist auf Grund der großen Anzahl an Varianten (ca. 32) bei gleichzeitig geringen Stückzahlen (durchschnittlich 110) und des großen Zerspanungsvolumens bei der konventionellen Verarbeitung die Herstellung mittels LPBF vielversprechend. Die strömungsführenden Bauteile kommen in der Thermoprozessbranche unter höheren Temperaturen (300-450°C) zum Einsatz.

Tabelle 7-4: Ausschnitt des prototypischen branchentypischen Produktprogramms

Nr.	Bezeichnung	Bounding Box in x, y, z			Volumen	Oberfläche	Abbildung
14	Bauteil 14	54,2 mm	54,2 mm	21 mm	8,813 cm³	90,398 cm²	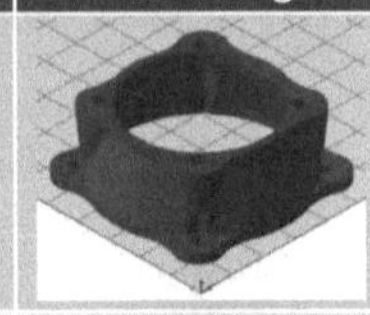
15	Bauteil 15	42,99 mm	42,99 mm	17,28 mm	3,499 cm³	50,662 cm²	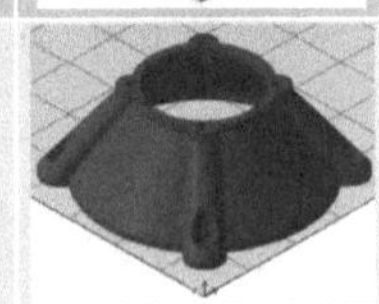

Die Ergebnisse der Klassifizierung der exemplarischen Bauteile nach CONNER sind in Tabelle 7-5 zusammengefasst. Neben den geometrischen Bauteilcharakteristika werden auch das Material und die Herstellungskosten als weitergehende Informationen mit aufgenommen. Der Modified Complexity Factor (MCF) wird hierbei nach Formel 6.3 berechnet.

Tabelle 7-5: Exemplarische Ergebnisse der Klassifizierung nach CONNER

Bauteil			Material	MCF	Individualisierung	Produktionsvolumen	Segment	Herstellungskosten
1	Bauteil 14		1.4767	36,89	Grad 3	182 p.a.	3	42,1 EUR
8,81 cm³	90,4 cm²	10						
2	Bauteil 15		1.4767	37,93	Grad 3	142 p.a.	3	44,3 EUR
3,5 cm³	50,66 cm²	10						

Der Grad der Individualisierung ist basierend auf der Variation mehrerer Bauteilmerkmale (u. a. Anzahl an Befestigungspunkte/-bohrungen, Eingangs- und Ausgangsdurchmesser) mit drei bewertet. Diese Merkmale variieren jedoch nur in einem festen Intervall in diskreten Schrittgrößen. Basierend auf dieser Fertigungsstrategie werden die exemplarischen Bauteile Segment drei nach CONNER zugeordnet (siehe Tabelle 7-5). Neben den Herstellungskosten für die Zerspanung hat I8 auch weitere Kostenersparnisse, etwa durch geringe Lagerkosten für das Ausgangsmaterial und beim reduziertem Werkzeugverschleiß, mitbetrachtet. Die Einsparungen des Personalaufwands durch die wegfallende Montage sind hierbei nicht berücksichtigt.

Im Anschluss an die Klassifizierung nach CONNER wird die Herstellbarkeit über die GAPS-Analyse ermittelt (siehe Abbildung 7-13).

GAPS-Arbeitsblatt – Bauteil 15					
Überhang	**Über-brückungen**	**Ecken der XY-Querschnittsebene**	**Löcher/ Bohrungen**		**Punktzahl**
1	1	3	3		
Oberflächen-güte	**Taschen-abmessungen**	**Selbststützender Winkel**	**Höhe-Breite-Verhältnis**	**Toler-anzen**	**17**
3	1 (keine Taschen)	3	1	1	

Abbildung 7-13: Exemplarisches Ergebnis der GAPS-Analyse für Bauteil 15

Das Ergebnis der GAPS-Analyse für ist für beide exemplarisch betrachte Bauteile identisch. Beide Bauteile weisen nur selbststützende Winkel und keine Überhänge auf. Die Bohrungen haben keine besonderen Anforderungen hinsichtlich der Lage- und Formtoleranzen. Zur Erzielung der geforderten Oberflächengüte auf der strömungsführenden Innenseite ist eine mechanische Nachbearbeitung notwendig. Die Gesamtpunktzahl liegt mit 17 an der oberen Grenze von *LPBF geeignetste Lösung*.

Auf Grund der Konkurrenzsituation im Geschäftsfeld dürfen nur einige wenige Bauteile der Interviewpartner zur Validierung der Methodik verwendet werden, daher wird das prototypische, branchentypische Produktprogramm erweitert um weitere industrielle Demonstratoren. Diese Demonstratoren wurden im Rahmen von Forschungsprojekten mit industriellen Partnern entwickelt.

Zur Vorbereitung der Maschinenkonzeptbewertungen in ME7 werden die im proto- und branchentypischen Produktprogramm enthaltenen Bauteile in orientierter und gestützter Form gespeichert. Hierbei erfolgt die Bauteilorientierung anhand der kleinstmöglichen Stützfläche und als Stützstruktur wird ein Blocksupport verwendet.

ME5: *Parametrisierung der Maschine*

Basierend auf dem parametrischen Modell für die Herstellzeiten (siehe Kapitel 6.2.1) muss in Abhängigkeit der Maschinenmerkmale über Hilfsfunktionen (z. B. Regression) die Zeitanteile für die Datenaufbereitung, Rüstvorgänge und Aufbauzeit für die Atmosphäre ermittelt werden. Abbildung 7-14 stellt einen Überblick über die zu ermittelnden Zeitanteile mittels der Hilfsfunktionen dar.

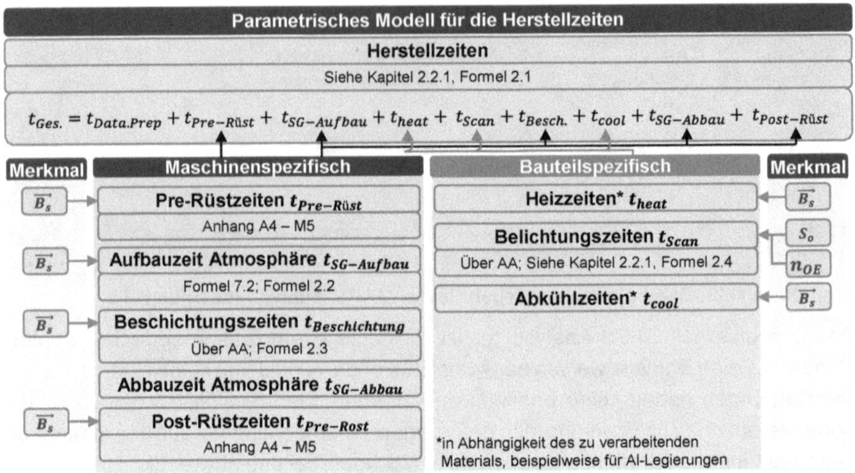

Abbildung 7-14: Übersicht zu den ermittelnden Hilfsfunktionen für die Zeitanteile Datenaufbereitung, Rüstvorgänge und Aufbauzeit Atmosphäre

Zur Bestimmung des Zeitanteils für die Datenaufbereitung $t_{Data.prep}$ wurde eine Regression in Abhängigkeit der Bauteilkomplexität C aufgestellt. Das Regressionsmodell wurde anhand der Zeitermittlung bei der Datenaufbereitung von 20 willkürlich gewählten Bauteilen von drei unterschiedlichen Personen (alle mit mehr als drei Jahren Berufserfahrung in der Datenaufbereitung für das LPBF) gebildet. Die Zeit für die Datenaufbereitung wird hierbei durch folgende Funktion mit einem Bestimmtheitsmaß von $R^2 = 0{,}8369$ beschrieben:

$$t_{Data.prep} = 602{,}60\,\mathrm{s} * \mathrm{C} * \mathrm{mm} - 426{,}01\,s \qquad 7.1$$

mit

C Bauteilkomplexität; Verhältnis des Bauteilvolumens zur Bauteiloberfläche

Eine detaillierte Visualisierung und Beschreibung der Regression kann Anhang A4 – M5 entnommen werden.

Zur Ermittlung der Zeitdauern für die Rüstvorgänge werden die Zeitanteile in Abhängigkeit der Maschinenmerkmale über Referenzzeiten abgebildet. Die Referenzzeiten sind an einer EOS M290 ermittelt worden. Die Ergebnisse sollen auf Grund der starken Abhängigkeit von Lerneffekten, verwendeten Hilfsmitteln bzw. Werkzeugen und der verwendeten Maschinentechnik ausschließlich als Orientierung bei der Ermittlung der Zeitanteile für die Kennzahlen dienen. Die folgende Abbildung stellt einen Ausschnitt der ermittelten Referenzzeiten dar (siehe Abbildung 7-15).

Aktion	Formel	Erläuterung	Referenzzeit
Pre-Rüstvorgang $t_{Pre-Rüst.}$			
Reinigung der Optik	$t_{Reinigen,OE} = 120\,s * n_{OE}$	Die Referenzzeit wird mit der Anzahl der Optikeinheiten (n_{OE}) multipliziert	120 s
Reinigung der Substratplatte	$t_{Reinigen,Sub} = \frac{30\,s}{62.500\,mm^2} * B_x * B_y$	Das Verhältnis Zeit zur Referenzfläche wird mit den Abmessungen in x- und y-Richtung der Substratplatte multipliziert	30 s
Einbau der Substratplatte	$t_{Einbau} = n_{Schraube} * 30\,s + t_{transport}$	Die Anzahl der Schrauben wird mit der Referenzzeit multipliziert. Die Zeit für den Transport $t_{transport}$ kann in Abhängigkeit des Fördermechanismus gewählt werden: 30 s = Tragen, manuell 5 min = Verwendung Hub 10 min = Ve	30 s

Abbildung 7-15: Referenzzeiten für die Rüstvorgänge

Das ausführliche Referenzsystem zur Ermittlung der Zeiten für die Rüstvorgänge kann Anhang A4 – M5 entnommen werden.

Zur Berechnung der Aufbauzeit für die Atomsphäre bei Initiierung des LPBF-Herstellungsprozess ist das zu flutende Volumen (Bauraum zzgl. Schutzgasmanagement) notwendig. Zur herstellerunabhängigen Berechnung des zu flutenden Maschinenvolumes V_{Fluten} wird folgende Formel 7.2 herangezogen:

$$V_{Fluten} = 0{,}0229 * |\overrightarrow{B_s}| * 0{,}000001 + 1001{,}5\,l \qquad 7.2$$

mit

$V_{Fluten}\,[l]$ zu flutendes Maschinenvolumen

$\overrightarrow{B_s}\,[mm]$ Abmessungen des Bauraums in x-, y- und z- Richtung

Das Regressionsmodell basiert auf der experimentellen Ermittlung des zu flutenden Maschinenvolumen. Eine detaillierte Darstellung der Regression kann Anhang A4 – M5 entnommen werden.

Zur Ermittlung der Herstellungskosten sind ebenfalls Hilfsfunktionen zur Ermittlung der Gemeinkosten, der Schutzgas- und Personalkosten notwendig. Abbildung 7-16 gibt einen Überblick der zu ermittelnden Hilfsfunktionen.

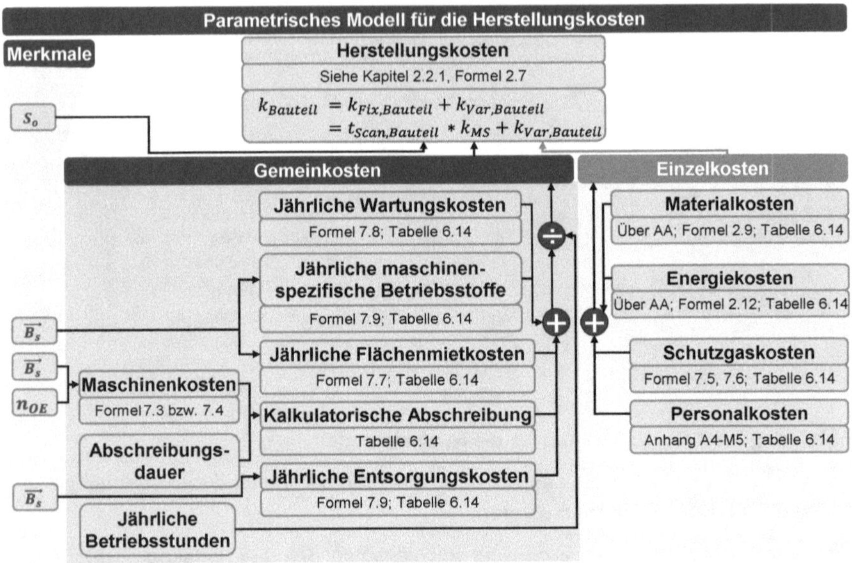

Abbildung 7-16: Übersicht zu den ermittelnden Hilfsfunktionen für die Gemeinkosten, Schutzgas- und Personalkosten

Zur Berechnung der Gemeinkosten (siehe Abbildung 7-16) in Abhängigkeit der Maschinenmerkmale werden diese über (multiple) Regressionen abgebildet. Die Maschinenkosten werden hierbei über die Formel 7.3, die eine multiple lineare Regression in Abhängigkeit der Maschinenmerkale n_{OE} und $\overrightarrow{B_s}$ darstellt, berechnet. Hierbei wird zwischen scanner-basierten und gantry-basierten LPBF-Maschine unterschieden. Das Regressionsmodell wurde durch Richtpreisangebote und Datenerfassung aus den Datenblättern aufgestellt. Die folgende Regression weißt ein Bestimmtheitsmaß von $R^2 = 0{,}912$ auf.

$$k_{M,S} = -90130{,}27\,€ + 137923{,}56\,€ * n_{OE} + 220{,}20\,\frac{€}{W} * \mathrm{P}_{L,Gesamt} - 163{,}1\,\frac{€}{mm} * B_z + 1316{,}72\,\frac{€}{mm} * B_x \quad 7.3$$

mit

$k_{M,S}$ [€]	Maschinenkosten einer scanner-basierten LPBF-Maschine
n_{OE}	Anzahl der Optikeinheiten
B_x [mm]	Abmessungen des Bauraums in x-Richtung
B_z [mm]	Abmessungen des Bauraums in z-Richtung
$\mathrm{P}_{L,Gesamt}$	Anzahl der Optikeinheiten multipliziert mit 400 W

Die folgende Funktion wird zur Berechnung der Kosten für gantry-basierte LPBF-Maschinen verwendet. Das Regressionsmodell wurde ebenfalls durch Richtpreisangebote und Datenerfassung aus den Datenblättern aufgestellt. Hierbei weißt die Regression ein Bestimmtheitsmaß von $R^2 = 0{,}992$ auf.

$$k_{M,G} = 46673{,}271\,€ + 264{,}580\,\frac{€}{W} * \mathrm{P}_{L,Gesamt} + 0{,}0012409\,\frac{€}{mm} * \left|\overrightarrow{B_s}\right| \quad 7.4$$

mit

$\mathrm{P}_{L,Gesamt}$	Gesamtlaserleistung
$k_{M,G}$ [€]	Maschinenkosten einer gantry-basierten LPBF-Maschine
$\overrightarrow{B_s}$ [mm]	Abmessungen des Bauraums in x-, y- und z- Richtung

Ebenso werden die jährlichen Kosten für Schutzgas (beim Fluten und Halten) und der Flächenbedarf in Abhängigkeit des Maschinenmerkmals $\overrightarrow{B_s}$ experimentell ermittelt bzw. aus den Datenblättern erfasst.

Der Schutzgasverbrauch beim Fluten wird über die folgende Regressionsgerade bestimmt:

$$\dot{V}_{Fluten} = 0{,}00006 * \left|\overrightarrow{B_s}\right| + 0{,}3621\,\frac{l}{min} \quad 7.5$$

mit

$\dot{V}_{Fluten}\left[\frac{l}{min}\right]$	Schutzgasverbrauch beim Fluten
$\overrightarrow{B_s}$ [mm]	Abmessungen des Bauraums in x-, y- und z- Richtung

Zur Approximation des mittleren Schutzgasverbrauchs $\dot{V}_{Halten}$ während des LPBF-Prozesses kann folgende Regression herangezogen werden:

$$\dot{V}_{Halten} = 10^{-7} * (B_x * B_y * B_z) + 0{,}1783 \frac{l}{min} \tag{7.6}$$

mit

$\dot{V}_{Halten} \left[\frac{l}{min}\right]$ Schutzgasverbrauch beim Halten
$B_X\ [mm]$ Abmessung der Bauplattform in x-Richtung
$B_y\ [mm]$ Abmessung der Bauplattform in y-Richtung
$B_z\ [mm]$ max. Bauhöhe in z-Richtung

Der Flächenbedarf für eine LPBF-Maschine (ohne Peripherie) wird über die Formel 7.7 mit einem Bestimmtheitsmaß $R^2 = 0{,}9202$ angenähert:

$$A_{FM} = -0{,}0002\ \text{mm}^{-4} * \left|\overrightarrow{B_s}\right|^2 + 142{,}29\ \text{mm}^{-1} * \left|\overrightarrow{B_s}\right| + 887064\ \text{mm}^2 \tag{7.7}$$

mit

$A_{FM}[mm^2]$ Flächenbedarf der LPBF-Maschine
$\overrightarrow{B_s}\ [mm]$ Abmessungen des Bauraums in x-, y- und z- Richtung

Die Kosten für Betriebsstoffe werden über Formel 7.8 berechnet.

$$k_{mB} = k_M * f_W + n_{Baujob,Jahr} * (k_{Bürste} + k_{Filter}\,(t_{SG-Aufbau} + t_{heat} + t_{Scan} + t_{Beschichtung} + t_{cool} + t_{SG-Abbau} + t_{Post-Rüst})) \tag{7.8}$$

mit

$f_W\ [\%]$ Wartungssatz (siehe Tabelle 6-14)
$k_{Bürste}\ [€]$ Kosten für die Bürste pro Baujob
$k_{Filter} \left[\frac{€}{h}\right]$ Kosten für den Filter pro Stunde

Die Entsorgungskosten werden insbesondere durch die Filter und das zu entsorgende Pulver verursacht. Die Entsorgungskosten für ein Jahr berechnen sich nach Formel 7.9.

$$k_A = k_{A,Pulver} * f_{Verlust} * n_{Baujob,Jahr} + k_{A,Bürste} * n_{Bürste,Jahr} + k_{A,Filter} * n_{Filter,Jahr} \tag{7.9}$$

mit

$k_{A,Pulver} \left[\frac{€}{kg}\right]$ Entsorgungskosten pro kg des Pulvers
$k_{A,Bürste} \left[\frac{€}{Stück}\right]$ Entsorgungskosten pro Bürste
$n_{Bürste,Jahr}$ Anzahl an Bürsten pro Jahr
$k_{A,Filter} \left[\frac{€}{Stück}\right]$ Entsorgungskosten pro Filter
$n_{Filter,Jahr}$ Anzahl an Filtern pro Jahr

Auf Grund der starken Kostenunterschiede der regionalen Entsorgungsunternehmen für die Entsorgung der Pulverwerkstoffe sowie den großen Unterschieden bei den

Einkaufspreisen der Betriebsstoffe, werden die Betriebsstoffe (1 % der Investitionskosten), Entsorgungskosten (1 % der Investitionskosten) und Wartungskosten (2 % der Investitionskosten) anteilig über die Investitionskosten der LPBF-Maschine mit aufgenommen (siehe Tabelle 6-14). Dadurch werden indirekt die Maschinenmerkmale für die Ermittlung der Kosten der Betriebsstoffe bzw. Entsorgung berücksichtigt. Anstelle dieses pauschalen Ansatzes kann ebenso auf konkrete (lokale) Angebote zurückgegriffen werden.

Darüber hinaus werden in ME5 die maschinenseitigen Parameter festgelegt. Die folgende Abbildung stellt einen Ausschnitt der gewählten Parameter für die vorliegenden Arbeit dar (siehe Abbildung 7-17).

Parameter	Wert
jumpSpeed	6000 mm/s
markSpeed	800 mm/s
markcontourSpeed	370 mm/s
laserFocusShift	0,1 mm
staticDelay	0,052 s

Abbildung 7-17: Ausschnitt der maschinenseitigen Parameter für die Simulation der Herstellzeiten

Die vollständige Übersicht beinhaltet auch die Prozessparameter für die scanner-basierten und gantry-basierten LPBF-Maschinen und kann Anhang A4 – M4 entnommen werden.

Die Hilfsfunktionen werden mit den maschinenseitigen Parametern und Prozessparametern in AA implementiert und zur Berechnung der Kennzahl für die Bewertung der Maschinenkonzepte verwendet.

Zwischenfazit

Wie am vorliegenden Anwendungsbeispiel gezeigt, kann durch die methodischen Elemente sowohl die Branchenzentrierung durch die gezielte Integration von Kundenunternehmen und als auch die Anwendungszentriertheit durch die Identifikation eines typischen Produktprogramms gewährleistet werden. Die Kundenanforderungen und Produktmerkale unterstützen bei der Ableitung und Entwicklung von LPBF-Maschinenkonzepten, um einen möglichst großen Marktanteil zu erreichen ohne dabei die Wettbewerberprodukte oder die eigene avisierte Marktposition zu vernachlässigen. Der generische Ansatz zur Kostenmodellierung und Parametrisierung des LPBF-Prozesses bzw. der LPBF-Maschine ermöglicht in der nächsten Phase eine aufwandsarme Evaluierung von Konzepten anhand von wirtschaftlichen und produktionstechnischen Kennzahlen. Dadurch kann eine fundierte Aussage hinsichtlich der vielversprechendsten Maschinenkonzepte getroffen werden. Bei der Ermittlung von Maschinenkosten über Daten aus historischen Entwicklungsprojekten oder von aktuellen LPBF-Maschinen (z. B. Kosten der einzelnen Module) können die Berechnung der

Kennzahle fundierter erfolgen als im Vergleich zur Herleitung der Maschinenkosten über (multiple) Regressionen.

7.2 Bewertungsphase

Im Anschluss zu der Analysephase erfolgt in der Bewertungsphase die Klassifizierung und Priorisierung der Kundenanforderungen sowie der Erzeugung und Bewertung der LPBF-Maschinenkonzepte.

ME6: *Klassifizierung und Priorisierung von Kundenanforderungen*

Im ersten Schritt wird Normalisierung nach WASSERMAN durchgeführt und die normierte strategische Bedeutung der Produktmerkmale berechnet. Die folgende Tabelle gibt stellt einen Ausschnitt mit den größten berechneten normierten strategischen Bedeutungen der Produktmerkmale dar (siehe Tabelle 7-6).

Tabelle 7-6: Ausschnitt aus der Berechnung der normierten Bedeutung der Produktmerkmale

Rang	Produktmerkmale	Normierte Strategische Bedeutung $d_{rT,j}$
1	Max. Gewichtskräfte auf Substratplatte durch den Pulverwerkstoff (max. 2,33 kN)	0,168
2	Überwachung des Sauerstoffgehalts der Atmosphäre in der Prozesskammer	0,105
3	Automatische Aufbereitung des Pulvers	0,097
4	Automatische Übergabe des Restpulver an Pulvermanagement; Exposition unter 1 mg/m³	0,090
5	Laserschutzklasse 1	0,069
6	Kartuschen-System für Pulverhandling, um Kontakt mit Bediener zu vermeiden	0,067
7	Kollisionsüberwachung von Pulverauftragseinheit und der Laserstrahlung	0,065
8	min. 250 W Laserleistung	0,065
9	Temperaturbeständige Achsen und Lager	0,051
10	Drucküberwachung der Atmosphäre	0,050

Darüber hinaus erfolgt die Klassifizierung nach KANO. Die KANO-Klassifizierung wird unter Zuhilfenahme eine KANO-Fragebogen durchgeführt. Der Fragebogen wird hierbei erneuert den Interviewpartnern als auch per Online-Umfrage bundesweit über alle IHKs und Handwerkskammern verteilt. Die Fragen eins bis acht orientieren sich dabei an den Leitfragen eins bis vier und sollen zur Charakterisierung des Teilnehmers genutzt werden. Die Fragen 9 bis 18 dienen exemplarisch zur Klassifizierung von ausgewählten Kundenanforderungen. Diese werden basierend auf dem Ergebnis des Fragebogens quantitativ über den Kundenzufriendenheitskoeffizienten bzw. undenunzufriendenheitskoeffizienten beschrieben. Die Ergebnisse der Klassifizierung und der Berechnung der Koeffizienten können Tabelle 7-7 entnommen werden. Der dazugehörige Fragebogen ist in Anhang A4 – ME7 zu entnehmen.

Tabelle 7-7: Kano-Ergebnistabelle der Umfrage - Basismerkmale (M); Leistungsmerkmale (O); Begeisterungsmerkmale (A); Rückweisende Merkmale (R)

Frage	Anzahl KANO - Merkmale						Summe	Merkmal	CS	DS
	A	O	M	I	R	Q				
F9: Grundfläche >10 x 15 cm³	10	6	**33**	11	2	2	64	**M**	0,27	-0,65
F10: Grundfläche >21 x 15 cm³	11	**24**	**6**	17	2	2	62	**O**	0,60	-0,52
F11: Grundfläche >30 x 21 cm³	15	12	12	**22**	1	0	61	**I**	0,44	-0,39
F12: Verarbeitung von Fe- Legierungen	11	20	**20**	9	0	1	60	**M**	0,52	-0,67
F13: Verarbeitung von Al-Legierungen	11	**18**	15	16	0	0	59	**O**	0,48	-0,55
F14: Keine speziellen Anforderungen an Betriebsort	**17**	12	13	16	0	1	58	**A**	0,50	-0,43
F15: Keine speziellen Anforderungen an Arbeitssicherheit	5	**26**	15	11	0	1	58	**O**	0,54	-0,72
F16: Geschlossenes /Automatisiertes Pulvermanagement	**17**	13	15	12	0	1	57	**A**	0,53	-0,49
F17: Intelligente LPBF-Maschine/vordefinierte Herstellprofile	**29**	7	8	12	0	1	57	**A**	0,64	-0,27
F18: Preis für die LPBF-Maschine	**45**	1	0	10	0	1	57	**A**	0,82	-0,02

Der Tabelle ist zu entnehmen, dass die als *Basismerkmal* klassifizierten Kundenanforderungen zwingend erfüllt werden sollten, da die Nichteerfüllung zu einer überproportionalen Kundenunzufriedenheit führt. Die *Begeisterungsmerkmale*, z. B. das geschlossenes automatisierte Pulvermanagement, haben einen hohen Einfluss auf die Kundenzufriedenheit bei gleichzeitiger geringer Einflussnahme auf die Kundenunzufriedenheit bei Abwesenheit. Indifferent Merkmale werden nicht weiter berücksichtigt, ebenso wie rückweisende Merkmale.

Auf Basis der KANO-Klassifizierung und Normalisierung wird folglich die Priorität auf solche Anforderungen und Produktmerkmale mit hoher strategischer Bedeutung und einem hohen KANO-Merkmal gelegt. Daraus ergibt sich für den vorliegenden Anwendungsfall folgende Priorisierung (siehe Tabelle 7-8).

Tabelle 7-8: Priorisierung von Kundenanforderungen und Produktmerkmale

Rang	Anforderung	KANO-Merkmal	Produktmerkmal	Strategische Bedeutung
1	Geschlossenes /Automatisiertes Pulvermanagement	A	Kartuschen-System für Pulverhandling, um Kontakt mit Bediener zu vermeiden	0,067
			Automatische Aufbereitung des Pulvers	0,097
			Automatische Übergabe des Restpulver an Pulvermanagement; Exposition unter 1 mg/m³	0,090
2	Intelligente LPBF-Maschine/vordefinierte Herstellprofile	A	Remote Zugriff / OPCUA implementieren	0,105
			Prozessbeobachtung implementieren	0,049
			Adaptive Prozessführung über Maschinensteuerungssoftware ermöglichen	0,050
3	Preis für die LPBF-Maschine	A	Max. Selbstkosten ca. 20.000 bis 25.000 EUR	0,0495
4	Keine speziellen Anforderungen an Arbeitssicherheit	O	Stickstoffgenerator integrieren	0,021
			Elektrische Anschlussleistung max. 3,6 kW	0,0497
5	Verarbeitung von Al-Legierungen	O	min. 250 W Laserleistung	0,044
			Prozesskammer vollständig inertisierbar bis 100 ppm	0,031
			Vorwärmung bis 200°C	0,040
6	Grundfläche >21 x 15 cm³	O	-	-

Tabelle 7-8 zeigt die sechs Kundenanforderungen aus dem KANO-Fragebogen, welche als Begeisterungs- oder Leistungsmerkmal identifiziert wurden. Die Grundfläche des Bauraums wird im Rahmen der weiteren Methodik untersucht, daher wird diese nicht für die Priorisierung berücksichtigt. Die aus den Kundenanforderungen überführten Produktmerkmale werden anhand der jeweils größten strategischen Bedeutung ausgewählt. Beispielhaft ist eine willkürliche Auswahl an höher priorisierten Produktmerkmale in der Tabelle hervorgehobene (siehe blaue Umrahmung, Tabelle 7-8).

ME7: *Erzeugung und Bewertung von Maschinenkonzepten*

Im methodischen Element *Erzeugung und Bewertung von Maschinenkonzepten* werden basierend auf den gewählten Start-, Endwerten sowie der Schrittweite der Maschinenmerkmale (u. a. Bauraum, Anzahl Optikeinheiten) verschiedene Maschinenkonzepte erzeugt und anhand des Produktprogramms über die Kennzahlen bewertet. Hierbei wird zunächst der Einfluss des Arbeitszeitenschichtmodell auf die resultierenden Volumenkosten dargestellt, um die Auswirkung dieser anwenderseitigen

Eingangsgröße besser bewerten zu können. Die weitere Bewertung der Maschinenkonzepte erfolgt dann exemplarisch anhand zwei Fallbeispiele, um einerseits die Auswirkung der Gleichteilfertigung bei maximaler Maschinenauslastung zu verdeutlichen und anderseits die Auswirkung der Fertigung von individuellen Bauteilen unter einer frei gewählten Auslastung darzustellen. Die Validierung der Methodik erfolgt nur anhand dieser beiden Fallbeispiele in Realität muss eine Anpassung (u. a. Maschinenmerkmale, Anfangs- und Endwerte, etc.) in Abhängigkeit des jeweiligen Anwendungsfall vorgenommen werden.

Abbildung 7-18 stellt einen Überblick der zu erzeugenden und bewertenden LPBF-Maschinenkonzepte dar. Die vollständige Übersicht der Maschinenkonzepte kann Anhang A4 – ME7 entnommen werden.

Maschinenkonzept	1.1 bis 1.15	1.16 bis 1.26	1.27 bis 1.51
Optikeinheiten		1	
Bauraum [mm]			
X-Richtung	100 bis 240	250 bis 350	360 bis 600
Y-Richtung	100 bis 240	250 bis 350	360 bis 600
Z-Richtung	200	300	400
Ablenkkinematik	Gantry/ Scanner	Gantry/ Scanner	Gantry/ Scanner

Maschinenkonzept	2.1 bis 2.11	2.12 bis 2.36	4.1 bis 4.6	4.7 bis 4.31	6.1 bis 6.21	8.1 bis 8.11
Optikeinheiten	2		4		6	8
Bauraum [mm]						
X-Richtung	250 bis 350	360 bis 600	300 bis 350	360 bis 600	400 bis 600	500 Bis 600
Y-Richtung	250 bis 350	360 bis 600	300 bis 350	360 bis 600	400 bis 600	500 Bis 600
Z-Richtung	300	400	300	400	400	400
Scanfeldüberlapp						
Variante 1	15%	15%	15%	15%	15%	15%
Variante 2	Ideal	Ideal	Ideal	Ideal	Ideal	Ideal
Ablenkkinematik	Scanner	Scanner	Scanner	Scanner	Scanner	Scanner

Abbildung 7-18: Übersicht der Variation der Maschinenkonzepte

Auf Grund der Investitionsbereitschaft im hier dargestellten Anwendungsfall sind vor allem kostengünstige LPBF-Maschinen von Interesse (siehe Beschreibung Anwendungsfall in Kapitel 1).

Zur automatischen Erzeugung und Bewertung der Maschinenkonzepte anhand der Fallbeispiele wird die prototypische Software *Additive Advisor* verwendet. Diese wird zunächst mit den wichtigsten Funktionalitäten und dem groben Aufbau vorgestellt. Die prototypische Software *Additive Advisor* basiert auf einer HTML-basierten Benutzeroberfläche zur Erfassung der notwendigen anwenderseitigen Eingangsgrößen sowie zur Visualisierung der Kennzahlen mit weitergehenden Informationen zur möglichst einfachen Interpretation der Ergebnisse. Hierbei werden die Simulationen der verschiedenen Maschinenkonzepte berechnet, in einer Datenbank gespeichert und über die Benutzeroberfläche visualisiert. Die Software übernimmt hierbei das Nesting in Abhängigkeit der Bauraumgröße, die Aufteilung und Zuordnung der Scanvektoren zur jeweiligen Optikeinheit sowie die Berechnung der Zeitdauern (u. a. für den jeweiligen Scanner, Achsbewegungen, etc.) über den LPBF-Machine Emulator. In der Datenbank sind die Kostenfunktionen, die Funktionen für die Kennzahlen und die weitergehenden Zeitfunktionen (z. B. für Datenaufbereitung) hinterlegt. In Abbildung 7-19 ist der Aufbau der prototypischen Software für die Ergebnisvisualisierung (links) als auch die dahinterliegenden Informationen, beispielweise das Nesting des jeweiligen Baujob (rechts), dargestellt.

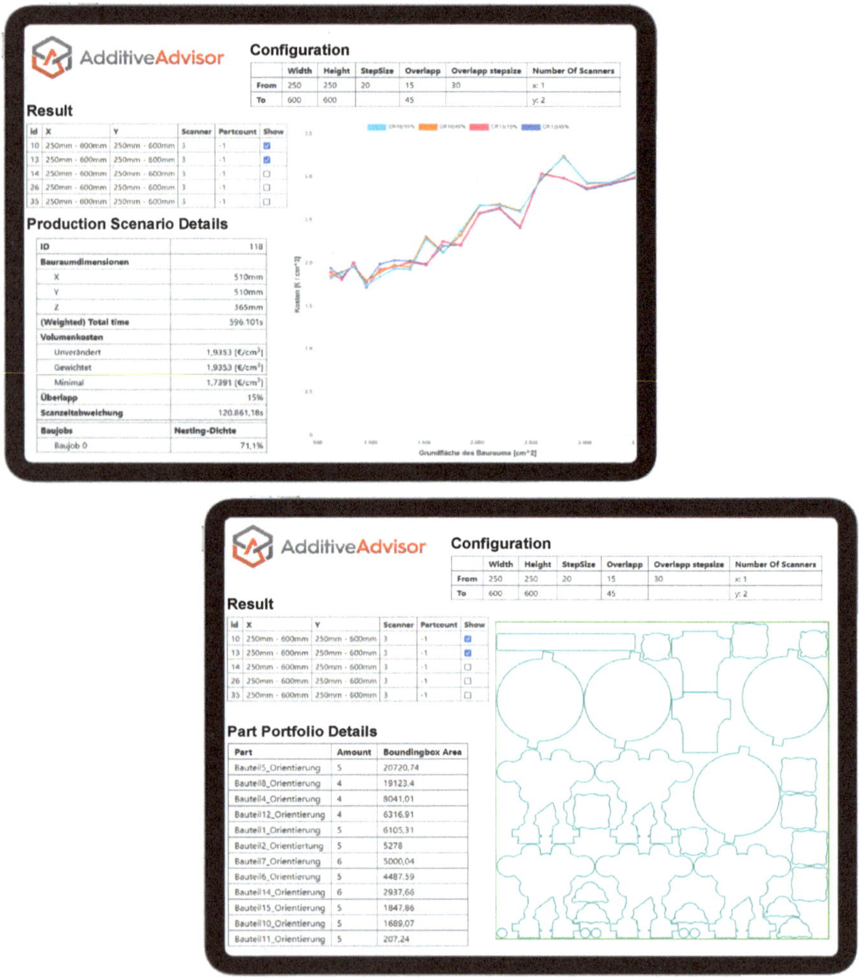

Abbildung 7-19: Hauptansichten der prototypischen Software

Die Software ist so konzipiert, dass verschiedene genestete Baujobs überlagert werden können, um etwaige Einflüsse durch beispielweise Wartezeiten einer einzelnen Optikeinheit durch die unsymmetrische Zuweisung der Vektoren zu den Optikeinheiten sichtbar zu machen. Neben der tatsächlichen Aufteilung der Scanfelder bzw. der Überlappbereiche wird die ideale Aufteilung der Vektoren zu den Optikeinheiten mit berechnet, damit der Einfluss des Scanfeldüberlapps bzw. des Nestings besser ersichtlich ist.

Einfluss des Arbeitszeitschichtmodell auf die Volumenkosten

Die Stillstandzeiten der LPBF-Maschine werden, neben der Prozess- und Maschinenrobustheit, maßgeblich durch die Anwesenheit von Personal und damit durch das Arbeitszeitschichtmodells (AZM) bei entsprechend Auftragslage beeinflusst. Die Maschinenauslastung ist als Optimierungsgröße bei entsprechend Auftragslage zu betrachten, da sich durch längere Arbeitszeiten oder durch die Personalanwesenheit zum richtigen Zeitpunkt die betriebliche Maschinenauslastung verbessert. Daher erfolgt vor der Bewertung der Maschinenkonzepte die Erläuterung der Auswirkung des Arbeitsschichtmodell auf die Volumenkosten durch die Maximierung der Maschinenauslastung. Hierfür wird Bauteil 12 unter größtmöglicher Nesting-Dichte[11] und Produktionsleistung verwendet, um die Auswirkungen auf die AZM deutlich zu machen. Abbildung 7-20 zeigt die Volumenkosten vom Bauteil 12 (Fe-Basis, 30 µm Schichtdicke) für die verschiedenen AZM in Abhängigkeit der Maschinenkonzepte. Die AZM variieren hierbei von einer 5 bis 7-Tage Woche und einem 1 bis 3-Schichtbetrieb (z. B. A6S3, d.h. 6-Tagewoche im 3-Schichtbetrieb).

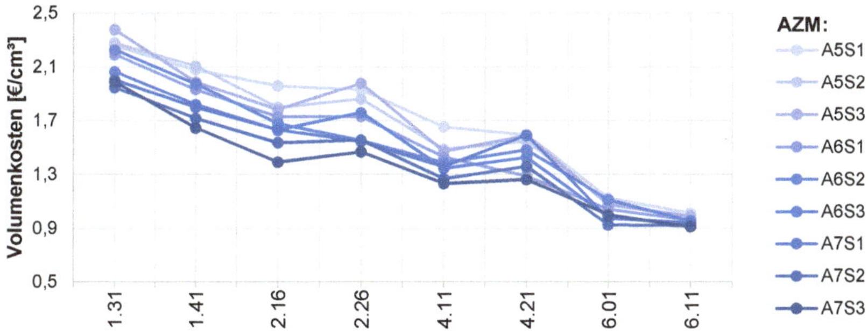

Abbildung 7-20: Volumenkosten für Bauteil 12 für verschiedene exemplarische LPBF-Maschinenkonzepte und AZM

Die Abnahme der Volumenkosten korreliert mit dem prozentualen Anstieg der Arbeitszeit, wodurch die Maschinenstillstandzeiten reduziert werden. Die Mehrkosten für das Personal in Abhängigkeit des AZM finden keine Berücksichtigung, da die Annahme zu Grunde liegt, dass etwaige freie Personalkapazitäten für andere betriebliche

[11] Die Nesting-Dichte stellt die Packungsdichte in Abhängigkeit des gewählten Nesting-Algorithmus dar. Beispielweise werden mit dem Nesting über die Bounding Box typischerweise geringere Dichten erreicht als unter Verwendung der projizierten Bauteilfläche auf die Bauebene. In der vorliegenden Arbeit wird der 2D-voxelbasierte Nesting-Algorithmus von Autodesk Netfabb verwendet.

Tätigkeiten genutzt werden. Somit werden die Einflüsse der Maschinenkonzepte und AZM auf die Volumenkosten sichtbar. Die Häufigkeit und Länge der Stillstandzeiten variiert jedoch stark in Abhängigkeit der Baujobdauer und des Maschinenkonzepts. Die Abnahme der Volumenkosten ist auf eine Vergrößerung der Produktionsleistung und damit einer Senkung der Fixkosten pro Bauteil zurückzuführen. Je mehr Stillstandzeiten durch eine Anpassung des AZM vermieden werden, desto größer ist der Einfluss auf die Volumenkosten. In Abhängigkeit der Bauteilgeometrie und des Maschinenkonzepts variiert die Reduktion der berechneten Volumenkosten zwischen ca. 10 % und ca. 50 %.

Eine 100 %ige Auslastung der LPBF-Maschine entspricht der AZM A7S3, wodurch die Volumenkosten vor allem durch das LPBF-Maschinenkonzept beeinflusst werden. So kann durch die Wahl des AZM die Volumenkosten für das Konzept 2.16 von 1,95 €/cm³ (A5S1, siehe Abbildung 7-20) auf 1,39 €/cm³ (A7S3, siehe Abbildung 7-20) reduziert werden. Im Mittel kann für die in Abbildung 7-20 dargestellten Konzepte eine Reduzierung der Volumenkosten durch die Wahl des AZM um 0,34 €/cm³ erreicht werden. Vergleichsweise kann im Mittel eine Reduzierung der Volumenkosten über die Wahl des Maschinenkonzept von 1,19 €/cm³ erreicht werden. Beispielhaft kann für A5S3 die Volumenkoste von 2,37 €/cm³ (Konzept 1.31, siehe Abbildung 7-20) auf 0,99 €/cm³ (Konzept 6.11, siehe Abbildung 7-20) durch die Wahl des Maschinenkonzepts reduziert werden. Dadurch wird ersichtlich, dass die Maschinenkonzepte einen deutlich größeren Einfluss auf die Volumenkosten als die AZM haben. Weitere Einflussfaktoren stellen die Bauteilgeometrie und die Nesting-Dichte dar. Damit können mit einem A7S3 die geringsten Volumenkosten für das jeweilige Maschinenkonzept erreicht werden. Für alle anderen AZM kommt es vor allem durch vergrößerte Stillstandzeiten durch Personalabwesenheit zu größeren Volumenkosten.

Ebenso ist zu erkennen, dass in Abhängigkeit des gewählten AZM Maschinenkonzepte mit kleinerem Bauraum oder geringerer Anzahl von Optikeinheiten (z. B. A7S3, Konzept 1.41; 1,65 €/cm³; siehe Abbildung 7-20) mit den Volumenkosten größerer Maschinenkonzepte vergleichbar (z. B. A5S1, Konzept 4.11; 1,65 €/cm³; siehe Abbildung 7-20) sind. Daraus lässt sich schließen, dass durch die Vergrößerung des Bauraums und höhere Anzahl an Optikeinheiten die Maschinenkosten steigen, die theoretisch erzielbare größere Produktionsleistung jedoch aufgrund von größeren Stillstandzeiten unter Umständen nicht erzielt werden. Durch Verwendung des AZM als Eingangsgröße kann somit Einfluss auf lokale Minima der Volumenkosten genommen werden.

Für die folgenden beiden Fallbeispiele wird das AZM A5S1 zu Grunde gelegt, da dieses bei den meisten im Geschäftsfeld tätigen Unternehmen als auch bei Unternehmen, die LPBF bereits einsetzen, den Standard darstellt.

Fallbeispiel 1: Serienfertigung von Gleichteilen

Das erste Fallbeispiel dient der Demonstration der Abhängigkeiten zwischen den Kennzahlen und den Maschinenkonzepten. Zur Reduzierung des Einflusses der

Bauteilgeometrie und der Nesting-Dichte wird daher die Serienfertigung eines Gleichteils beim AZM A5S1 und 100 % Maschinenauslastung verwendet. In Abbildung 7-21 sind beispielhaft die Volumenkosten für Bauteil 12 in Abhängigkeit der Optikeinheit und Grundfläche des Bauraums aufgetragen.

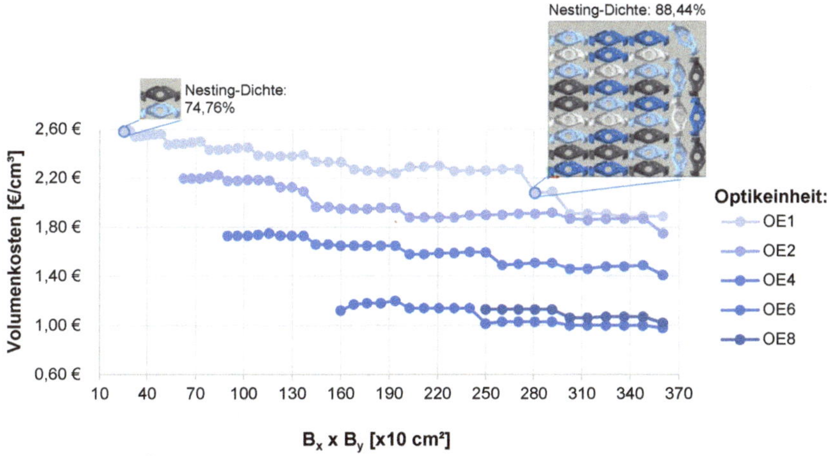

Abbildung 7-21: Änderung der Volumenkosten für die Gleichteilfertigung von Bauteil 12 für verschiedene Maschinenkonzepte (Fe-Basis, 30 µm, A5S1)

Bei maximaler Auslastung führt eine Vergrößerung der Maschine (Bauraum, Anzahl der Optikeinheiten) in den betrachteten Grenzen zu einer Senkung der Volumenkosten. Insbesondere führt eine Vergrößerung der Anzahl der Optikeinheiten zu einer Reduktion der Volumenkosten durch die gestiegene Produktionsleistung. Auf Grund der symmetrischen Verteilung der Bauteile auf die jeweiligen Scanfelder sind diese Optikeinheiten bei der Serienfertigung annähernd linear ausgelastet. Die sprunghaften Zunahmen zwischen den einzelnen Datenpunkte in einer Datenreihe sind mit einem überproportionalen Anstieg der Produktionsleistung durch ein verbessertes Nesting zu erklären, wie beispielsweise in der Datenreihe OE1. Bei ca. 2.700 cm² konnten über den Nesting-Algorithmus 27 Bauteile und bei ca. 2.800 cm² 34 Bauteile auf der Baufläche platziert werden, wodurch es zur überproportionalen Zunahme der Produktionsleistung kommt.

Darüber hinaus ist zu erkennen, dass die (negative) Steigung der Datenreihe mit zunehmender Anzahl an Optikeinheiten abnimmt. Das liegt vor allem an dem überproportionalen Anstieg der Investitionskosten für Multi-Laser-LPBF-Maschinen im Vergleich zur (proportionalen) Zunahme der Produktionsleistung. Ebenso können in Abbildung 7-21 Maschinen mit größerem Bauraum und größerer Anzahl an Optikeinheiten mit Maschinen mit kleinerem Bauraum und wenigeren Optikeinheiten hinsichtlich der Volumenkosten verglichen werden. So ist beispielweise das LPBF-Maschinenkonzept mit zwei Optikeinheiten und größtem Bauraum (1,75 €/cm³, siehe

Abbildung 7-21) vergleichbar mit einem Konzept mit vier Optikeinheiten und kleinerem Bauraum (ca. 1.300 cm²: 1,73 €/cm³, Abbildung 7-21).

Neben den Volumenkosten sind die Durchlaufzeiten für die Bewertung der Maschinenkonzepte geeignet. In Abbildung 7-22 sind die Durchlaufzeiten in Abhängigkeit der Optikeinheiten und Grundfläche des Bauraums dargestellt.

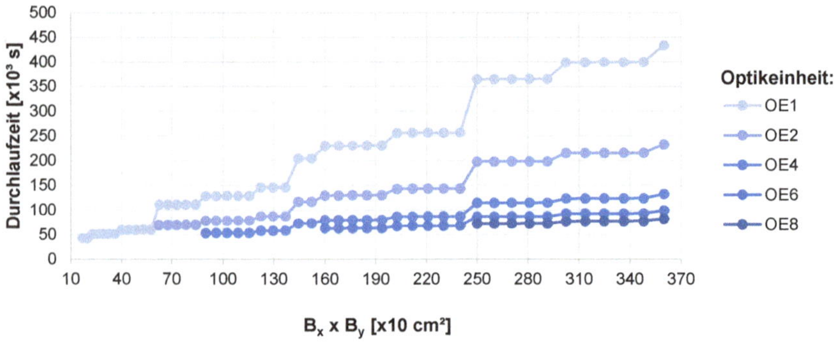

Abbildung 7-22: Durchschnittliche Durchlaufzeit für das Bauteil 12 für verschiedene Maschinenkonzepte (Fe-Basis, 30 µm, A5S1)

Die Durchlaufzeiten für ein einzelnes Bauteil berechnen sich aus den Einzelzeiten (z. B. Scanzeiten) und einer anteiligen Zuweisung der Gemeinzeiten (z. B. für Rüstvorgänge, Beschichtung). Hierbei steigen die Durchlaufzeiten mit zunehmender Grundfläche des Bauraums an. Die größten Steigungen der Datenreihen können bei Einstrahl-LPBF-Maschinen gezeigt werden, da die Zunahme der Produktionsleistung nur durch die zunehmende Grundfläche des Bauraums und der damit verbunden Bauteilanzahl pro Baufläche bedingt ist. Wie bei den Volumenkosten sind die sprunghaften Zunahmen der Durchlaufzeiten durch die Nesting-Dichte zu begründen.

Zum besseren Verständnis, der Zusammensetzung der Volumenkostenanteile kann basierend auf dem Herstellkostenmodell die Kostenstruktur ermittelt werden. Abbildung 7-23 zeigt exemplarisch die Kostenstruktur für Maschinenkonzept 6.11 und Bauteil 12.

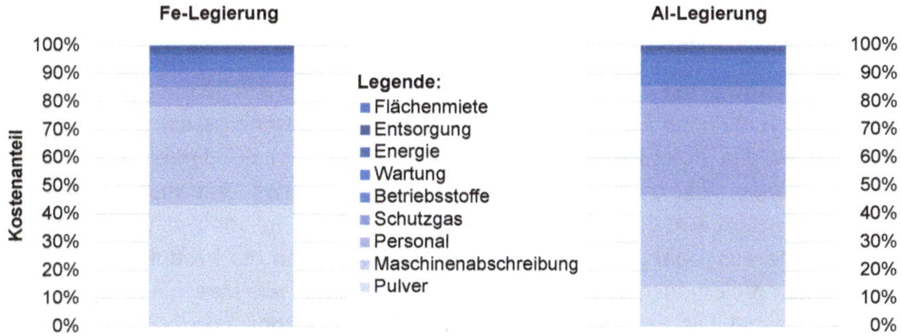

Abbildung 7-23: Kostenaufteilung für 1,95 €/cm³ (links, Fe-Legierung) und 1,61 €/cm³ (rechts, Al-Legierung) für Bauteil 12 und Maschinenkonzept 6.11 (30 µm, A5S1)

Ein signifikanter Anteil an den Volumenkosten sind die Maschinenabschreibung (35 %; siehe Abbildung 7-23, links), die zusammen mit den Flächenmiet-, Entsorgungs-, Wartungskosten und Kosten für Betriebsstoffe die Fixkosten ergeben. Für Fe-Legierungen, wie beispielsweise 1.4404, bei denen die Maschinenabschreibung einen großen Anteil an den Volumenkosten ausmachen (35 %; siehe Abbildung 7-23, links), hat das Maschinenkonzept einen größeren Einfluss auf die Herstellungskosten als Vergleichsweise für andere Legierungen, welche eine höhere Aufbaurate erreichen können. Beispielweise AlSi10Mg, wo der prozentuale Anteil der Maschinenabschreibung geringer ausfällt (32,3 %, siehe Abbildung 7-23, rechts).

Der Personalkostenanteil an den Volumenkosten liegt bei 7 % (siehe Abbildung 7-23, links) und ist weitestgehend nur von der Maschinenkonfiguration und dem AZM abhängig. Beispielweise nehmen die Rüstungszeiten mit zunehmender Grundfläche des Bauraums zu. Die Energiekosten (2 %; siehe Abbildung 7-23, links) werden durch Laserleistung und Maschinengrundleistung (z. B. für Schutzgasumwälzung, SPS, etc.) definiert. Durch Verkürzung der Baujobdauer kann die Maschinengrundleistung reduziert werden. Die Kosten für Betriebsstoffe (3 %; siehe Abbildung 7-23, links) könnten beispielweise durch die Entwicklung effizienterer Filtersysteme reduziert werden.

Die Festlegung, welche Maschinenkonzepte für eine spezielle Anwendungsfall die wirtschaftlichste ist, kann über die Kennzahlen nicht ohne weiteres festgelegt werden, da nur die Vergleichbarkeit der Maschinenkonzepte für das ausgewählte Bauteil 12möglich ist. Sollen nun mehrere unterschiedliche Bauteile zur Ermittlung der Kennzahlen und folglich zur Maschinenkonzeptselektion zugrunde gelegt werden, müssen die Kennzahlen der verschiedenen Bauteile zur Gewährleistung der Vergleichbarkeit normalisiert werden.

Im Folgenden werden die Ergebnisse einer Simulationsreihe für vier Bauteile, die sich in Komplexität, Volumen und Größe unterscheiden, dargestellt. Ziel dieser Simulationsreihe ist es, die Anzahl möglicher Maschinenkonzepte auf applikationsübergreifende wirtschaftliche Lösungen zu reduzieren. Basis für die Evaluierung der Wirtschaftlichkeit sind die Produktionsleistung und die Volumenkosten.

Als Material wird eine Fe-Legierung mit einer Schichtdicke von 30 µm gewählt. Es wird exemplarisch mit einer Fünftagewoche im Ein-Schicht Betrieb gerechnet, um die Vergleichbarkeit des Potentials im Geschäftsfeld (siehe Kapitel 7.1) der verschiedenen Konfigurationen sicherzustellen. Die Interviewpartner verwenden ausschließlich eine A5S1. Außerdem wird von der maximal erreichbaren Produktionsleistung der Maschinenkonzepte ausgegangen. Ergebnis der Simulation sind die Produktionskennwerte Stückkosten, Volumenkosten und Produktionsleistung für alle Maschinenkonzepte und für jedes Bauteil. Die Ergebnisse der Simulation sind in Abbildung 7-24 dargestellt.

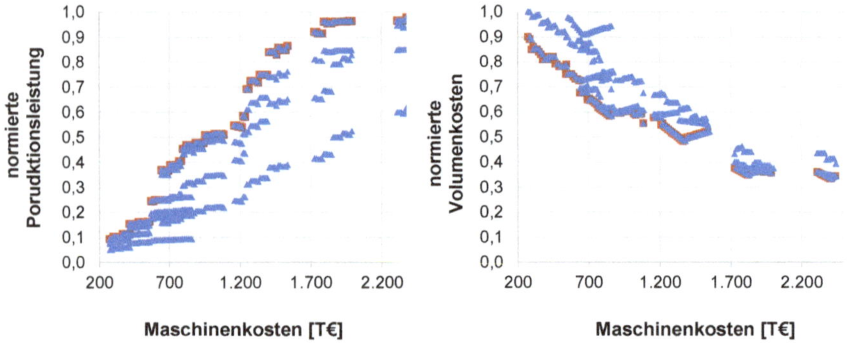

Abbildung 7-24: Normierte Kennzahlen (links: Produktionsleistung; rechts: Volumenkosten) zur Vergleichbarkeit von verschiedenen Maschinenkonzepten bei der Gleichteilfertigung der Bauteile 4, 8, 11 und 12.

In Abbildung 7-24 (links) sind die normierten Produktionsleistungen des Bauteilportfolios jeder Maschinenkonzepte über den modellierten Maschinenkosten dargestellt. Die obere Grenze liegt bei 1 und definiert die maximale normierte Produktionsleistung. Pareto-effiziente Maschinenkonzepte (Abbildung 7-24, rote Markierungen) stellen Konzepte mit der größten Produktionsleistung bzw. kleinsten Volumenkosten bei gleichzeitig geringsten Maschinenkosten dar. Analog sind die normierten Volumenkosten über den Maschinenkosten in Abbildung 7-24, rechts dargestellt. Pareto-effiziente Maschinenkonzepte stellen hierbei Konzepte mit den geringsten Volumenkosten dar.

Der größte Kostenzuwachs resultiert aus dem größer werdenden Bauraum von 130 x 130 x 200 mm³ auf bis zu 600 x 600 x 400 mm³. Konzepte bis ca. 600 T€ haben nur ein Optikeinheit, von 600 T€ bis 1.000 T€ weisen die Konzepte zwei Optikeinheiten, ab 1.000 T€ bis 1.500 T€ vier Optikeinheiten in den Konzepten berücksichtigt und von 1.500 T€ bis 2.000 T enthalten die Konzepte sechs Optikeinheiten. Ab ca. 2.000 T€ sind die Maschinen mit acht Optikeinheiten modelliert. Prinzipiell steigt die Produktionsleistung mit größerem Bauraum und höherer Anzahl von Optikeinheiten. Bereiche mit großen Steigungen sind von besonderem Interesse, da hier die Produktionsleistung gegenüber den Maschinenkosten überproportional ansteigt. So kann eine größere Produktionsleistung im Bereich 1.200 T€ und 1.700 T€ festgestellt werden. Der gleiche Bereich weist bei den Volumenkosten fast einen konstanten Wert auf, so dass ein Maschinenkonzept i: H. v. ca. 1.200 T€ für die untersuchten Bauteile wirtschaftlich und produktionstechnisch attraktiv erscheint.

Fallbeispiel 2: Fertigung von individuellen Bauteilen

Anhand des zweiten Fallbeispiels soll die Auswirkung einer frei gewählten Maschinenauslastung aufgezeigt werden. Hierbei wird die Anzahl von Bauteilen festgelegt, welche dann zu Baujobs zusammengefasst werden. Voraussetzung ist, dass jedes Bauteil in den Bauraum des jeweiligen Maschinenkonzept hineinpasst. Daher werden die Maschinenkonzepte 1.1 bis 1.12 ausgeschlossen, da die Grundfläche des Bauraums < 21 x 21 cm² beträgt (siehe Anhang A4 – ME4 und A4 – ME7). Neben der frei gewählten Maschinenauslastung soll auch die Auswirkung von der realen Zuweisung der Bauteile zu den Scanfeldern auf die Volumenkosten und die Abhängigkeit der Nesting-Dichte auf die Volumenkosten dargestellt werden. Für die Simulation werden die Bauteile 1 bis 15 mit jeweils einer Stückzahl von 15 berücksichtigt. Abbildung 7-25 stellt die Ergebnisse der simulierten Volumenkosten über die Baufläche dar. Hierbei ist die reale (rechts) und die idealisierte Auslastung (links) der Optikeinheiten berücksichtigt. Die idealisierte Auslastung beschreibt eine symmetrische Verteilung der zu belichtenden Bauteilflächen, wodurch alle Optikeinheiten gleich lang benötigen (siehe Kapitel 3.1.1). Bei der realen Auslastung können dagegen auf Grund einer asymmetrischen Verteilung der zu belichtenden Bauteilflächen unterschiedlich lange Belichtungszeiten haben, wodurch ggfs. Totzeiten bei den Optikeinheiten entstehen.

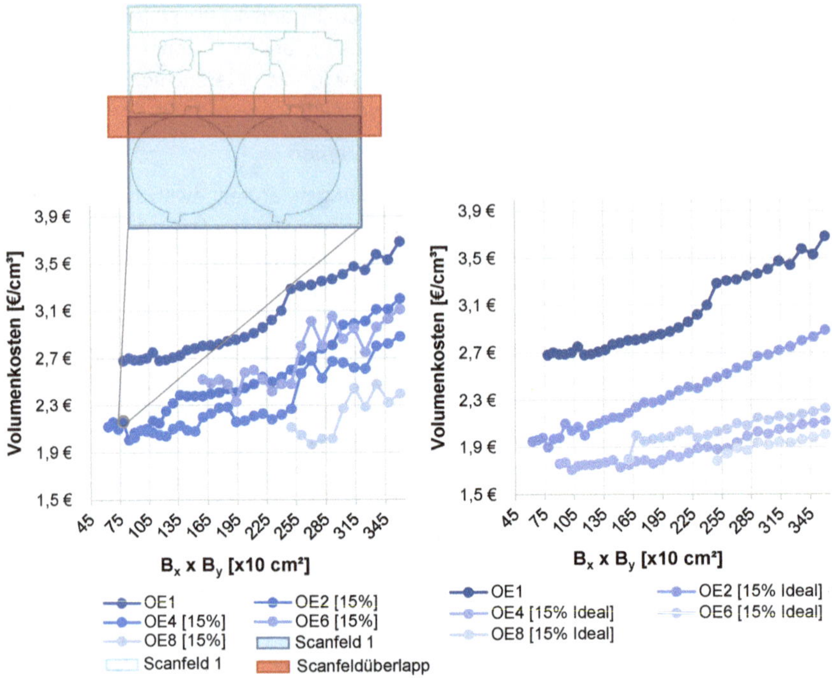

Abbildung 7-25: Simulation des Einflusses der realen Auslastung (links) und der idealisierten Auslastung der Optikeinheiten (rechts) auf die Fertigung individueller Bauteile bei nicht voller Maschinenauslastung

Auf Grund der Steigung in der Funktion für die Maschinenkosten (siehe Anhang A4 – ME5) sowie der nicht vollen Ausnutzung der Fertigungskapazität steigen die Volumenkosten mit zunehmendem Bauraum sowohl bei realer als auch idealer Auslastung der OE. In den Datenreihen der realen Auslastung kommt es zu großen Schwankungen der Volumenkosten mit zunehmender Grundfläche des Bauraums, beispielweise in Datenreihe OE6 ab einer Baufläche von 50 x 50 cm² (siehe Abbildung 7-25, links). Das basiert auf der Effektüberlagerung von unterschiedlichen Nesting-Dichten und OE-Auslastungen. Wird beispielweise bei einem Maschinenkonzept mit zwei OE nur eine Hälfe der Baufläche mit Bauteilen befüllt und die andere Seite bleibt leer, resultiert daraus eine Nesting-Dichte von ca. 50 % sowie eine OE-Auslastung von ca. 50 %. Die ideale OE-Auslastung (Abbildung 7-25, rechts) berücksichtigt dagegen nur den Effekt der Nesting-Dichte, da hier keine Wartezeiten der Optikeinheiten Berücksichtigung finden. Im unteren Bereich der Bauraumfläche (zwischen 750 und 1.200 cm²) wäre ein Maschinenkonzept mit zwei OE für das dargestellte Produktionsszenario einem Konzept mit vier OE vorzuziehen (Abbildung 7-25, links). Die Nesting-Dichte beträgt im Durchschnitt für die Datenpunkte der beiden Reihen ca. 95,1 % bis 96,4 % und kann daher vernachlässigt werden. Hinzu kommen noch betriebswirtschaftliche Einflussgrößen der Kundenunternehme im Geschäftsfeld bei der Entscheidungsfindung, welche Maschine beschafft werden sollen. Insbesondere der Cash-Flow ist auf Grund der vorzugsweise aus Eigenkapitel finanzierten Investitionen eine Einflussgröße die Berücksichtigung bei der Maschinenkonzeptauswahl finden sollte.

Anhand eines Beispiels sollen die Unterschiede zwischen realer und idealer OE-Auslastung aufgezeigt werden. In Abbildung 7-26 sind die Abweichungen der Volumenkosten für ein Gleichteil basierend auf unterschiedliche OE-Auslastungen dargestellt. Hierzu wird eine Datenreihe mit einem Gleichteil (Bauteil 6) für ein Maschinenkonzept mit zwei OE und realer sowie idealer OE-Auslastung simuliert.

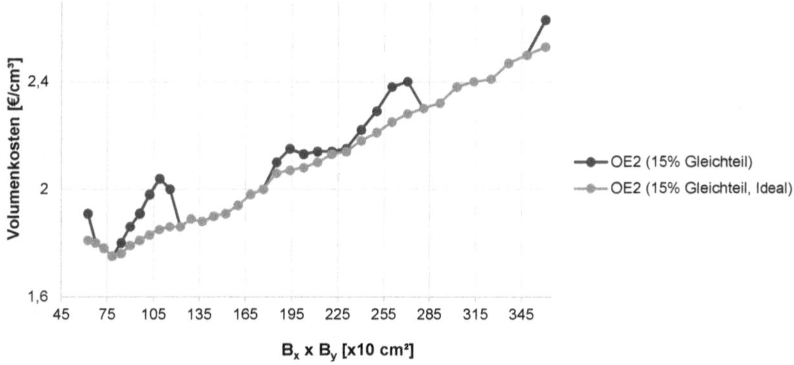

Abbildung 7-26: Einfluss der Bauteilgeometrie auf die Volumenkosten

Die idealen Datenpunkten für das Gleichteil beinhalten keine Wartezeiten der OE, daher stellen diese für das jeweilige Produktionsszenario die kleinsten zu erreichenden Volumenkosten dar. Die Unterschiede zwischen realen und idealen Volumenkosten entstehen lediglich durch eine verbesserte OE-Auslastung, welche z. B. durch ein Nesting mit Berücksichtigung der OE-Auslastung erreicht werden kann. Durch die Gleichteilfertigung können große Varianzen in der Nesting-Dichte vermieden werden.

Auf Grund der definierten Anforderung der Entwicklung und Verwendung einer kostengünstigen LPBF-Maschine für Handwerksbetriebe, Kleinst- und Kleinunternehmen werden auch gantry-basierte Maschinenkonzepte berücksichtigt. Abbildung 7-27 zeigt die Simulationsergebnisse der gantry- und scanner-basierten Maschinenkonzepte.

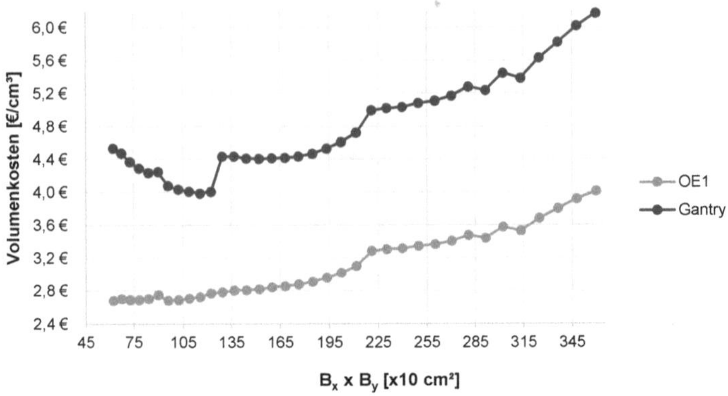

Abbildung 7-27: Vergleich der Volumenkosten zwischen gantry- und scanner-basierten Maschinenkonzept

Im direkten Vergleich fallen die Volumenkosten der gantry-basierten Konzepte zu den des scanner-basierten Konzepts deutlich größer aus. Das liegt primär an der geringeren Produktivität im Herstellungsprozess (Theoretische Aufbaurate; Gantry: 14,4 mm³/s; Scanner: 25,6 mm³/s) sowie der zunehmenden Zeitanteile für die Bewegung der Achsen als auch die Delays. Dagegen ist das Einsparpotenzial bei den Maschinenkosten für ein gantry-basiertes Konzepts im Vergleich zum scanner-basierten Ansatz (zwischen 39 % und 42 %, siehe Anhang A4 – ME7) nicht sehr groß.

Im vorliegenden Fallbeispiel besteht durch die freie Wahl der Maschinenauslastung über die Bauteilanzahl die Möglichkeit die Fertigungskapazitäten einer Maschine zu überseigen. Abbildung 7-28 visualisiert die Ergebnisse der Simulationsreihe, wenn die Bauteilanzahl ein fiktives 13faches über der eingangsgewählten Stückzahl liegt.

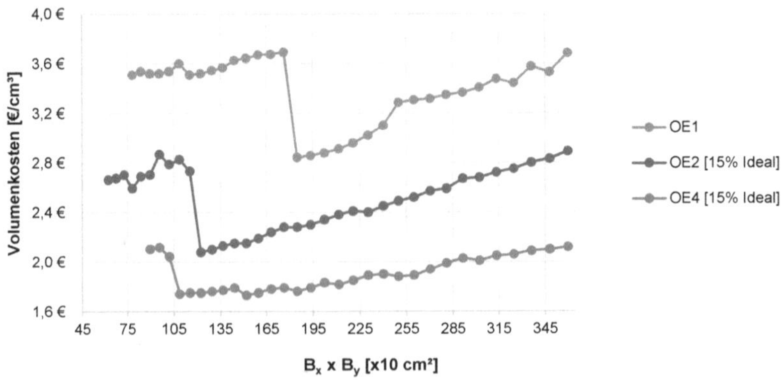

Abbildung 7-28: Auswirkung auf die Volumenkosten bei Übersteigung der Fertigungskapazität der Maschinenkonzepte

Im Fall, dass ein Maschinenkonzept unzureichende Fertigungskapazitäten für das Produktionsszenario aufweist, wird eine bzw. n weitere baugleiche LPBF-Maschine hinzugenommen. Daraus resultieren die gestiegenen Volumenkosten, welche sich aus der Addition der Volumenkosten der weiteren LPBF-Maschinen ergeben. Dabei wird die erste LPBF-Maschine bei 100 % Maschinenauslastung betrieben und die zweite Maschine mit der restlichen verbleibenden Bauteilanzahl. Der große Abfall der Volumenkosten resultiert aus der Reduktion auf ein einzelnes LPBF-Maschinenkonzept mit größerer Baufläche und einer größeren Fertigungskapazität. Durch die Simulation können somit auch Verhältnisse ermittelt werden, die einen Vergleich von multiplen LPBF-Maschinen zu einzelnen Maschinen mit größeren Fertigungskapazitäten (bedingt durch einen größeren Bauraum oder/und OE-Anzahl) ermöglichen.

Für den weiteren Prozess wird exemplarisch eine Auswahl an Maschinen anhand willkürlich gewählter Zielwerte der Kennzahlen getroffen:

- Niedrige Volumenkosten: 2.5 und 4.1
- Niedrige Volumenkosten und Investitionskosten: 1.5 und 1.22

Die selektierten Maschinenkonzepte werden zum Schluss in einer NWA oder PUGH-Matrix bewertet. In Abbildung 7-29 ist das Ergebnis der NWA dargestellt. Die Kriterien stellen die wichtigsten Kundenanforderungen aus den Interviews dar und können aus dem HoQ entnommen werden. Ebenso werden die Gewichtungsfaktoren aus dem HoQ entnommen, sodass die Ermittlung der Gewichtungsfaktoren entfällt.

			1.5		1.22		2.5		4.1	
z	Kriterium	g_z	$n_{z,1}$	$N_{z,1}$	$n_{z,3}$	$N_{z,3}$	$n_{z,5}$	$N_{z,5}$	$n_{z,6}$	$N_{z,6}$
1	Auto. Pulveraufbereitung	*0,067*	1	0,07	0,33	0,02	0,11	0,01	0,11	0,01
2	Gekapseltes Pulverhandling/-management	*0,043*	1	0,04	0,33	0,01	0,11	0,00	0,11	0,00
3	Maschinenpreis 50.000€	*0,050*	0,11	0,01	0,11	0,01	0,11	0,01	0,11	0,01
4	Selbstwartung	*0,048*	0,33	0,02	0,33	0,02	0,33	0,02	0,33	0,02
5	Adaptive Prozessführung	*0,068*	3	0,20	3	0,20	3	0,20	3	0,20
6	Datenaufbereitung	*0,068*	1	0,07	1	0,07	1	0,07	1	0,07
7	Nutzfaktor									
8	Produktionssteigerung durch Automatisierung/ Teilautomatisierung									
		Gew. Nutzwert	0,40		0,33		0,31		0,31	

Legende
Die Umsetzbarkeit des Kriterium in dem Konzept ist mit ...
1/9 Sehr schwierig **1/3** Schwierig **1** Indifferent **3** Leicht **9** Sehr leicht
...zu bewerten

Abbildung 7-29: NWA der ausgewählten Maschinenkonzepten

Zwei der sechs exemplarischen Kundenanforderungen liegen im Bereich der Software und werden daher für alle Konzepte gleich bewertet. Die Selbstwartung wird ebenfalls auf Grund des gleichen Optikkonzepts gewertet. Das automatische bzw. gekapselte Pulvermanagement ist bei Maschinen mit kleinerem Bauraum einfacherer in der Umsetzung. Die Realisierung des Maschinenpreises ≤ 50.000 € ist bei allen scanner-basierten Ansätzen gleich schwierig in der Umsetzung. Das Ergebnis der NWA bewertet die Konzept 1.5 am höchsten.

Zwischenfazit

Die Bewertungsphase dient zur Priorisierung und KANO-Klassifizierung von Kundenanforderungen. Darüber hinaus werden in dieser Phase für die gewählten Maschinenkonzepte die wirtschaftlichen (z. B. Volumenkosten) und produktionstechnischen (z. B. Durchlaufzeit) Kennzahlen in Abhängigkeit des Produktprogramms ermittelt. Die Kennzahlen sollen den Anwender bei der Entscheidungsfindung der vielversprechendsten Maschinenkonzepte unterstützen und zeitgleich weitere Optimierungspotenzial, z. B. durch die Entwicklung kostenoptimierter Maschinenkonzepte aufweisen. Die Verwendung des HoQ und des KANO-Modells zur Priorisierung der Kundenanforderung als sowie die Interpretation der Ergebnisse erfordert Erfahrung bei der Anwendung der Methodiken als auch im Bereich des LPBF. Die Simulation der Kennzahlen ermöglicht den Vergleich der Konzepte und dadurch eine fundierte Entscheidungsfindung im Vergleich zur intuitiven Entscheidungsfindung. Die Interpretation der Ergebnisse bedarf Expertenwissen (in jedem einzelnen Arbeitsschritt der Prozesskette), so dass Überlagerungseffekt (z. B. OE-Auslastung und Nesting) mit den resultierenden Kennzahlen korreliert und deren Zusammenspiel interpretiert werden kann. Die Verwendung der prototypischen Software mit interaktiver graphischer Benutzeroberfläche ermöglicht eine einfache und flächendeckende Entscheidung.

7.3 Gestaltungsphase

In der Gestaltungsphase erfolgt die finale Auswahl des Maschinenkonzepts für die weitere Realisierung. Hierzu werden die ausgewählten Konzepte hinsichtlich ihres Automatisierungspotenzials bewertet und verglichen. Im letzten Schritt erfolgt eine Nutzwertanalyse zur finalen Selektion.

ME8: *Auswahl Maschinenkonzept*

Zur Evaluierung und Quantifizierung des Automatisierungspotentials werden der definierte Nutzenfaktor, der zum direkten Vergleich der Volumenkosten des automatisierten und des manuellen Maschinenkonzepts verwendet wird, und das Automatisierungspotential, das das wirtschaftliche Potential der Automatisierung der Maschinenkonzepte beschreibt, genutzt (siehe Kapitel 6.2.3). Im Folgenden werden die Ergebnisse einer Simulationsreihe mit einer Fe-Legierung bei einem A5S1 für vier verschiedene Bauteilgeometrien (Bauteile 4, 8, 11 und 12) beschrieben.

Die Teilautomatisierung einzelner manueller Teilschritte, wie Einrüsten, Starten und Abrüsten des Baujobs, bieten (im Vergleich zur Vollautomatisierung) nur eine geringe Steigerung der Produktionsleistung. Der Mittelwert des Nutzenfaktors für eine Teilautomatisierung liegt für die verwendeten Bauteile bei 0,09. Im Mittel wird die

Produktionsleistung der Maschinen nur geringfügig erhöht (<10,7 %). Nur in Ausnahmefällen, z. B. wenn durch Teilautomatisierung lange Wartezeiten entfallen und weitere Baujobs pro Tag bzw. Woche gefertigt werden können, ist der Einfluss der Teilautomatisierung signifikant mit bis zu 55 % Steigerung der Produktionsleistung. In diesen Fällen kann der Nutzenfaktor bis zu 0,39 erreichen. Da dieser Effekt stark von der Bauteilgeometrie abhängt und für alle Maschinenkonzepte auftreten kann, muss für den konkreten Anwendungsfall entschieden werden, ob eine Teilautomatisierung zweckmäßig ist. Das Teilautomatisierungspotential eines einzelnen Prozessschrittes für die vier untersuchten Bauteile liegt im Mittel zwischen 33.000 € und 116.000 € (siehe Kapitel 6.2.3) für einen Zeitraum von acht Jahren (siehe Tabelle 6-14). Dies ist auf die Senkung der Personalkosten zurückzuführen, da keine größere Produktionsleistung erzielt wird. Für den wirtschaftlichen Einsatz einer Teilautomatisierungslösung dürfen die Kosten das berechnete Teilautomatisierungspotential nicht überschreiten. Anhand des Vergleichsfaktors kann dann für den individuelle Fall entschieden werden, ob ein Maschinenkonzept mit größerem Bauraum bzw. größere OE-Anzahl im Vergleich zu einem Maschinenkonzept mit einer Teilautomatisierung zweckmäßiger ist.

Eine Vollautomatisierung führt zu einer signifikanten Steigerung der Produktionsleistung und Senkung der Volumenkosten, daher erfolgt die Berechnung des Automatisierungspotenzials für den Selektionsprozess anhand einer Vollautomatisierung. Abbildung 7-30 zeigt einerseits die Steigung der Produktionssteigerung [%], wenn Nebenzeiten gleich Null gesetzt werden und die maximalen Kosten für die Realisierung der Automatisierung (sog. Automatisierungspotenzial).

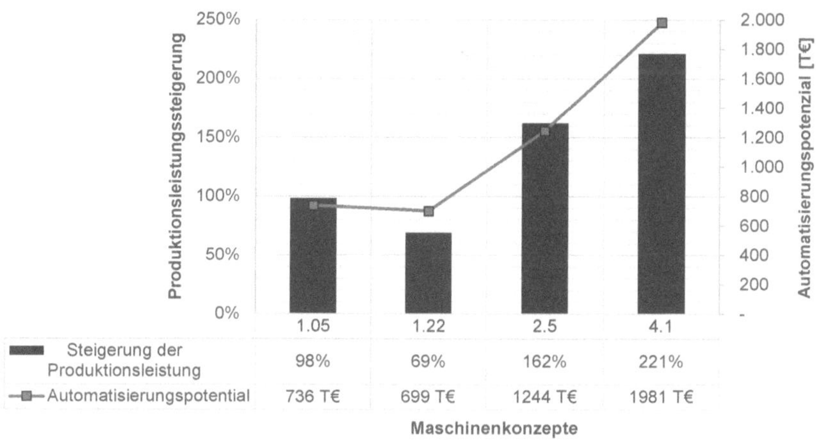

Abbildung 7-30: Darstellung des Automatisierungspotentials und der Produktionsleistungssteigerung für die ausgewählten Maschinenkonzepte für eine vollständige Automatisierung des Fertigungsprozesses anhand der Bauteile 4, 8, 11 und 12.

Der über alle Maschinenkonfigurationen gemittelte Nutzenfaktor für die Vollautomatisierung beträgt 0,44 (siehe Abbildung 7-31). Für kleine Bauplattformen steigt der

Nutzenfaktor sogar bis auf 0,73, da durch Vollautomatisierung die Maschinenauslastung um 221 % (Konzept 4.1; siehe Abbildung 7-30) gesteigert werden kann. Dabei steigt der erreichbare Nutzenfaktor indirekt proportional zum Bauraum und proportional zur Anzahl der OE.

Für die Konzept 4.1 beträgt der Nutzenfaktor 0,31 (siehe Abbildung 7-31). Dies entspricht einer Senkung der Volumenkosten um 26 %. Die Korrelation des Automatisierungspotentials mit den Maschinenkonzepten verhält sich analog zum Nutzenfaktor. Das mittlere Automatisierungspotential für einen Abschreibungszeitraum von acht Jahren liegt für die hier betrachteten Maschinen bei 877 T€ (siehe Abbildung 7-30). Dieses Potential ist auf zwei Haupteinflüsse zurückzuführen. Zunächst wird die Produktionsleistung durch Automatisierung (bis zu 221 %; siehe Abbildung 7-30) signifikant gesteigert. Die Maschinenkosten können linear zur Steigerung der Produktionsleistung vergrößert werden, ohne eine Veränderung der Volumenkosten zu bewirken. Zusätzlich werden manuelle Prozesse, wie Ein- und Abrüsten der Maschine, automatisiert, wodurch die Personalkosten für diese Teilschritte entfallen.

Das Automatisierungspotential hängt stark vom Produktportfolio, Produktionsszenario und -umgebung (Bauteilgeometrie, AZM, Personalkosten) sowie der Maschinenkonzepte ab. Das Automatisierungspotential wird maßgeblich durch die mögliche Steigerung der Produktionsleistung bestimmt.

Das hier bestimmte Automatisierungspotential beschreibt einen theoretischen Grenzwert, bis zu dem eine Maschinenautomatisierung wirtschaftlich ist. Für eine genauere Abschätzung der Wirtschaftlichkeit und Auswirkung auf die Kennzahlen müssen die Kosten der benötigten Automatisierungsmodule kalkuliert werden, da diese in dem vorliegenden Ansatz nicht berücksichtigt werden.

Die Kennzahlen zur Bewertung des Automatisierungspotenzials werden mit in die NWA aufgenommen (siehe Abbildung 7-31).

z	Kriterium	g_z	1.5		1.22		2.5		4.1	
			$n_{z,1}$	$N_{z,1}$	$n_{z,3}$	$N_{z,3}$	$n_{z,5}$	$N_{z,5}$	$n_{z,6}$	$N_{z,6}$
1	Auto. Pulveraufbereitung	*0,067*	1	0,07	0,33	0,02	0,11	0,01	0,11	0,01
2	Gekapseltes Pulverhandling/-management	*0,043*	1	0,04	0,33	0,01	0,11	0,00	0,11	0,00
3	Maschinenpreis 50.000€	*0,050*	0,11	0,01	0,11	0,01	0,11	0,01	0,11	0,01
4	Selbstwartung	*0,048*	0,33	0,02	0,33	0,02	0,33	0,02	0,33	0,02
5	Adaptive Prozessführung	*0,068*	3	0,20	3	0,20	3	0,20	3	0,20
6	Datenaufbereitung	*0,068*	1	0,07	1	0,07	1	0,07	1	0,07
7	Nutzfaktor		0,73		0,62		0,54		0,31	
8	Produktionssteigerung durch Automatisierung/ Teilautomatisierung [%]		98		69		162		221	
	Gew. Nutzwert		0,40		0,33		0,31		0,31	

Legende
Die Umsetzbarkeit des Kriterium in dem Konzept ist mit ...
1/9 Sehr schwierig **1/3** Schwierig **1** Indifferent **3** Leicht **9** Sehr leicht
...zu bewerten

Abbildung 7-31: Ergänzung der NWA um die Automatisierungskennzahlen

Konzept 1.5 wird für die weitere Realisierung ausgewählt, da der gewichtete Nutzwert am höchsten ausfällt und es noch (geringes) Automatisierungspotenziale gibt, die zur Reduzierung der Volumenkosten führt.

Zwischenfazit

Die potenziellen Kosteneinsparungen bei maximaler Maschinenauslastung ermöglicht den wirtschaftlichen Betrieb des LPBF auch für größere Losgrößen. Bei Maschinen, die für den Zielmarkt geringe Investitionskosten aufweisen sollten, sind Automatisierungslösungen auf Grund der Vergrößerung der Anlagenkosten weniger relevant. Die potenziellen Kosteneinsparungen werden auf Grund geringer Maschinenauslastungen wahrscheinlich nicht erreicht.

7.4 Kritische Reflexion

Die Anwendung der Methodik erfolgt unter marktnahen Bedingungen, d.h. dass reale Kundenunternehmen zur Ermittlung den Anforderungen herangezogen werden. Hier besteht die Herausforderungen, dass die aus wirtschaftlichster Sicht interessanten Unternehmen ggfs. nicht zur Anforderungsermittlung zur Verfügung stehen. Neben benötigten Erfahrungswerten sind heterogene/interdisziplinare Teams zur Erfassung der Kundenanforderungen hilfreich, um ein größtmögliches Spektrum an Anforderungen aus den Kundenaussagen abzuleiten.

Die Ableitung von Maschinenkonzepten und die Berechnung der Kennzahlen für den späteren Vergleich wird durch eine prototypische Software ermöglicht. Die interaktive Benutzeroberfläche unterstützt den Anwender bei der Interpretation der Ergebnisse. In Abhängigkeit des gewählten Produktionsszenarios sind die zur Verfügung stehenden Kennzahlen umfangreich und schwer vergleichbar. Die finale Auswertung und Selektion des geeignetsten Maschinenkonzepts erfolgt anhand einer NWA unter Berücksichtigung des Automatisierungspotenzials. Somit wird die entwickelte Methodik anhand eines realen Anwendungsbeispiels hinsichtlich ihrer Eignung für die anwendungs- und branchenzentriete Entwicklung einer LPBF-Maschine erfolgreich getestet.

Die entwickelte Methodik hat sich als zielführend erwiesen und bietet in der frühen Phase der Produktentwicklung ein großes Spektrum an Kennzahlen zur Bewertung geeigneter Konzepte. Identifizierte Schwachstellen können durch robuste Daten (z. B. Präzise Maschinenkosten) vermieden werden. Die Methodik kann beliebige unternehmensspezifische Anwendungsfälle im Bereich AM angepasst werden. Darüber hinaus werden über die Kennzahlen sowohl wirtschaftliche als auch produktionstechnische Größen ermittelt, um im Entscheidungsprozess den verschiedenen Stakeholdern gerecht zu werden.

Die Beantwortung der in Kapitel 4.3 gestellten Forschungsfrage ergibt sich aus der Konzeption und Detaillierung der Methodik (siehe Kapitel 5 und 6) und durch den Nachweis der Anwendbarkeit (siehe Kapitel 1).

Die erste untergeordnete Forschungsfrage kann durch die Ausnutzung der Wechselbeziehungen zwischen Maschinentechnik, Produktprogramm und resultierenden wirtschaftlichen und produktionstechnischen Kennzahlen beantwortet werden. Durch die Nutzung dieser Kennzahlen kann eine objektive Entscheidungsfindung zur Auswahl von Maschinenkonzepten getroffen werden. Darüber hinaus dienen die für die Kennzahlen notwendigen Berechnungen der produktprogrammspezifischen Herstellzeiten und Herstellungskosten auch zur Beantwortung der zweiten untergeordnete Forschungsfrage. Die Berechnung erfolgt auf einen simulationsbasierten Ansatz, der unter großer Genauigkeit die Herstellzeiten berechnet und somit eine realitätsnahe Datengrundlage für die Kennzahlen ermöglicht.

Die Kombination des präzisen simulationsbasierten Ansatzes mit dem HoQ, als etablierte Produktentwicklungsmethodik, wird zur vollumfänglichen Integration der Kundenperspektive in den Entwicklungsprozess genutzt. Dadurch wird die Branchenzentrierung bei gleichzeitiger Berücksichtigung von spezifischen Applikationen über das Produktprogramm gewährleistet.

8 Zusammenfassung und Ausblick

Moderne und innovative Fertigungstechnologien, wie das Additive Manufacturing (AM), spielen eine wichtige Rolle bei der Meisterung der vorher genannten Herausforderungen zur Produktion nachhaltiger, kundenindividueller, kostenoptimaler Produkte [Pil18].

Diese Fertigungstechnologien versprechen eine ressourcenschonende, werkzeuglose Herstellung von nahezu beliebig komplexen Produkten mit einem großen Maß an Flexibilität hinsichtlich Größe, Stückzahl und Material [Woh21] für vielfältige Anwendungen. Hierbei hat das laser- und pulverbettbasierte Verfahren Laser Powder Bed Fusion (LPBF) zur Herstellung metallischer Funktionsbauteile eine besondere Bedeutung. [Woh21; AMP20; Gib15]

Zur vollen Ausschöpfung der wirtschaftlichen [Zäh13; Woh21] und technologischen [Neu19; Woh21] Potenziale von LPBF sowie zu dessen Etablierung in der Produktion [Adr20; Woh21], müssen bereits bei der Konzeptionierung von neuen LPBF-Produktionsmaschinen Anforderungen von den herzustellenden Produktprogrammen, aber auch von den diese Maschinen nutzenden Anwendern und Branchen berücksichtigt werden. Daraus ergibt sich die Frage, inwiefern in einer frühen Phase der Produktentwicklung von LPBF-Produktionsmaschinen diese diversen Anforderungen systematisch erfasst, gewichtet, bewertet und bezüglich der Auswirkungen auf die resultierenden wirtschaftlichen (z. B. Herstellungskosten) und produktionstechnischen (z. B. Durchlaufzeit, Maschinenauslastung) Kennzahlen abgeschätzt werden können.

Zur Lösung dieser Herausforderungen ist eine Methodik zur Entwicklung von branchen- und anwendungszentrieten LPBF-Maschinen entwickelt worden, welche in grafischer Form in Abbildung 8-1 zusammengefasst ist. Hierbei werden nur die wesentlichen verwendeten Hilfsmittel dargestellt, welche über Informationsflüsse miteinander verbunden sind. Ausgangspunkt der Zusammenfassung sind die Kunden-Nutzenversprechen[12] (engl. Customer Value Proposition), welche schlussendlich den Kunden zum Kauf bewegen sollen und durch die entwickelte Methodik adressiert werden. Hierbei werden neben den klassischen Produktattributen sowohl die Abgrenzung zum Wettbewerb als auch die Kosten berücksichtigt (siehe Abbildung 8-1).

[12] Kunden-Nutzenversprechen bezieht sich auf den Wert, den ein Unternehmen seinen Kunden zu liefern verspricht, wenn diese sich für den Kauf der Produkte entscheiden.

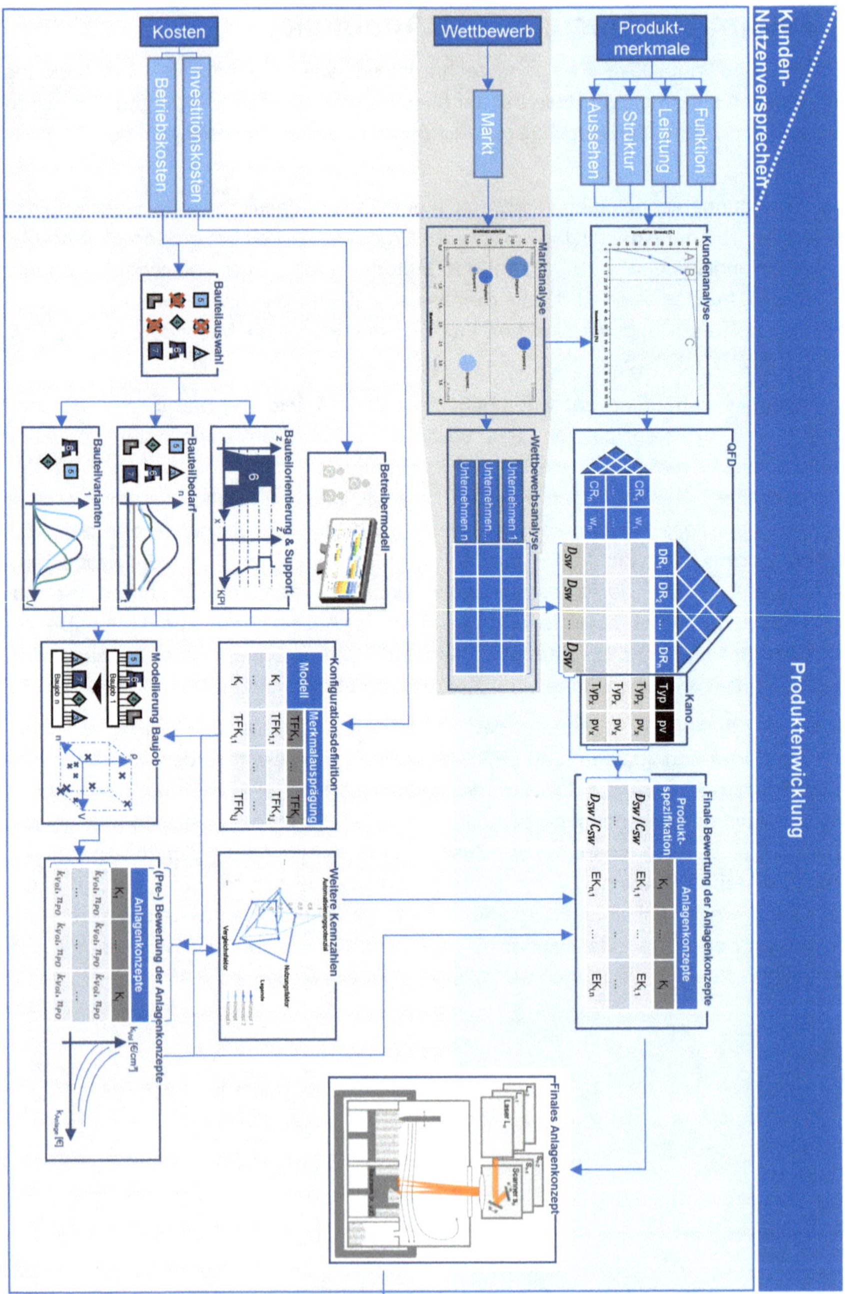

Abbildung 8-1: Grafische Zusammenfassung der entwickelten Methodik

Die Methodik soll die Entwicklung von branchen- und anwendungszentrieten LPBF-Maschinen ermöglichen, weshalb neben klassischen Kundenanforderungen ebenfalls produktionstechnische (z. B. Produktionsleistung) und wirtschaftliche (z. B. Volumenkosten) Kenngrößen basierend auf dem Produktprogramm des Kunden zur gezielten Entwicklung der Maschinentechnik verwendet werden.

Bevor die Kundenanforderungen aufgenommen werden können, müssen die relevanten Kundenunternehmen ermittelt werden. Damit der Prozess zur Identifikation dieser Unternehmen stringent und mit minimalem Aufwand erfolgt, wird im ersten Schritt der Zielmarkt weitergehend analysiert und in Marktsegmente aufgeteilt (siehe Abbildung 8-1; Marktanalyse). Durch die detaillierte Beschreibung der Kundenunternehmen (siehe Abbildung 8-1; Kundenanalyse) und Wettbewerber mit Hilfe von Indikatoren, die eine Aussage zur Relevanz für die Markterschließung ermöglichen, kann im nächsten Prozessschritt sowohl die Erfassung von Kundenanforderungen als auch die Ermittlung der Wettbewerberprodukte erfolgen (siehe Abbildung 8-1; Wettbewerberanalyse).

Die Kundenanforderungen werden hierbei über die erste Phase des QFD – das *House of Quality* – erfasst und in quantifizierbare Produktmerkmale überführt (siehe Abbildung 8-1; QFD). Ebenso erfolgt die Gewichtung und Bewertung der Kundenanforderungen sowie der Produktmerkmale. Damit eine direkte Vergleichbarkeit gewährleistet ist, werden die Ergebnisse im HoQ normalisiert und mittels KANO-Modell hinsichtlich Begeisterungs-, Basis- und Leistungsmerkmale klassifiziert. Zur wertemäßigen Beschreibung der Merkmale erfolgt im KANO-Model auch direkt die Berechnung der Kundenzufriedenheitskoeffizienten (siehe Abbildung 8-1; KANO-Modell). Sobald die Kundenunternehmen im Zielmarkt bekannt sind, können diese auch zur Ermittlung der produktionstechnischen und wirtschaftlichen Kenngrößen herangezogen werden. Die Berechnung dieser Kennzahlen beruhen auf den Herstellzeiten und Herstellungskosten eines aktuellen kunden- oder branchentypischen Produktprogramms. Ansätze zur Bauteilauswahl für das LPBF können die Kunden beim eigenständigen Selektionsprozess unterstützen (siehe Abbildung 8-1; Bauteilauswahl). Im Anschluss erfolgt die Ermittlung der Bedarfsmenge je Bauteil für einen Betrachtungszeitraum sowie die Ermittlung von Bauteilvarianten. Ebenso muss sowohl die Festlegung der Bauteilorientierung, Erzeugung der Supportstrukturen als auch das Slicing und die Vektorisierung vor der Baujob-Modellierung erfolgen, damit die Berechnung der Herstellzeiten und Kennzahlen automatisiert ablaufen kann (siehe Abbildung 8-1; Bauteilorientierung, Bauteilbedarf und Bauteilvarianten). Zur Modellierung der Baujobs werden zu variierende Maschinenmerkmale benötigt, welche vom Anwender zu definieren sind, damit eine automatische Erzeugung von Maschinenkonzepten in den gesetzten Grenzen geschehen kann. Die Modellierung erfolgt, wie in Abbildung 8-1 dargestellt, dann anhand einer vorab definierten Nesting-Regel, z. B. maximale Packungsdichte oder homogene z-Bauteilhöhe, in Kombination mit den Maschinenmerkmalen (z. B. Abmessungen des Bauraums). Die erhaltenen Baujobs werden zur Berechnung der produktionstechnischen und wirtschaftlichen Kenngrößen über die Herstellzeiten sowie deren Zeitanteile verwendet. Ein wesentlicher Bestandteil stellt eine durchgängige Automatisierung aller für die anwendungsspezifische Bewertung von Maschinenkonzepten notwendigen Prozess- bzw. Berechnungsschritte durch die prototypische Software *Additive Advisor* dar, um eine möglichst einfache und benutzerfreundliche Anwendung der Methodik zu ermöglichen. Hierzu werden über eine Benutzeroberfläche, in der das individuelle Produktionsszenario (Bauteilgeometrie, Material, Produktionsleistung, etc.) durch den Anwender festgelegt wird, alle Informationen an das Modell übergeben. Aus diesen Parametern berechnet diese dann die Kennzahlen zur Bewertung der Maschinenkonzepte. Ein hierfür notwendiges Kernmodul des *Additive Advisor* stellt der LPBF-Machine Emulator zur Berechnung der Zeitdauern aller relevanten Maschinenmodule (z. B. Scanner, Achsenbewegungen, etc.), welche auf Basis der Scanvektoren präzise Berechnungen ermöglicht. Als Ergebnis der Simulation erhält der Anwender die resultierenden wirtschaftlichen und produktionstechnischen Kennzahlen zur Bewertung der Maschinenkonzepte. Die Normierung der Kennzahlen ermöglicht eine bessere Vergleichbarkeit der Maschinenkonzepten zueinander. Die Visualisierung der Kennzahlen zeigt, dass ein pareto-effizienter Zustand vorliegt, wodurch die Auswahl eines optimalen Maschinenkonzepts ohne weiteres nicht möglich ist. Jedoch können die Kennzahlen zur Vorselektion von Maschinenkonzepte genutzt werden. Die vielversprechendsten Maschinenkonzepte werden in einer PUGH-Matrix oder Nutzwertanalyse gegenübergestellt und hinsichtlich des Erfüllungsgrads der gewichteten Kundenanforderungen bzw. gewichteten Produktmerkmalen bewertet. Neben dem berechneten Ergebnis aus der PUGH-Matrix bzw. Nutzwertanalyse können weitere Kennzahlen, beispielweise zur Bewertung des Automatisierungspotenzials der Maschinenkonzepte, den Entscheidungsfindungsprozess stützen. Schlussendlich wird ein LPBF-Maschinenkonzept zur Ausgestaltung für den weiteren Produktentwicklungsprozess ausgewählt.

Die Anwendung der entwickelten Methodik zeigt einen Mehrwert, durch die Kundenorientierung im Entwicklungsprozess einer LPBF-Maschine. Insbesondere die Berücksichtigung von relevanten Kundenanforderungen ermöglicht eine marktgerechte Entwicklung. Die Erfassung von Kundenbedürfnissen und -Anforderungen bedarf Erfahrung. Vor allem in der Überführung einer Aussage in Anforderungen. Ebenso hat sich die Verwendung der wirtschaftlichen und produktionstechnischen Kenngrößen als hilfreich bei der Bewertung von vielversprechenden Maschinenkonzepten erwiesen, obwohl die Interpretation und Aussagekraft für Serienanwendungen einfacher ist als für die individuelle Bauteilfertigung. Hier haben neben dem Maschinenkonzept insbesondere das Nesting sowie die Scanfeldaufteilung einen wesentlichen Einfluss auf die Kennzahlen.

Anhand der vorliegenden Arbeit können weitere Forschungsfragen abgeleitet werden. Zur Verbesserung der Präzision der Kennzahlen bei der individuellen Bauteilfertigung und zur Reduzierung des Einflusses des Nestings und der Scanfeldaufteilung, sollten Nesting-Algorithmen entwickelt werden, die neben der Packungsdichte auch die Scanfeldaufteilung berücksichtigen. Auch die Parametrisierung von Prozessparametern zur Berücksichtigung des Einflusses der Aufbaurate auf die

Produktionsleistungen, kann bei der Auswahl geeigneter Komponentenleistungsklassen der Komponenten (z. B. Laserleistung) einen Mehrwert darstellen. Neben der Weiterentwicklung von robusten Kennzahlen zur Abschätzung von Automatisierungslösungen, stellt die Erweiterung der Methodik um die unternehmensinternen Entwicklungskennzahlen (z. B. Entwicklungsbudget) zur Berücksichtigung der internen Anforderungen einen sinnvollen nächsten Schritt dar.

Literaturverzeichnis

[Aco21] Aconity3D GmbH Aconity Mini. URL: https://aconity3d.com/de/products/aconity-mini/ [Stand: 05.01.2022]

[Adr19] Adrian Williams 3D Printing In Healthcare: Where Are We In 2021?, 30.08.2019

[Adr20] Adrian Williams 10 der größten Herausforderungen bei der Skalierung der additiven Fertigung für die Produktion [Expertenrunde], 12.01.2020

[Aka03] Akao, Y.; Mazur, G. H.: The leading edge in QFD: past, present and future. In: International Journal of Quality & Reliability Management, 20. Jg., 2003, Nr. 1, S. 20–35.

[Aka92] Akao, Y. Quality function deployment QFD ; wie die Japaner Kundenwünsche in Qualität umsetzen. Landsberg: Moderne Industrie, 1992 - ISBN: 3-478-91020-6.

[Al'84] Al'tšuller, G. S. Creativity as an exact science. The theory of the solution of inventive problems. Reihe: Studies in cybernetics, 5. New York, NY: Gordon and Breach, 1984 - ISBN: 0677212305.

[Alb03] Albers: An Innovative New Basic Model in Design Methodology for Analysis and Synthesis of Technical Systems. 2003

[Alb07] Albers: Support of Design Engineering Activity for a Systematic Impr ovement of Products. 2007, S. 105.

[Alb08a] Albers: Support of System Analyses and Improvement in Industrial Design Through the Contact & Channel Model. 2008a

[Alb08b] Albers: Support of Design Engineering Activity Through C&CM—Temporal Decomposition of Design Problems. 2008b, S. 97.

[Alb18] Alber-Laukant, B. Handbuch Konstruktion. 2., aktualisierte Auflage. München: Hanser, 2018 - ISBN: 9783446452244.

[Ale21] Alexandre Martel Die besten 3D-Druck Anwendungen in der Luftfahrt, 29.10.2021

[Ale98] Alexander, P.; Allen, S.; Dutta, D.: Part orientation and build cost determination in layered manufacturing. In: Computer-Aided Design, 30. Jg., 1998, Nr. 5, S. 343–356.

[Alt00] Altshuller, G. (Hrsg.) The innovation algorithm. TRIZ, systematic innovation and technical creativity. 1. ed., 2. print. Worcester, Mass.: Technical Innovation Center, 2000

[Amm21] Ammann, P. Marktsegmentierung für Industriegütermärkte. Marktsegmente bilden, auswählen und bearbeiten in Business-to-Business-Märkten. (Reihe: essentials). Wiesbaden, Germany, Heidelberg: Springer Gabler, 2021 - ISBN: 978-3-658-35632-3.

[AMP20] AMPOWER Metal Additive Manufacturing Report 2020. Hamburg, 2020

[And94] Andreasen: Modelling—The Language of the Designer. In: Journal of Engineering Design, 5. Jg., 1994, Nr. 2, S. 103–115.

[And96] Andreasen: The Structuring of Products and Product Programmes. 1996, S. 15.

[Bac16] Bacciotti, D.; Borgianni, Y.; Cascini, G.; Rotini, F.: Product Planning techniques: investigating the differences between research trajectories and industry expectations. In: Research in Engineering Design, 27. Jg., 2016, Nr. 4, S. 367–389.

[Bai96] Bailom, F.; Hinterhuber, H. H.; Matzler, K.; Sauerwein, E.: Das Kano-Modell der Kundenzufriedenheit. In: Marketing ZFP, 18. Jg., 1996, Nr. 2, S. 117–126.

[Bal21a] Bali Swain, R.; Sweet, S. Introduction to Sustainable Consumption and Production Challenges and Development. In: Swain, R. B.; Sweet, S. (Hrsg.): Sustainable consumption and production. Cham, Switzerland: Palgrave Macmillan, 2021a, S. 1–18.

[Bal21b] Balbo, M.: Die Digitalisierung und ihre Hürden im Handwerk. In: SinkaCom AG [Stand:12.02.2022]

[Bar16] Bartlett-Mattis, M. Zukunft des 3D-Drucks und Industrie 4.0. URL: https://www.trendreport.de/3d-druck/ [Stand: 16.01.2022]

[Beg19] Beger, A.-L. Methodik für eine nachhaltigkeitsoptimierte Produktentwicklung. Dissertation. Aachen, 2019

[Ben21] Bender, B.; Gericke, K.; Pahl, G.; Beitz, W. (Hrsg.) Pahl/Beitz Konstruktionslehre. Methoden und Anwendung erfolgreicher Produktentwicklung. Reihe: Springer eBook Collection. 9. Auflage. Berlin, Heidelberg: Springer Vieweg, 2021

[Bir11] Birkhofer, H. (Hrsg.) The Future of Design Methodology. Reihe: SpringerLink Bücher. London: Springer London, 2011

[Bla20] Blank, S. The Four Steps to the Epiphany. 1st edition. Erscheinungsort nicht ermittelbar, Boston, MA: Wiley; Safari, 2020 - ISBN: 9781119690351.

[Boh05] Bohm, M. R.; Stone, R. B.; Szykman, S.: Enhancing Virtual Product Representations for Advanced Design Repository Systems. In: Journal of Computing and Information Science in Engineering, 5. Jg., 2005, Nr. 4, S. 360–372.

[Bra13] Braun, A. Modellbasierte Unterstützung der Produktentwicklung - Potentiale der Modellierung von Produktentstehungsprozessen am Beispiel des integrierten Produktentstehungsmodells (iPeM), 2013

[Bra15] Brauckmann, O. Smart Production. Wertschöpfung durch Geschäftsmodelle. Reihe: Springer eBook Collection. Berlin, Heidelberg: Springer Vieweg, 2015 - ISBN: 9783662453025.

[Bra20a] Bracken, J.; Pomorski, T.; Armstrong, C.; Prabhu, R.; Simpson, T. W.; Jablokow, K.; Cleary, W.; Meisel, N. A.: Design for metal powder bed fusion: The geometry for additive part selection (GAPS) worksheet. In: Additive Manufacturing, 35. Jg., 2020a, S. 101163.

[Bra20b] Bracken, J. E.; McComb, C.; Simpson, T. W.; Jablokow, K. W. A Review of Part Filtering Methods for Additive Manufacturing. In: Volume 11A: 46th Design Automation Conference (DAC): American Society of Mechanical Engineers, 2020b

[Bra91] Bras: Designing Design Processes in Decision-based Concurrent Engineering. In: SAE Transactions, 100. Jg., 1991, Nr. 5, S. 1019.

[Bre12] Brecher, C. (Hrsg.) Integrative Production Technology for High-Wage Countries. Reihe: SpringerLink Bücher. Berlin, Heidelberg: Springer Berlin Heidelberg, 2012

[Bre15] Brecher, C. Advances in production technology. Reihe: Lecture notes in production engineering. Cham, Heidelberg, New York, Dordrecht, London: Springer Open, 2015 - ISBN: 978-3-319-12303-5.

[Bre97] Breiing, A.; Knosala, R. Bewerten technischer Systeme. Theoretische und methodische Grundlagen bewertungstechnischer Entscheidungshilfen. Berlin, Heidelberg: Springer, 1997 - ISBN: 3642639089.

[Bro01] Browning, T. R.: Applying the design structure matrix to system decomposition and integration problems: a review and new directions. In: IEEE Transactions on Engineering Management, 48. Jg., 2001, Nr. 3, S. 292–306.

[Bro05] Brown, C. A.: Teaching axiomatic design to engineers—Theory, applications, and software. In: Journal of Manufacturing Systems, 24. Jg., 2005, Nr. 3, S. 186–195.

[Bro20] Brown, C. A. Axiomatic Design for Products, Processes, and Systems. In: Matt, D.; Modrak, V.; Zsifkovits, H. E. (Hrsg.): Industry 4.0 for SMEs. Challenges, opportunities and requirements. Cham, Switzerland: Palgrave Macmillan, 2020, S. 383–401.

[Bun19] Bundesministerium für Wirtschaft und Klimaschutz Handwerk 4.0. URL: https://www.de.digital/DIGITAL/Navigation/DE/Magazin/Handwerk-4-0/handwerk-4-0.html [Stand: 12.06.2022]

[Bun22] Bundesfinanzministerium Bundesfinanzministerium - AfA-Tabelle für den Wirtschaftszweig "Maschinenbau". URL: https://www.bundesfinanzministerium.de/Content/DE/Standardartikel/Themen/Steuern/Weitere_Steuerthemen/Betriebspruefung/AfA-Tabellen/AfA-Tabelle_Maschinenbau.html [Stand: 09.06.2022]

[Bur20] Burke, S.: Advanced Data Preparation Module for Metals Additive Manufacturing, 2020

[Car20a] Carolin Seidel Industrial-scale 3D printing continues to advance at BMW Group). München, 10.12.2020a

[Car20b] Carter, W. T.; Graham, M. E.; Hayden, C. J.; Jeong, Y.; Mamrak, J.; McCarthy, B. S.; Monaghan, W. F.; Nieters, E. J.; Ostroverkhov, V.; Roychowdhury, S.; Schmitz, A. M.; Shalaby, M.; Tucker, M. R.: A large format DMLM system using a continuously rotating powder bed. In: Additive Manufacturing, 31. Jg., 2020b, S. 100983.

[Cav01] Cavallucci, D.; Weill, R. D.: Integrating Altshuller's development laws for technical systems into the design process. In: CIRP Annals, 50. Jg., 2001, Nr. 1, S. 115–120.

[Cec19] Ceccanti, F.; Giorgetti, A.; Citti, P.: A Support Structure Design Strategy for Laser Powder Bed Fused Parts. In: Procedia Structural Integrity, 24. Jg., 2019, S. 667–679.

[Cha02] Chan, L.-K.; Wu, M.-L.: Quality Function Deployment: A Comprehensive Review of Its Concepts and Methods. In: Quality Engineering, 15. Jg., 2002, Nr. 1, S. 23–35.

[Cha99] Chan, L. K.; Kao, H. P.; Wu, M. L.: Rating the importance of customer needs in quality function deployment by fuzzy and entropy methods. In: International Journal of Production Research, 37. Jg., 1999, Nr. 11, S. 2499–2518.

[Che14] Chen, L.-H.; Chen, C.-N.: Normalisation models for prioritising design requirements for quality function deployment processes. In: International Journal of Production Research, 52. Jg., 2014, Nr. 2, S. 299–313.

[Chm08] Chmarra: Towards Adaptable Architecture. 2008

[Chr18] Christoph Klahn, Mirko Meboldt, Alexander Stark Additive Manufacturing: Cost Factors and Cost Optimization, 17.07.2018

[Cla91] Clausing: Enhanced Quality Function Deployment. 1991, S. 15.

[Con14] Conner, B. P.; Manogharan, G. P.; Martof, A. N.; Rodomsky, L. M.; Rodomsky, C. M.; Jordan, D. C.; Limperos, J. W.: Making sense of 3-D printing: Creating a map of additive manufacturing products and services. In: Additive Manufacturing, 1-4. Jg., 2014, S. 64–76.

[Coo11] Cooper, R. G. Winning at new products. Creating value through innovation. 4. ed., completely rev. and updated. New York: Basic Books, 2011 - ISBN: 9780465025787.

[Cut93] Cutkosky, M. R.; Engelmore, R. S.; Fikes, R. E.; Genesereth, M. R.; Gruber, T. R.; Mark, W. S.; Tenenbaum, J. M.; Weber, J. C.: PACT: an experiment in integrating concurrent engineering systems. In: Computer, 26. Jg., 1993, Nr. 1, S. 28–37.

[Daa09] Daalhuizen, J.; Badke-Schaub, P.; Batill, S. M. Dealing with Uncertainty in Design Practice: Issues for Designer-Centered Methodology. In: International Conference in Engineering Design. Reihe: Human Behaviour in Design. 7. Sanford: International Conference in Engineering Design, 2009, S. 147–158.

[Dae89] Daenzer, W. F.; Büchel, A. (Hrsg.) Systems engineering. Leitfaden zur methodischen Durchführung umfangreicher Planungsvorhaben. 6. Aufl., Nachdr. Zürich: Verl. Industrielle Organisation, 1989

[Dae97] Daenzer, W. F.; Haberfellner, R.; Becker, M. (Hrsg.) Systems engineering. Methodik und Praxis. 9. Aufl., erg. mit dem SE-Wissensbaum. Zürich: Verl. Industrielle Organisation, 1997

[Dan96] Danner, S. Ganzheitliches Anforderungsmanagement für marktorientierte Entwicklungsprozesse. Reihe: Konstruktionstechnik München, Bd. 24. Als Ms. gedr. Aachen: Shaker, 1996 - ISBN: 3826519086.

[Die15] Diels, F.; Rudolf, S.; Schuh, G.: Highly Iterative Product Development Process for Engineering Projects. In: Applied Mechanics and Materials, 794. Jg., 2015, S. 532–539.

[Die19] Dieter Krause; Kristin Paetzold; Sandro Wartzack (Hrsg.) Methodisches Entwickeln von Anforderungen in der Produktentwicklung, 98: The Design Society, 2019

[DIN18] DIN Deutsches Institut für Normung e. V. DIN EN ISO/ASTM. DIN EN ISO/ASTM 52900:2018 (Juni 2018) Additive Fertigung - Grundlagen - Terminologie (ISO/ASTM DIS 52900:2018); Deutsche und Englische Fassung prEN ISO/ASTM 52900:2018.

[Dir19] Dirks, S. H. G.: Adaption of Cost Calculation Methods for Modular Laser-powder Bed Fusion (LPBF) Machine Concepts, 2019

[Dir21] Dirks, S. H. G. Innovative and Reliable Cost Calculation Tool - RWTH Aachen Lehrstuhl Digital Additive Production DAP. URL: https://dap-aachen.de/en/project/innovative-and-reliable-cost-calculation-tool-2 [Stand: 09.06.2022]

[Ehr07] Ehrlenspiel, K.; Kiewert, A.; Lindemann, U. Kostengünstig entwickeln und konstruieren. Kostenmanagement bei der integrierten Produktentwicklung ; mit 143 Tabellen. Reihe: VDI-/Buch. 6., überarb. und korrigierte Aufl. Berlin, Heidelberg: Springer, 2007 - ISBN: 978-3-540-74222-7.

[Ehr13a] Ehrlenspiel, K.; Meerkamm, H. Methodik der integrierten Produkterstellung IPE in Entwicklung und Konstruktion. In: Ehrlenspiel, K.; Meerkamm, H. (Hrsg.): Integrierte Produktentwicklung. Denkabläufe, Methodeneinsatz, Zusammenarbeit. 5., überarb. und erw. Aufl. München: Hanser, 2013a, S. 325–358.

[Ehr13b] Ehrlenspiel, K.; Meerkamm, H. (Hrsg.) Integrierte Produktentwicklung. Denkabläufe, Methodeneinsatz, Zusammenarbeit. 5., überarb. und erw. Aufl. München: Hanser, 2013b

[Ehr20] Ehrlenspiel, K. Kostengünstig Entwickeln und Konstruieren. Kostenmanagement Bei der Integrierten Produktentwicklung. 8th ed. Berlin, Heidelberg: Springer Berlin / Heidelberg, 2020 - ISBN: 9783662625910.

[Eib17a] Eibl, F. Laser powder bed fusion of stainless steel with high power multi-diode-laser-array. Dissertation. Aachen, 2017a

[Eib17b] Eibl, F.; Tenbrock, C.; Pichler, T.; Schmithusen, T.; Heussen, D.; Schleifenbaum, J. H. Alternative beam sources and machine concepts for laser powder bed fusion. In: Proceedings of the 2017 High Power Diode Lasers and Systems Conference (HDP). Co-located with Photonex 2017, Ricoh Arena, Coventry, United Kingdom, 11th and 12th October 2017. Piscataway, NJ: IEEE, 2017b, S. 7–8.

[Eis13] Eisenhut, M.; Langefeld, B. Additive Manufacturing - A Game Changer for the Manufacturing Industry? URL: https://www.rolandberger.com/publications/publication_pdf/roland_berger_additive_manufacturing_1.pdf [Stand: 09.06.2022]

[Eis20] Eisenmann, M.; Matthiesen, S.: Identifying Reasons For A Lack Of Method Application In Engineering Design Practice – An Interview Study. In: Proceedings of the Design Society: DESIGN Conference, 1. Jg., 2020, S. 2495–2504.

[EOS21] EOS GmbH EOS M290. URL: https://www.eos.info/de/additive-fertigung/3d-druck-metall/eos-metall-systeme/eos-m-290 [Stand: 05.01.2022]

[Fik09] Fiksel, J. R. Design for environment. A guide to sustainable product development. Reihe: McGraw-Hill's Access Engineering. 2nd ed. New York: McGraw-Hill, 2009 - ISBN: 9780071605571.

[Fra01] Franceschini, F.; Galetto, M.: A new approach for evaluation of risk priorities of failure modes in FMEA. In: International Journal of Production Research, 39. Jg., 2001, Nr. 13, S. 2991–3002.

[Fra04] Franz, H.-W.; Kopp, R. Betriebliche Experteninterviews. Mannheim, 2004

[Fro21] Fromme, H.; Hagelüken, A.; Hagen, P.: Welthandel steckt fest. In: Süddeutsche Zeitung [Stand: 28.03.2021]

[Gau12] Gausemeier, J.; Lanza, G.; Lindemann, U. (Hrsg.) Produkte und Produktionssysteme integrativ konzipieren. Modellbildung und Analyse in der frühen Phase der Produktentstehung. 1. Aufl. s.l.: Carl Hanser Fachbuchverlag, 2012

[Gau19] Gausemeier, J.; Dumitrescu, R.; Echterfeld, J.; Pfänder, T.; Steffen, D.; Thielemann, F. Innovationen für die Märkte von morgen. Strategische Planung von Produkten, Dienstleistungen und Geschäftsmodellen. München: Hanser, 2019 - ISBN: 9783446429727.

[GE21] GE Additive Concept Laser X Line 2000R. URL: https://www.ge.com/additive/additive-manufacturing/machines/dmlm-machines/x-line-2000r [Stand: 05.01.2022]

[Geb10] Gebhardt, A.; Schmidt, F.-M.; Hötter, J.-S.; Sokalla, W.; Sokalla, P.: Additive Manufacturing by selective laser melting the realizer desktop machine and its application for the dental industry. In: Physics Procedia, 5. Jg., 2010, S. 543–549.

[Geb16] Gebhardt, A.; Hötter, J.-S. Additive manufacturing. 3D printing for prototyping and manufacturing. Cincinnati, OH, Munich, Cincinnati: Hanser Publications; Hanser Publishers, 2016 - ISBN: 9781569905838.

[Gib15] Gibson, I.; Rosen, D.; Stucker, B. Additive manufacturing technologies. 3D printing, rapid prototyping and direct digital manufacturing. Second Edition. New York, Heidelberg, Dodrecht, London: Springer, 2015 - ISBN: 978-1-4939-2112-6.

[Git22] GitHub GitHub - Digital-Production-Aachen/OpenVectorFormat: A data format description for storing scanner-based laser-processing jobs, complete with vector-geometry data, processing parameters and metadata. URL: https://github.com/Digital-Production-Aachen/OpenVectorFormat [Stand: 17.07.2022]

[Glo13] Gloger, B. (Hrsg.) Scrum. Produkte zuverlässig und schnell entwickeln. 4. Aufl. München: Hanser, 2013

[Göt22] Götze, U. Kostenrechnung und Kostenmanagement. Reihe: Springer-Lehrbuch. 6., aktualisierte Auflage. Berlin: Springer Gabler, 2022 - ISBN: 3642332382.

[Gra00] Grabowski: The Axiomatic Approach in the Universal Design Theory. 2000

[Grä12] Gräßler, I.; Haas, V.; Suchowerskyj, W. Innovation Based on Applying Design Methodology, 2012

[Gra13] Graner, M. Der Einsatz von Methoden in Produktentwicklungsprojekten. Eine empirische Untersuchung der Rahmenbedingungen und Auswirkungen. Reihe: Springer eBook Collection. Wiesbaden: Springer Gabler, 2013 - ISBN: 9783658012786.

[Gra98] Grabowski: Universal Design Theory: Elements and Applicability to Computers. 1998, S. 209.

[Gri16] Griffin, A.; Luchs, M. G.; Swan, S. K. (Hrsg.) Design thinking. New product development essentials from the PDMA. Hoboken: Wiley, 2016

[Gri19] Griffiths, V.; Scanlan, J. P.; Eres, M. H.; Martinez-Sykora, A.; Chinchapatnam, P.: Cost-driven build orientation and bin packing of parts in Selective Laser Melting (SLM). In: European

Journal of Operational Research, 273. Jg., 2019, Nr. 1, S. 334–352.

[gru22] gruenderplattform.de Das Marktpotenzial. URL: https://gruenderplattform.de/unternehmen-gruenden/marktpotenzial [Stand: 25.07.2022]

[Gu01] Gu, P.; Rao, H. A.; Tseng, M. M.: Systematic Design of Manufacturing Systems Based on Axiomatic Design Approach. In: CIRP Annals, 50. Jg., 2001, Nr. 1, S. 299–304.

[Gu04] Gu, P.; Hashemian, M.; Nee, A.: Adaptable Design. In: CIRP Annals, 53. Jg., 2004, Nr. 2, S. 539–557.

[Hab19] Haberfellner, R.; Weck, O. L. de; Fricke, E.; Vössner, S. Systems engineering. Fundamentals and applications. Cham, Switzerland: Birkhäuser, 2019 - ISBN: 9783030134310.

[Han18] Handwerker Magazin 3D-Druck verändert ganze Branchen - handwerk magazin. URL: https://www.handwerk-magazin.de/3d-druck-aendert-ganze-branchen-181042/ [Stand: 12.06.2022]

[Han22] Han, X.; Zhan, Z.; Song, X.; Cui, L.: An Additive Manufacturing Direct Slicing Algorithm Based on a STEP Model. In: Electronics, 11. Jg., 2022, Nr. 10, S. 1582.

[Han55] Hansen, F. Konstruktionssystematik. Eine Arbeitsweise für fortschrittliche Konstrukteure. Ilmenau, 1955

[Han68] Hansen, F. Konstruktionssystematik. Grundlagen für eine allgemeine Konstruktionslehre. Ilmenau, 1968

[Han76] Hansen, F. Konstruktionswissenschaft. Grundlagen und Methoden. Ilmenau, 1976

[Has95] Hashemian, M.; Gu, P.: A Constraint-Based System for Product Design. In: Concurrent Engineering, 3. Jg., 1995, Nr. 3, S. 177–186.

[Heb21] Hebisch, R.; Prott, U.; Woznica, A.; Walter, J.; Hustedt, M.; Kaierle, S.: Stoffbelastungen bei der additiven Fertigung mit Pulverbettverfahren/Exposure to hazardous substances during additive manufacturing using powder-bed processes. In: Gefahrstoffe, 81. Jg., 2021, Nr. 01-02, S. 53–59.

[Her17] Herberg, A. P. Planung und Entwicklung multifunktionaler Kernmodule in komplexen Systemarchitekturen und -portfolios. Dissertation. München, 23.11.2017

[Hua96] Huang, G. Q. Design for X. Concurrent engineering imperatives. Dordrecht, s.l.: Springer Netherlands, 1996 - ISBN: 978-94-010-5762-2.

[Hub73] Hubka, V. Theorie der Maschinensysteme. Grundlagen einer wissenschaftlichen Konstruktionslehre. Reihe: Hochschultext. Berlin, Heidelberg: Springer, 1973 - ISBN: 9783662104385.

[Hub76] Hubka, V. Theorie der Konstruktionsprozesse. Analyse der Konstruktionstätigkeit. Reihe: Hochschultext. Berlin, Heidelberg: Springer, 1976 - ISBN: 9783642810350.

[Hub92] Hubka, V.; Eder, W. E.; Eder, W. E. Einführung in die Konstruktionswissenschaft. Übersicht, Modell, Ableitungen. Reihe: Springer-Lehrbuch. 1. Aufl. Berlin, Heidelberg: Springer, 1992 - ISBN: 978-3-642-95674-4.

[INC15] INCOSE INCOSE Systems Engineering Handbook. A Guide for System Life Cycle Processes and Activities. 4th ed. New York: Wiley, 2015 - ISBN: 9781118999400.

[Ish20] Ishak, A.; Ginting, R.; Suwandira, B.; Fauzi Malik, A.: Integration of Kano Model and Quality Function Deployment (QFD) to Improve Product Quality: A Literature Review. In: IOP Conference Series: Materials Science and Engineering, 1003. Jg., 2020, Nr. 1, S. 12025.

[ISO15] ISO ISO/IEC/IEEE 15288:2015. ISO/IEC/IEEE 15288:2015 (2015) Systems and software engineering — System life cycle processes.

[ISO21] ISO ISO 16355-1:2021-05. ISO 16355-1:2021-05 (2021) Anwendung von statistischen und verwandten Methoden für neue Technologie und für den Produktentwicklungsprozess - Teil 1: Allgemeine Grundsätze und Perspektive der QFD-Methode.

[Jac90] Jacob, H. (Hrsg.) Industriebetriebslehre. Handbuch Für Studium und Prüfung. Reihe: Springer eBook Collection Business and Economics. 4th ed. Wiesbaden: Springer Gabler. in Springer Fachmedien Wiesbaden GmbH, 1990

[Jan20] Jantzer, M.; Nentwig, G.; Deininger, C.; Michl, T. The Art of engineering leadership. Compelling concepts and successful practice. Berlin, Heidelberg: Springer, 2020 - ISBN: 978-3-662-60383-3.

[Ji14] Ji, P.; Jin, J.; Wang, T.; Chen, Y.: Quantification and integration of Kano's model into QFD for optimising product design. In:

International Journal of Production Research, 52. Jg., 2014, Nr. 21, S. 6335–6348.

[Ji22] Ji, X.; Gao, Q.; Wang, H.: A bilevel-optimization approach to determine product specifications during the early phases of product development: Increase customer value and reduce design risks. In: Expert Systems with Applications, 188. Jg., 2022, S. 116012.

[Jia21] Jiang, X.; Yu, C.; Guo, H.; Gao, S.; Zhang, Y. Effect of supporting structure design on residual stresses in selective laser melting of AlSi10Mg, 2021

[Joh12] Johannes Gartner Concept Laser X line 1000R: XXL Laser 3D-Drucker für den Automotiv Bereich, 07.12.2012

[Kab13] Kabongo, J. D. Design for Environment. In: Idowu, Capaldi et al. (Hrsg.) – Encyclopedia of corporate social responsibility, S. 780–786.

[Kak01] Kakuda: Abstract Design Theory. In: Annals of Japan Association of Philosophical Science, 10. Jg., 2001, Nr. 3, S. 19.

[Kas02] Kasprik, R. Rationale Unternehmens- und Marketingplanung. Strategische, operative und taktische Entscheidungen. Reihe: Springer eBook Collection Business and Economics. Heidelberg, s.l.: Physica-Verlag HD, 2002 - ISBN: 9783642574696.

[KfW21] KfW Bankengruppe (Hrsg.) KfW-Mittelstandspanel 2021. Jährliche Analyse zur Struktur und Entwicklung des Mittelstands in Deutschland. Frankfurt am Main: KfW Bankengruppe, 2021

[Kho20] Khorasani, A.; Gibson, I.; Veetil, J. K.; Ghasemi, A. H.: A review of technological improvements in laser-based powder bed fusion of metal printers. In: The International Journal of Advanced Manufacturing Technology, 108. Jg., 2020, Nr. 1-2, S. 191–209.

[Kim19] Kim, S. Y.; Wagner, D.; Jimenez, A. Challenges in Applying Model-Based Systems Engineering: Human-Centered Design Perspective – openCAESAR. In: Proceedings of INCOSE Human-Systems Integration Conference. Biarritz, France, 2019

[Kin08] Kind: Identification and Management of Competences for Product Development. In: Academic Journal of Manufacturing Engineering, Politehnica Timisoara Publishing, Romania, 6. Jg., 2008, Nr. 1, S. 74.

[Kno16] Knorr, C.; Friedrich, A. QFD - Quality Function Deployment. Mit System zu marktattraktiven Produkten. Reihe: Hanser eLibrary,

073. München: Carl Hanser Fachbuchverlag, 2016 - ISBN: 9783446449831.

[Kol21] Kolter, M.; Collet, A.; Schleifenbaum, J. H. Reviewing Part Identification for Additive Manufacturing and assessing future fields of Research. in publication. In: ASTM (Hrsg.): International Conference on Additive Manufacturing. in publication, 2021

[Kol79] Koller, R. Konstruktionsmethode für den Maschinen-, Geräte- und Apparatebau. Berichtigter Nachdr. der 1. Aufl. Berlin: Springer, 1979 - ISBN: 3540074449.

[Kol94] Koller, R. Konstruktionslehre für den Maschinenbau. Grundlagen zur Neu- und Weiterentwicklung technischer Produkte mit Beispielen. Reihe: Springer eBook Collection Computer Science and Engineering. 3., völlig neubearbeitete und erweiterte Auflage. Berlin, Heidelberg, s.l.: Springer Berlin Heidelberg, 1994 - ISBN: 978-3-662-08166-2.

[Kub76] Kubicek, H. Heuristische Bezugsrahmen und heuristisch angelegte Forschungsdesign als Elemente einer Konstruktionsstrategie empirischer Forschung. von Herbert Kubicek. Berlin: Inst. für Unternehmungsführung im Fachbereich Wirtschaftswiss. d. Freien Univ, 1976 - ISBN: 978-3-88398-016-4.

[Küh09] Kühl, S. Handbuch Methoden der Organisationsforschung. Reihe: EBL-Schweitzer. Online-Ausg. Wiesbaden: Springer Fachmedien, 2009 - ISBN: 9783531915708.

[Lan19] Langefeld, B.; Möhrle, M.; Femmer, T.; Schildbach, P.; Nauth, A.; Schuakellis, M. Additive Manufacturing. Takeing metal 3D printing to the next level. URL: https://www.roland-berger.com/publications/publication_pdf/roland_berger_additive_manufacturing_3.pdf [Stand: 04.01.2022]

[Lin09] Lindemann, U. Methodische Entwicklung technischer Produkte. Methoden flexibel und situationsgerecht anwenden. Reihe: VDI-Buch. 3. Aufl. 2009. Berlin, Heidelberg: Springer Berlin Heidelberg, 2009 - ISBN: 9783642014239.

[Lin18] Lindemann, C. Systematic approach for cost efficient design and planning with additive manufacturing. Dissertation. Paderborn, 2018

[Lin22] Linde Argon 4.6 Bündel | Technische Gase von Linde online kaufen. URL: https://www.linde-gas.de/shop/de/de-ig/gase-kaufen/schneid-und-schwei%C3%9Fgase/argon/argon-46-b%C3%BCndel-argon-4-6-buendel [Stand: 09.06.2022]

[Liu13] Liu, H.-C.; Liu, L.; Liu, N.: Risk evaluation approaches in failure mode and effects analysis: A literature review. In: Expert Systems with Applications, 40. Jg., 2013, Nr. 2, S. 828–838.

[Liu20] Liu, A.; Lu, S.: Functional design framework for innovative design thinking in product development. In: CIRP Journal of Manufacturing Science and Technology, 30. Jg., 2020, S. 105–117.

[Liu22] Liu, M.; Wei, K.; Yue, X.; Huang, G.; Deng, J.; Zeng, X.: High power laser powder bed fusion of AlSi10Mg alloy: Effect of laser beam mode. In: Journal of Alloys and Compounds, 909. Jg., 2022, S. 164779.

[Löc18] Löckel, K.: Systems Engineering. In: ATZextra, 23. Jg., 2018, Nr. S11, S. 18–23.

[Mah18] Mahadik, A.; Masel, D.: Implementation of Additive Manufacturing Cost Estimation Tool (AMCET) Using Break-down Approach. In: Procedia Manufacturing, 17. Jg., 2018, S. 70–77.

[Mai98] Mai, C. Effiziente Produktplanung mit Quality Function Deployment. Reihe: Springer eBook Collection Computer Science and Engineering. Berlin, Heidelberg: Springer Berlin Heidelberg, 1998 - ISBN: 978-3-642-47913-7.

[Mar19a] Marc Saunders Mind the gap - optimising overlaps in multi-laser builds. URL: https://www.linkedin.com/pulse/mind-gap-optimising-overlaps-multi-laser-builds-marc-saunders [Stand: 09.01.2022]

[Mar19b] Marquardt, E. 3-D-Druckverfahren sind Realität in der industriellen Fertigung. VDI-Statusreport. VDI Verein Deutscher Ingenieure e.V. Düsseldorf, November 2019b

[Mat13] Matthiesen, S.; Schäfer, T.; Mangold, S.; W., D. X-in-the-Loop in der Gerätebranche - Ein ganzheitliches Validierungsframework unter Berücksichtigung der Wechselwirkungen zwischen Anwender, Gerät und Anwendung, 2013

[Mat17] Mattmann, I. Modellintegrierte Produkt- und Prozessentwicklung. Reihe: SpringerLink Bücher. Wiesbaden: Springer Vieweg, 2017 - ISBN: 9783658194093.

[Mat98] Matzler, K.; Hinterhuber, H. H.: How to make product development projects more successful by integrating Kano's model of customer satisfaction into quality function deployment. In: Technovation, 18. Jg., 1998, Nr. 1, S. 25–38.

[Maz14] Mazur, G. H. QFD transactions from the Symposium on Quality Function Deployment. Ann Arbor, MI, USA: QFD Institute, 2014 - ISBN: 1889477265.

[Mee03] Meerkamm, H. (Hrsg.) Design for X. Beiträge zum 14. Symposium, Neukirchen, 13. und 14. Oktober 2003. Erlangen: Lehrstuhl für Konstruktionstechnik Univ. Erlangen-Nürnberg, 2003

[Mee97] Meerkamm, H. (Hrsg.) Fertigungsgerechtes Konstruieren. Beiträge zum 8. Symposium, Schnaittach, 16. und 17. Oktober 1997. Erlangen: Lehrstuhl für Konstruktionstechnik Univ. Erlangen-Nürnberg, 1997

[Mei11] Meinel, C.; Leifer, L.; Plattner, H. Design Thinking. Berlin, Heidelberg: Springer Berlin Heidelberg, 2011 - ISBN: 978-3-642-13756-3.

[Mei99] Meiners, W. Direktes selektives Laser-Sintern einkomponentiger metallischer Werkstoffe. Dissertation. Fakultät für Maschinenwesen. Berichte aus der Lasertechnik. Aachen, 1999

[Met21] Metallhandwerk Struktur- und Konjunkturdaten zum Metallhandwerk. URL: https://www.metallhandwerk.de/struktur-und-konjunkturdaten-zum-metallhandwerk/ [Stand: 12.06.2022]

[Mey15] Meyerson, B. Top 10 emerging technologies of 2015. URL: https://www.weforum.org/agenda/2015/03/top-10-emerging-technologies-of-2015-2/ [Stand: 04.01.2022]

[Mic21] Michael Molitch-Hou: Ford to Mass Produce Metal 3D Printed Part for Popular Car, 11.08.2021

[Miz94] Mizuno, S. (Hrsg.) QFD. The customer-driven approach to quality planning and deployment. Rev. Engl. ed. Tokyo: Asian Productivity Organization, 1994

[Möh19] Möhring, W.; Schlütz, D. (Hrsg.) Die Befragung in der Medien- und Kommunikationswissenschaft. Eine praxisorientierte Einführung. Reihe: Lehrbuch. 3., vollständig überarbeitete Auflage 2019. Wiesbaden, Heidelberg: Springer VS, 2019

[Mor16] Morgan, H. D.; Cherry, J. A.; Jonnalagadda, S.; Ewing, D.; Sienz, J.: Part orientation optimisation for the additive layer manufacture of metal components. In: The International Journal of Advanced Manufacturing Technology, 86. Jg., 2016, Nr. 5-8, S. 1679–1687.

[Mor21] Moreira, A. C.; Ferreira, L. M. D.; Silva, P.: A case study on FMEA-based improvement for managing new product development risk. In: International Journal of Quality & Reliability Management, 38. Jg., 2021, Nr. 5, S. 1130–1148.

[Mug19] Mugwagwa; Yadroitsev; Matope: Effect of Process Parameters on Residual Stresses, Distortions, and Porosity in Selective Laser Melting of Maraging Steel 300. In: Metals, 9. Jg., 2019, Nr. 10, S. 1042.

[Nae20] Naefe, P.; Luderich, J. Konstruktionsmethodik für die Praxis. Aktuelle Verfahren in der Produktentwicklung. Reihe: Lehrbuch. 2., überarbeitete Auflage. Wiesbaden, Heidelberg: Springer Vieweg, 2020 - ISBN: 978-3-658-31186-5.

[Nao20] Naol Dessalegn Dejene, Sololo Kebede Nemomsa: Design for Manufacturing and Assembly- Review. In: World Academics Journal of Engineering Sciences, 2020, Nr. Vol.7, S. 60–67.

[NAS72] NASA (Hrsg.) Failure modes, effects and criticality analyses: NTRS - NASA TEchnical Reports Server, 1972

[Neu19] Neugebauer, R. (Hrsg.) Biologische Transformation. 1. Aufl. 2019. Berlin, Heidelberg: Springer Berlin Heidelberg, 2019

[Oli20] Oliveira, L. M. V. de; Santos, H. F. d.; Almeida, M. R. de; Costa, J. A. F.: Quality Function Deployment and Analytic Hierarchy Process: A literature review of their joint application. In: Concurrent Engineering, 28. Jg., 2020, Nr. 3, S. 239–251.

[Orl06] Orloff, M. A. Grundlagen der klassischen TRIZ. Ein praktisches Lehrbuch des erfinderischen Denkens für Ingenieure ; mit 374 Beispielen. Reihe: VDI-Buch. 3., neu bearb. und erw. Aufl. Berlin, Heidelberg: Springer, 2006 - ISBN: 978-3-540-34058-4.

[Ott18] Ottosson, S. (Hrsg.) Developing and Managing Innovation in a Fast Changing and Complex World. Benefiting from Dynamic Principles. Cham: Springer, 2018

[Ouy20] Ouyang, L.; Zheng, W.; Zhu, Y.; Zhou, X.: An interval probability-based FMEA model for risk assessment: A real-world case. In: Quality and Reliability Engineering International, 36. Jg., 2020, Nr. 1, S. 125–143.

[Pad11] Padhye, N.; Deb, K.: Multi-objective optimisation and multi-criteria decision making in SLS using evolutionary approaches. In: Rapid Prototyping Journal, 17. Jg., 2011, Nr. 6, S. 458–478.

[Pah07] Pahl, G.; Beitz, W.; Feldhusen, J.; Grote, K.-H. Engineering design. A systematic approach. 3. ed. London: Springer, 2007 - ISBN: 978-1-84628-318-5.

[Pat82] Patzak, G. Systemtechnik - Planung komplexer innovativer Systeme. Grundlagen, Methoden, Techniken. Berlin, Heidelberg: Springer Berlin Heidelberg, 1982 - ISBN: 9783642818936.

[Pen21] Peng, X.; Kong, L.; Fuh, J. Y. H.; Wang, H.: A Review of Post-Processing Technologies in Additive Manufacturing. In: Journal of Manufacturing and Materials Processing, 5. Jg., 2021, Nr. 2, S. 38.

[Pet14] Petersen, M.; Bandak, S.; Gausemeier, J.; Iwanek, P.; Schneider, M. Methodik zur Berücksichtigung von Wechselwirkungen zwischen Produkt und Produktionssystem in den Frühen Phasen der Produktentwicklung - Ein Praxisbeispiel, 2014

[Pha12] Phatak, A. M.; Pande, S. S.: Optimum part orientation in Rapid Prototyping using genetic algorithm. In: Journal of Manufacturing Systems, 31. Jg., 2012, Nr. 4, S. 395–402.

[Pie95] Piegl, L. The NURBS Book. Reihe: Monographs in Visual Communication Ser. Berlin, Heidelberg: Springer Berlin / Heidelberg, 1995 - ISBN: 9783642973857.

[Pil18] Piller, F. T.; Poprawe, R.; Schleifenbaum, H. J.; Schuh, G.; Barg, S.; Dolle, C.; Hinke, C.; Jank, M.-H.; Jiang, R.; Meiners, W.; Riesener, M.; Schrage, J.; Ziegler, S. Introducing a Holistic Profitability Model for Additive Manufacturing: An Analysis of Laser-powder Bed Fusion. In: 2018 IEEE International Conference on Industrial Engineering and Engineering Management (IEEM): IEEE, 2018, S. 1730–1735.

[Pim94] Pimmler: Integration analysis of product decompositions. 1994, S. 343.

[Pla17] Plattner, H.; Meinel, C.; Leifer, L. (Hrsg.) Design Thinking Research. Making Distinctions: Collaboration Versus Cooperation. Reihe: Understanding Innovation Ser. Cham: Springer, 2017

[Pot10] Potgieter, P.; Vermeulen, M.; Uys, A. J.; Labuschagne, D.; Gerber, W. T.: Method And Apparatus For Layer Manufacturing Of Artefacts, 24.11.2010

[Pug91] Pugh, S. Total design. Integrated methods for successful product engineering. Wokingham, England: Addison-Wesley, 1991 - ISBN: 0201416395.

[Qin21] Qin, Y.; Qi, Q.; Shi, P.; Scott, P. J.; Jiang, X.: Automatic determination of part build orientation for laser powder bed fusion. In: Virtual and Physical Prototyping, 16. Jg., 2021, Nr. 1, S. 29–49.

[Ref09] Refflinghaus, R. Einsatz des Analytischen Hierarchie Prozesses zur Vorbereitung der kundenspezifischen Eingangsgrößen eines Quality Function Deployments. Technischer Bericht. Dortmund, 2009

[Reg00] Regli, W. C.; Hu, X.; Atwood, M.; Sun, W.: A Survey of Design Rationale Systems: Approaches, Representation, Capture and Retrieval. In: Engineering with Computers, 16. Jg., 2000, Nr. 3-4, S. 209–235.

[Rei95] Reich, Y.: A critical review of General Design Theory. In: Research in Engineering Design, 7. Jg., 1995, Nr. 1, S. 1–18.

[Rim17] Rimpler, R. Investitionstätigkeit im Handwerk. URL: https://www.zdh.de/ueber-uns/fachbereich-wirtschaft-energie-umwelt/sonderumfragen/investitionstaetigkeit-im-handwerk/ [Stand: 16.06.2022]

[Rim22] Rimpler, R. ZDH-Konjunkturbericht 1/2022. URL: https://www.zdh.de/ueber-uns/fachbereich-wirtschaft-energie-umwelt/konjunkturberichte/zdh-konjunkturbericht-1/2022/ [Stand: 16.06.2022]

[Rot00] Roth, K. Konstruktionslehre. Reihe: Konstruieren mit Konstruktionskatalogen / Karlheinz Roth, Bd. 1. 3. Aufl., erw. und neu gestaltet. Berlin: Springer, 2000 - ISBN: 978-3-642-62099-7.

[Rud16] Rudtsch, V. Methodik zur Bewertung von Produktionssystemen in der frühen Entwicklungsphase. Dissertation. Paderborn, 2016

[Saa11] Saatweber, J. Kundenorientierung durch Quality Function Deployment. Produkte und Dienstleistungen mit QFD systematisch entwickeln. Dritte, vollständig überarbeitete Auflage. Düsseldorf: Symposion Publishing, 2011 - ISBN: 3863294297.

[Saa18] Saatweber, J. Kundenorientierung durch Quality Function Deployment. Produkte und Dienstleistungen mit QFD systematisch entwickeln. 4. Auflage. Kissing: symposion, 2018 - ISBN: 9783811130876.

[Sak21] Sakthivel, A. R.; Kandasamy, J.; Davim, J. P. Managing Supply Chain Risk and Disruptions: Post COVID-19. Reihe: Springer eBook Collection. 1st ed. 2021. Cham: Springer International Publishing; Imprint Springer, 2021 - ISBN: 978-3-030-72574-7.

[San21] Sankowski, O.; Küchenhof, J.; Dambietz, F. M.; Züfle, M.; Wallisch, A.; Krause, D.; Paetzold, K.: Challenges in early phase of product family development processes. In: Procedia CIRP, 100. Jg., 2021, S. 840–845.

[Sau00] Sauerwein, E. Das Kano-Modell der Kundenzufriedenheit. Reliabilität und Validität einer Methode zur Klassifizierung von Produkteigenschaften. Wiesbaden: Springer Fachmedien Wiesbaden GmbH, 2000 - ISBN: 9783322908902.

[Sch12a] Schuh, G.; Müller, J.; Rauhut, M. Gestaltung von Produktentwicklungsprozessen. In: Schuh, G. (Hrsg.): Innovationsmanagement. Reihe: VDI-Buch. 3. 2., vollst. neu bearb. und erw. Aufl. Berlin: Springer Vieweg, 2012a, S. 161–247.

[Sch12b] Schuh, G. (Hrsg.) Innovationsmanagement. Reihe: VDI-Buch, 3. 2., vollst. neu bearb. und erw. Aufl. Berlin: Springer Vieweg, 2012b

[Sch12c] Schleifenbaum, J. H. Verfahren und Maschine zur individualisierten Produktion mit High Power Selective Laser Melting. Reihe: Berichte aus der Lasertechnik. Aachen: Shaker, 2012c - ISBN: 9783844006896.

[Sch12d] Schömann, S. O. Produktentwicklung in der Automobilindustrie. Managementkonzepte vor dem Hintergrund gewandelter Herausforderungen. Reihe: SpringerLink Bücher. Wiesbaden: Gabler Verlag, 2012d - ISBN: 9783834966735.

[Sch13] Schröter, J. Das erweiterte X-in-the-Loop-Framework zur durchgängigen Integration von Optimierungsverfahren in den Produktentwicklungsprozess am Beispiel der Entwicklung energieeffizienter Fahrzeuge = The advanced X-in-the-Loop-Framework for continuous integration of optimization procedures into the product development process using examples of the development of fuel efficient vehicles, 2013

[Sch16a] Schuh, G.; Rudolf, S.; Riesener, M. Design for Industrie 4.0 – Product development in the context of Industrie 4.0. In: DESIGN, 2016a, S. 1387–1396.

[Sch16b] Schrage, J. Machine-specific Cost Drivers in Additive Manufacturing Technologies like Laser Beam Melting (LBM). In: Kniffka, W.; Eichmann, M.; Witt, G. (Hrsg.): Rapid.Tech – International Trade Show & Conference for Additive Manufacturing. Proceedings of the 13th Rapid.Tech Conference Erfurt, Germany, 14 - 16 June 2016, 2016b, S. 73–89.

[Sch17a] Schawel, C.; Billing, F. (Hrsg.) Top 100 Management Tools. Das wichtigste Buch eines Managers von ABC-Analyse bis Zielvereinbarung. 6. Auflage. Wiesbaden: Springer Gabler, 2017a

[Sch17b] Schawel, C.; Billing, F. ABC-Analyse. In: Schawel, C.; Billing, F. (Hrsg.): Top 100 Management Tools. Das wichtigste Buch eines Managers von ABC-Analyse bis Zielvereinbarung. 6. Auflage. Wiesbaden: Springer Gabler, 2017b, S. 15–17.

[Sch18] Schröder, A. Agile Produktentwicklung. Schneller zur Innovation - erfolgreicher am Markt. 2., überarbeitete Auflage. München: Hanser, 2018 - ISBN: 3446458158.

[Sch19] Schmithüsen, T.; Schleifenbaum, J. H.; Laag, T. Mikroskopisches Stützendesign für die nass-chemische Nachbearbeitung von LPBF-gefertigten Bauteilen aus AlSi10Mg Microscopic support design for the wet-chemical post processing of LPBF manufactured parts made of AlSi10Mg. In: Kynast, M.; Eichmann, M.; Witt, G. (Hrsg.): RapidTech + FabCon 3.D. International Hub for Additive Manufacturing: Exhibition + Conference + Networking proceedings of the 16th Rapid.Tech Conference Erfurt, Germany, 25-27 June 2019. München: Hanser, 2019, S. 318–334.

[Sch20] Schniedenharn, M. Einfluss von Fokusshift und Prozessnebenprodukten auf den Laser Powder Bed Fusion Prozess. Dissertation, 2020

[Sch21] Schmithüsen, T. Untersuchungen zur nass-chemischen Stützenentfernung bei LPBF-gefertigten Bauteilen aus Aluminiumlegierungen. Dissertation. Aachen, 2021

[Sei05] Seidel, M.: Methodische Produktplanung. Grundlagen, Systematik und Anwendung im Produktentstehungsprozess. In: 1860-5990, 2005

[Sen20] Senvol Database of Additive Manufacturing Machines & Materials | Senvol. URL: http://senvol.com/database/ [Stand: 17.07.2022]

[Sin09] Singhal, S. K.; Jain, P. K.; Pandey, P. M.; Nagpal, A. K.: Optimum part deposition orientation for multiple objectives in SL and SLS prototyping. In: International Journal of Production Research, 47. Jg., 2009, Nr. 22, S. 6375–6396.

[Sir07] Sireli, Y.; Kauffmann, P.; Ozan, E.: Integration of Kano's Model Into QFD for Multiple Product Design. In: IEEE Transactions on Engineering Management, 54. Jg., 2007, Nr. 2, S. 380–390.

[SLM21a] SLM Solutions Group AG NXG XII 600. URL: https://www.slm-pushing-the-limits.com/ [Stand: 05.01.2022]

[SLM21b] SLM Solutions Group AG SLM 280HL. URL: https://www.slm-solutions.com/products-and-solutions/machines/slm-280/ [Stand: 05.01.2022]

[Sma19] SmarTech Analysis (Hrsg.) Additive Manufacturing with Metal Powders 2019, 2019. Crozet, USA: SmarTech Analysis, 2019

[Soh92] Sohlenius, G.: Concurrent Engineering. In: CIRP Annals, 41. Jg., 1992, Nr. 2, S. 645–655.

[Som14] Sommer, A. F.; Dukovska-Popovska, I.; Steger-Jensen, K. Agile Product Development Governance – On Governing the Emerging Scrum/Stage-Gate Hybrids. In: Bayro Corrochano, E.; Hancock, E. (Hrsg.): Progress in pattern recognition, image analysis, computer vision, and applications. 19th Iberoamerican congress, CIARP 2014, Puerto Vallarta, Mexico, November 2 - 5, 2014 ; proceedings. Reihe: Lecture Notes in Computer Science. 8827. Cham: Springer, 2014, S. 184–191.

[Spa01] Spath, D. (Hrsg.) Vom Markt zum Produkt. Impulse für die Innovationen von morgen. Stuttgart: LOGX-Verl., 2001

[Sta06] Staud, J. L. (Hrsg.) Geschäftsprozessanalyse. Ereignisgesteuerte Prozessketten und objektorientierte Geschäftsprozessmodellierung für betriebswirtschaftliche Standardsoftware. Dritte Auflage. Berlin, Heidelberg: Springer, 2006

[Sta22a] Statista Durchschnittseinkommen nach Branchen 2021 | Statista. URL: https://de.statista.com/statistik/daten/studie/1789/umfrage/durchschnittseinkommen-in-deutschland-nach-branchen/ [Stand: 09.06.2022]

[Sta22b] Statistisches Bundesamt Unternehmen, tätige Personen und Umsatz im Handwerk - Fachserie 4 Reihe 7.2 - 2019 (Letzte Ausgabe - berichtsweise eingestellt). URL: https://www.destatis.de/DE/Themen/Branchen-Unternehmen/Handwerk/Publikationen/Downloads-Handwerk/unternehmen-personen-umsatz-2040720197004 [Stand: 12.06.2022]

[Sta22c] Statista Mietpreis für bestehende Industrie- und Logistikflächen in Stuttgart bis 2021 | Statista. URL: https://de.statista.com/statistik/daten/studie/782594/umfrage/mietpreis-fuer-bestehende-industrie-und-logistikflaechen-in-stuttgart/ [Stand: 09.06.2022]

[Sta22d] Statista Gewerbe- und Industriestrompreise in Deutschland bis 2021 | Statista. URL:

https://de.statista.com/statistik/daten/studie/154902/umfrage/strompreise-fuer-industrie-und-gewerbe-seit-2006/ [Stand: 09.06.2022]

[Sta22e] Statista Mietpreis für Industrie- und Logistikflächen in Frankfurt am Main bis 2020 | Statista. URL: https://de.statista.com/statistik/daten/studie/536667/umfrage/mietpreis-fuer-lager-und-logistikflaechen-in-frankfurt-am-main/ [Stand: 09.06.2022]

[Sta22f] Statista Mietpreis für Industrie- und Logistikflächen in Frankfurt am Main bis 2020 | Statista. URL: https://de.statista.com/statistik/daten/studie/536667/umfrage/mietpreis-fuer-lager-und-logistikflaechen-in-frankfurt-am-main/ [Stand: 09.06.2022]

[Sta22g] Statista Mietpreis für Industrie- und Logistikflächen in München bis 2020 | Statista. URL: https://de.statista.com/statistik/daten/studie/536672/umfrage/mietpreis-fuer-lager-und-logistikflaechen-in-muenchen/ [Stand: 09.06.2022]

[Sta22h] Statista Mietpreis für Industrie- und Logistikflächen in Hamburg bis 2020 | Statista. URL: https://de.statista.com/statistik/daten/studie/536668/umfrage/mietpreis-fuer-lager-und-logistikflaechen-in-hamburg/ [Stand: 09.06.2022]

[Sta73] Stachowiak, H. Allgemeine Modelltheorie. Wien: Springer, 1973 - ISBN: 3211811060.

[Sti21] Stittgen, T. Fundamentals of production logistics positioning in the area of additive manufacturing using the example of Laser Powder Bed Fusion, Dissertation, Aachen, 2021

[Stj15] Stjepandić, J.; Wognum, N.; J.C. Verhagen, W. Concurrent Engineering in the 21st Century. Foundations, Developments and Challenges. Cham, s.l.: Springer International Publishing, 2015 - ISBN: 978-3-319-13775-9.

[Suh01] Suh, N. P.; Suh, N. P. Axiomatic design. Advances and applications. Reihe: CIRP design book series. New York, Oxford: Oxford University Press, 2001 - ISBN: 0195134664.

[Suh05a] Suh, N. P. Complexity. Theory and Applications. Reihe: MIT-Pappalardo Series in Mechanical Engineering Ser. Cary: Oxford University Press Incorporated, 2005a - ISBN: 9780199799077.

[Suh05b] Suh, N. P.: Complexity in Engineering. In: CIRP Annals, 54. Jg., 2005b, Nr. 2, S. 46–63.

[Suh90] Suh, N. P. The principles of design. Reihe: Oxford series on advanced manufacturing, 6. New York: Oxford Univ. Pr, 1990 - ISBN: 0195043456.

[tag22] tagesschau: Fehlende Teile wegen Ukraine-Kriegs: Autobauern drohen Produktionsausfälle. In: tagesschau.de [Stand: 01.03.2022]

[Tag88] Taguchi, G. System of experimental design. Engineering methods to optimize quality and minimize costs. White Plains, NY: UNIPUB/Kraus International Publ, 1988 - ISBN: 0527916218.

[Ten21] Tenbrock, C.; Kelliger, T.; Praetzsch, N.; Ronge, M.; Jauer, L.; Schleifenbaum, J. H.: Effect of laser-plume interaction on part quality in multi-scanner Laser Powder Bed Fusion. In: Additive Manufacturing, 38. Jg., 2021, S. 101810.

[Ten22] Tenbrock, C. Large-Format Machine for Multi-Scanner Laser Powder Bed Fusion. Dissertation. Aachen, 2022

[Thi17] Thienen, J. P. A. von; Clancey, W. J.; Corazza, G. E.; Meinel, C. Theoretical Foundations of Design Thinking. In: Plattner, H.; Meinel, C.; Leifer, L. (Hrsg.): Design Thinking Research. Making Distinctions: Collaboration Versus Cooperation. Reihe: Understanding Innovation Ser. Cham: Springer, 2017, S. 13–40.

[Tho09] Thompson: Teaching Axiomatic Design in the Freshman Year: A Case Study at KAIST. 2009, S. 147.

[Tho14] Thomas, D. S.; Gilbert, S. W. Costs and Cost Effectiveness of Additive Manufacturing, 2014

[Tic97] Tichem, M. A Design Coordination Approach to Design For X, 1997

[Tom05] Tomiyama: Directions of Next Generation Product Development. 2005, S. 27.

[Tom06] Tomiyama: A Classification of Design Theories and Methodologies. 2006

[Tom09] Tomiyama, T.; Gu, P.; Jin, Y.; Lutters, D.; Kind, C.; Kimura, F.: Design methodologies: Industrial and educational applications. In: CIRP Annals, 58. Jg., 2009, Nr. 2, S. 543–565.

[Ton07] Tontini, G.: Integrating the Kano Model and QFD for Designing New Products. In: Total Quality Management & Business Excellence, 18. Jg., 2007, Nr. 6, S. 599–612.

[Tru19] Trumpf GmbH & Co. KG: Formnext 2019 - Trumpf zeigt Lösung für automatisierte Serienfertigung im 3D-Druck. URL: https://additive.industrie.de/additive-serienfertigung/substratplatten-automatisch-wechseln/ [Stand: 15.06.2022]

[Tse96] Tseng, M. M.; Jiao, J.; Merchant, M. E.: Design for Mass Customization. In: CIRP Annals, 45. Jg., 1996, Nr. 1, S. 153–156.

[Uck10] Uckelmann, I.; Schwartz, A.: Apparatus and process for continuous generative production, 23.08.2010

[Ued01] Ueda, K.; Markus, A.; Monostori, L.; Kals, H.; Arai, T.: Emergent Synthesis Methodologies for Manufacturing. In: CIRP Annals, 50. Jg., 2001, Nr. 2, S. 535–551.

[Ued04] Ueda, K.; Lengyel, A.; Hatono, I.: Emergent Synthesis Approaches to Control and Planning in Make to Order Manufacturing Environments. In: CIRP Annals, 53. Jg., 2004, Nr. 1, S. 385–388.

[Ued07] Ueda, K.; Fujii, N.; Inoue, R.: An Emergent Synthesis Approach to Simultaneous Process Planning and Scheduling. In: CIRP Annals, 56. Jg., 2007, Nr. 1, S. 463–466.

[Ued08] Ueda, K.; Kito, T.; Takenaka, T.: Modelling of value creation based on Emergent Synthesis. In: CIRP Annals, 57. Jg., 2008, Nr. 1, S. 473–476.

[Ued99] Ueda, K.; Vaario, J.; Takeshita, T.; Hatono, I.: An Emergent Synthetic Approach to Supply Network. In: CIRP Annals, 48. Jg., 1999, Nr. 1, S. 377–380.

[Ull88] Ullman: A Model of the Mechanical Design Process based on Empirical Data. In: AI EDAM, 2. Jg., 1988, Nr. 1, S. 35.

[Ull97] Ullman, D. G. The mechanical design process. 2nd ed. Boston, Mass.: McGraw-Hill, 1997 - ISBN: 0070657564.

[Ulr12] Ulrich, K. T.; Eppinger, S. D. Product design and development. 5. ed. New York, NY: McGraw-Hill, 2012 - ISBN: 0073404772.

[Ulr16] Ulrich, K. T.; Eppinger, S. D. Product design and development. 6. ed. New York, NY: McGraw-Hill, 2016 - ISBN: 978-0-07-802906-6.

[Ulr76] Ulrich, P.; Hill, W. Wissenschaftstheoretische Grundlagen der Betriebswirtschaftslehre. In: Dichtl, E.; Issing, O. (Hrsg.): Wirtschaftswissenschaftliches Studium WiSt. Zeitschrift für Studium und Forschung. 5. München: Beck, 1976, S. 304–309.

[Ulr84] Ulrich, H.; Dyllick, T.; Probst, G. J. B. (Hrsg.) Management. Reihe: Schriftenreihe Unternehmung und Unternehmungsführung, 13. Bern, Stuttgart: Haupt, 1984

[Vaj05] Vajna, S.; Clement, S.; Jordan, A.; Bercsey, T.: The Autogenetic Design Theory: An evolutionary view of the design process. In: Journal of Engineering Design, 16. Jg., 2005, Nr. 4, S. 423–440.

[Vaj09] Vajna, S.; Weber, C.; Bley, H.; Zeman, K.; Hehenberger, P. CAx für Ingenieure. Eine praxisbezogene Einführung. 2., völlig neu bearb. Aufl. Berlin, Heidelberg: Springer, 2009 - ISBN: 978-3-540-36038-4.

[Vaj14] Vajna, S. Integrated Design Engineering. Ein Interdisziplinäres Modell Für Die Ganzheitliche Produktentwicklung. 1st ed. Berlin, Heidelberg: Springer Berlin / Heidelberg, 2014 - ISBN: 9783642411045.

[VDI14] VDI Verein Deutscher Ingenieure e.V. VDI. VDI 3405 (Dezember 2014) Additive Fertigungsverfahren - Grundlagen, Begriffe, Verfahrensbeschreibungen.

[VDI19] VDI Verein Deutscher Ingenieure e.V. VDI. VDI 2221 (2019) Design of technical products and systems.

[VDI21a] VDI Verein Deutscher Ingenieure e.V. VDI/VDE. VDI 2206 (November 2021) Entwicklung mechatronischer und cyber-physischer Systeme.

[VDI21b] VDI Verein Deutscher Ingenieure e.V. VDI 4521. VDI 4521 (2021) Erfinderisches Problemlösen mit TRIZ.

[VDI98] VDI Verein Deutscher Ingenieure e.V. VDI. VDI2225 (November 1998) Konstruktionsmethodik - Technisch-wirtschaftliches Konstruieren - Technisch-wirtschaftliche Bewertung.

[Ver09] Verhaegen, P.-A.; D'hondt, J.; Vertommen, J.; Dewulf, S.; Duflou, J. R.: Relating properties and functions from patents to TRIZ trends. In: CIRP Journal of Manufacturing Science and Technology, 1. Jg., 2009, Nr. 3, S. 126–130.

[Wal17] Walch, M.: Variantenentwicklung im ZHO-Modell im Kontext der PGE - Produktgenerationsentwicklung – Methode zur Entscheidungsunterstützung bei der Konzeptentwicklung in der Angebotsphase auf Basis abgeleiteter Varianten, 1615-8113, 2017

[Wan10] Wang, T.; Ji, P.: Understanding customer needs through quantitative analysis of Kano's model. In: International Journal of Quality & Reliability Management, 27. Jg., 2010, Nr. 2, S. 173–184.

[WAS93] Wasserman, g. s.: on How to Prioritize Design Requirements During the QFD Planning Process. In: IIE Transactions, 25. Jg., 1993, Nr. 3, S. 59–65.

[Web05] Weber: CPM/PDD—An Extended Theoretical Approach to Modelling Products and Product Development Processes. 2005, S. 159.

[Web07] Weber: Looking at 'DFX' and 'Product Maturity' from the Perspective of a New Approach to Modelling Product and Product Development Processes. 2007, S. 85.

[Web08] Weber: How to Derive Application-specific Design Methodologies? 2008, S. 69.

[Wel14] Welker, M.; Taddicken, M.; Schmidt, J.-H.; Jackob, N. (Hrsg.) Handbuch Online-Forschung. Sozialwissenschaftliche Datengewinnung und -auswertung in digitalen Netzen. Reihe: Neue Schriften zur Online-Forschung, 12. Köln: Herbert von Halem Verlag, 2014

[Wes06] Westkämper, E.; Decker, M. (Hrsg.) Einführung in die Organisation der Produktion. Reihe: Springer-Lehrbuch. Berlin, Heidelberg: Springer, 2006

[Woe20] Woetzel, J.; Pinner, D.; Samandari, H.; Engel, H.; Krishnan, M.; Kampel, C.; Graabak, J.: Could climate become the weak link in your supply chain? In: McKinsey & Company [Stand: 06.08.2020]

[Wöh13] Wöhe, G. Einführung in die Allgemeine Betriebswirtschaftslehre. Reihe: Vahlens Handbücher der Wirtschafts- und Sozialwissenschaften, Hauptbd. 25., überarb. und aktualis. Aufl. München: Vahlen, 2013 - ISBN: 3800646870.

[Woh17] Wohlers, T.; Campbell, R. I.; Diegel, O.; Kowen, J.; Mostow, N. Wohlers report 2017. 3D printing and additive manufacturing global state of the industry. Fort Collins, Colorado: Wohlers Associates, 2017

[Woh21] Wohlers, T.; Campbell, R. I.; Diegel, O.; Kowen, J.; Mostow, N. Wohlers report 2021. 3D printing and additive manufacturing global state of the industry. Fort Collins, Colorado: Wohlers Associates, 2021 - ISBN: 9780991333271.

[Wol18] Wolfgang Klingauf KOMET Group Innovates Cutting Tools UNsing Metal 3D Printing Technology, 22.05.2018

[Wyn05] Wynn, D.; Clarkson, J. Models of designing. In: Clarkson, J.; Eckert, C. (Hrsg.): Design process improvement. London: Springer London, 2005, S. 34–59.

[Wyv98] Wyvill, G.; Sharp, P. Volume and Surface Properties in CSG, 1998

[Yi18] Yi, L.; Krenkel, N.; Aurich, J. C.: An energy model of machine tools for selective laser melting. In: Procedia CIRP, 78. Jg., 2018, S. 67–72.

[Yim12] Yim, S.; Rosen, D. Build Time and Cost Models for Additive Manufacturing Process Selection. In: Proceedings of the ASME International Design Engineering Technical Conferences and Computers and Information in Engineering Conference - 2012. Presented at ASME 2012 International Design Engineering Technical Conferences and Computers and Information in Engineering Conference, August 12 - 15, 2015, Chicago, Illinois, USA. 2. New York, NY: ASME, 2012, S. 375–382.

[Yin21] Yin, J.; Wang, D.; Wei, H.; Yang, L.; Ke, L.; Hu, M.; Xiong, W.; Wang, G.; Zhu, H.; Zeng, X.: Dual-beam laser-matter interaction at overlap region during multi-laser powder bed fusion manufacturing. In: Additive Manufacturing, 46. Jg., 2021, S. 102178.

[Yos81] Yoshikawa: General Design Theory and a CAD System. 1981, S. 35.

[Yos85] Yoshikawa, H.; Uehara, K.: Design Theory for CAD/CAM Integration. In: CIRP Annals, 34. Jg., 1985, Nr. 1, S. 173–178.

[Zäh13] Zäh, M. Wirtschaftliche Fertigung mit Rapid-Technologien. Anwender-Leitfaden zur Auswahl geeigneter Verfahren. unveränderter Nachdruck der 1. Aufl. 2006. München: Hanser, 2013 - ISBN: 3446439161.

[Zan14] Zangemeister, C. Nutzwertanalyse in der Systemtechnik. Eine Methodik zur multidimensionalen Bewertung und Auswahl von Projektalternativen. 5., erw. Aufl. Norderstedt: Books on Demand, 2014 - ISBN: 978-3-923264-00-1.

[Zeh12] Zehnter, C.; Burger, A.; Ovtcharova, J. KIT scientific reports. Karlsruhe, 2012 [KIT-SR 7620]

[Zer07] Zernial, P. Technology Roadmap Deployment. Dissertation. Aachen, 2007

[Zha15] Zhao, Y.-W.; Zhou, J.-Q.; Huanhuan, H.; Chen, W.-G.; He, L. Overview and prospects of extension design methodology. In: Computer Integrated Manufacturing Systems, S. 1157–1167.

[Zha16] Zhang, Y.; Bernard, A.; Gupta, R. K.; Harik, R.: Feature based building orientation optimization for additive manufacturing. In: Rapid Prototyping Journal, 22. Jg., 2016, Nr. 2, S. 358–376.

[Zie18] Ziebura, D.; Bremen, S.; Schleifenbaum, J. H.; Gebhardt, A. Machbarkeitsstudie zur Verarbeitung von nicht rostendem Stahl

1.4404 unter Verwendung einer Diodenlaser-basierten LPBF-Maschine mit kartesischem Achssystem. In: RTe journal, 2018

Anhang

A1 Produktentwicklungsmethoden

Im Folgenden werden die weiteren Produktentwicklungsmethoden, welche nach TOMIYAMA ET AL. eine industrielle Relevanz aufweisen vorgestellt. Zum Schluss erfolgt eine Bewertung der Eignung für die vorliegenden Arbeit.

3-Zyklen-Modell

Das 3-Zyklen-Modell nach Gausemeier beschreibt die Produktentstehung als ein zyklisches Wechselspiel zwischen Produktplanung, Produktentwicklung und Produktionssystementwicklung und nicht als stringente Abfolge von Aufgaben/Phasen. In der folgenden Abbildung ist die Vorgehensweise vom ersten bis zum dritten Zyklus dargestellt. [Gau12; Pet14]

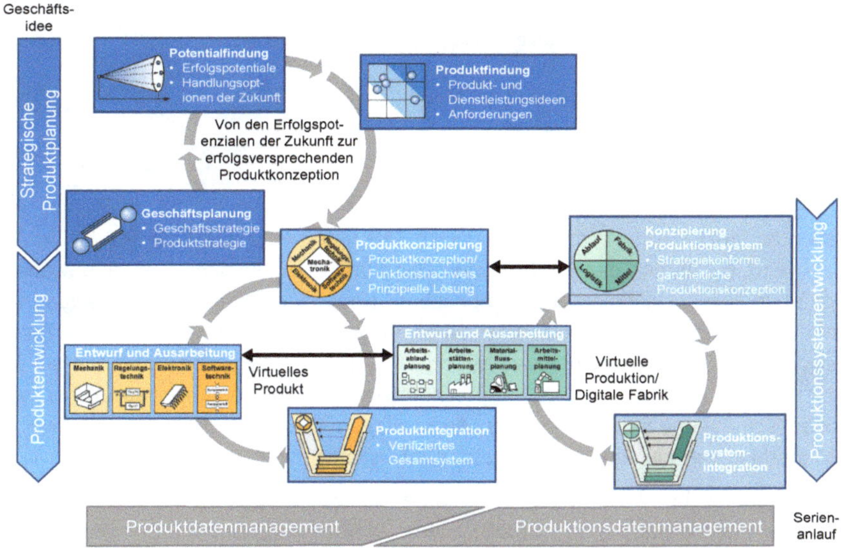

Abbildung A1: 3-Zyklen-Modell [Gau12]

1. **Zyklus *Von den Erfolgspotenzialen der Zukunft zur erfolgversprechenden Produktkonzeption*:** Dieser Zyklus beschreibt den Prozess von der Identifikation vielversprechender Produkte über die Geschäftsplanung bis hin zur Produktkonzipierung. Hier können u. a. weitere Methodiken wie Szenario-Technik, Delphi-Studien, usw. integriert werden. Den Übergabepunkt zum zweiten Zyklus stellt die Produktkonzipierung dar. [Gau12]
2. **Zyklus *Produktentwicklung/Virtuelles Produkt*:** Innerhalb dieses Zyklus werden die Teilsysteme des Produktes konzipiert, weiter spezifiziert und entwickelt sowie zu einem Gesamtsystem zusammengesetzt. [Gau12]

3. **Zyklus *Produktionssystementwicklung/Digitale Fabrik*:** Ziel dieses Zyklus ist die integrative Konkretisierung des Produktionssystems samt dazugehöriger Arbeitsabläufe, Arbeitsmittel, Arbeitsstätten und Logistik mit der Produktentwicklung. Hierbei kommen Ansätze wie die Digitale Fabrik oder Materialflusssimulation zum Tragen. Durch die Parallelentwicklung von Produkt und Produktionssystem können kosten- und zeitintensive bzw. qualitätsmindernde Einflüsse rechtzeitig erkannt und vermieden werden. [Gau12]

Axiomatic Design (AD)

Das Axiomatic Design wurde in den 1970er durch SUH entwickelt und zählt zu den gängigsten Methodiken in der technischen Produktentwicklung. Hierbei besteht eine axiomatische Produktentwicklung aus drei wesentlichen Bereichen [Suh90; Bro20]:

Tabelle A1: Bereiche und Elemente des Axiomatic Design [Suh90; Bro20].

Bereiche	Element
Axiome	Maximale Unabhängigkeit der Funktionselemente
	Minimaler Informationsgehalt
Struktur	Design-Domäne
	Design-Hierarchie
Prozess	Zickzack-Zerlegung
	Physische Integration

Jeder der drei Bereiche wird in je zwei Elemente unterteilt (siehe Tabelle A1). Die Axiome werden während der Produktentwicklung im Entwicklungsprozess angewendet. Das erste Axiom stellt hierbei die Anpassbar-, Kontrollierbarkeit und Vermeidung von unbeabsichtigten Ergebnissen sicher. Dagegen garantiert das zweite Axiom die Erstellung robuster Lösungsalternativen bei größtmöglicher Erfolgswahrscheinlichkeit und wird somit zu Selektion der vielversprechendsten Lösung oder Alternativen herangezogen. Die Axiome stellen dabei die Grundsätze im Entwicklungsprozess dar, welche es innerhalb der einzelnen Domaine zu berücksichtigen gilt. [Suh90; Bro05]

Zur systematischen Anwendung der Axiome im Entwicklungsprozess ist eine Struktur notwendig (siehe Tabelle A1) [Bro20]. Hierbei werden verschiedene Domänen im ersten Element der Struktur festgelegt, welche systematisch aufeinander aufbauen und im zweiten Element mit zunehmenden Detaillierungsniveau beschrieben werden (siehe Abbildung A2). [Suh90]

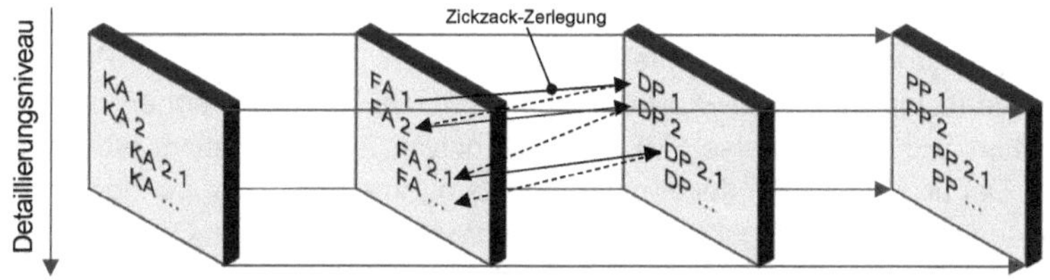

Abbildung A2: Die vier Domänen und Hierarchien des Strukturelements und die Zickzack-Zerlegung im Axiomatic Design [Bro20; Gra00]

Der dritte Bereich umfasst den Prozess, welcher aus einer Zickzack-Zerlegung, um die Entwicklungshierarchien in den Domänen vom Groben ins Feine zu erstellen, indem zunächst die Funktionsanforderungen aus den Kundenanforderungen abgeleitet werden. Danach werden, die Designparameter zur Erfüllung der Funktionsanforderungen ausgewählt und die entsprechenden Prozessparameter festgelegt, um die Designparameter zu realisieren. Die Zickzack-Zerlegung verläuft hierbei mit zunehmenden Detaillierungsniveau vom Groben ins Feine bis zum konkreten Konstruktionselement. So können beispielweise auf sich aufbauende Funktionsanforderungen beschrieben werden. Das zweite Element (Physische Integration) beschreibt die Zuordnung physischer Merkmale zu den Konstruktionselementen (detaillierteste Ebene bei der Zerlegung). [Suh05b; Suh90; Bro05]

Zur Bewertung der Gestaltungsalternativen bzw. -lösungen wird eine Design-Matrix basierend auf dem ersten Axiom aufgestellt, welche die Abhängigkeit von Funktionsanforderungen zu Designparametern beschreibt. Nur bei Werten auf der Diagonalen der Design-Matrix, besteht keine Abhängigkeit der Funktionsanforderungen zu den Designparameter. Dahingegen bestehen bei allen anderen Ausprägungen der Design-Matrix Abhängigkeiten. [Suh01; Suh05b]

Concurrent Engineering (CE) / Simultaneous Engineering (SiE)[13]

Das Concurrent Engineering beschreibt einen systematischen Ansatz für die integrierte und verteilte Entwicklung von Produkten und damit verbundene Prozesse. Im deutschsprachigen Raum wird das Simultaneous Engineering mit dem Concurrent Engieering gleichgesetzt, wobei SE auf die Parallelisierung von Produkt- und Produktionsentwicklung fokussiert [Ehr13a], CE hingegen schwerpunkmäßig eine optimale Produktentwicklung durch interdisziplinäre Teamarbeit anstrebt. [Bra91]

[13] Für die vorliegende Arbeit werden beide Ansätze des Concurrent Engineering und Simultaneous Engineering gleichgestellt.

SiE und CE fokussieren auf eine ganzheitliche Produktentwicklung entlang des Produktlebenszyklus durch zielgerichtete interdisziplinäre Zusammen- und Parallelarbeit mit Unterstützung durch ein Projektmanagement. SiE und CE können mit weiteren Methodiken, wie beispielweise FMEA, ABC-Analyse, Target Costing, etc. kombiniert werden. Dadurch sollen Produkte mit verkürztem Time-to-Market, geringeren Kosten (Entwicklungs-, Herstellungskosten, etc.) und/oder verbesserter Qualität entwickelt werden [Soh92; Has95]. Neben den konkreten Methodiken und Arbeitsformen, etwa Zusammenarbeit und Projektmanagement, fordern CE und SiE die Integration von Stakeholder, wie Kunden und Zulieferer, sowie eine ganzheitliche Datenkonsistenz in allen Stufen des Produktlebenszyklus [Soh92; Has95]. Hier kommen digitale Werkzeuge/Plattformtechnologien, die in modernen Entwicklungsprozessen nicht mehr wegzudenken sind, zum Einsatz (z. B. PLM[14]). Somit stellen SiE und CE in erster Linie einen Ordnungsrahmen und eine Managementmethode für die Produktentwicklung, die mit geeigneten konkreten Methodiken kombiniert werden müssen. [Ehr13b]

Design Thinking

Design Thinking stellt einen humanzentrierten und systematischen Ansatz zum kreativen Lösen von Aufgaben, Herausforderungen oder Problemen dar, der sowohl als methodischer [Mei11] als auch kultureller [Thi17] Ansatz interpretiert werden kann. Im Vergleich zum Stage-Gate-Modell (siehe Kapitel *Stage-Gate-Modell*) wird beim Design Thinking der Prozess iterativ durchlaufen. Hierbei gliedert sich der Prozess in zwei Hauptphasen (Problemidentifikation und -lösung), wie in Abbildung A3 dargestellt ist:

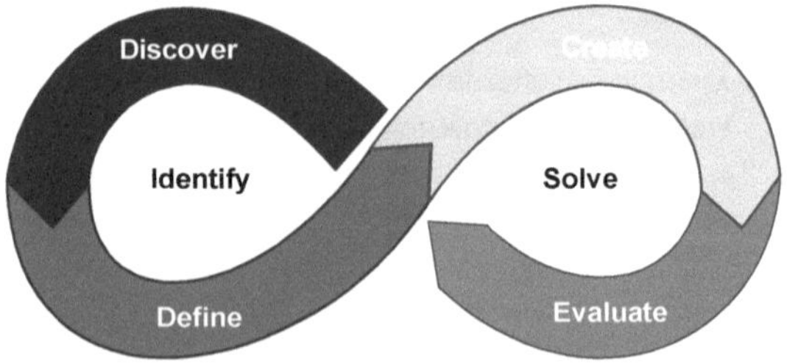

Abbildung A3: Allgemeiner Ansatz des Design Thinking [Gri16]

Der erste Schritt (Discover) im Design Thinking zielt auf den Erkenntnisgewinn über den Kunden (Gedanken, Gefühle, Erfahrungen und Bedürfnisse) bzw. Marktinformationen ab. Hierbei sollen insbesondere latente, unentdeckte Kundenbedürfnisse durch Zuhilfenahme von weiteren Methodiken (z. B. Interviews) iterativ erfasst und analysiert werden. Im Folgeschritt (Define) werden die Ergebnisse aus dem vorherigen Schritt in Form von spezifischen Problemstellungen bzw. Herausforderungen extrahiert und für den weiteren Verlauf priorisiert. Die spezifischen Problemstellungen werden hierbei in

14 Product-Lifecycle-Management (PLM) ist ein Konzept zur ganzheitlichen Integration von Informationen eines Produktes über dessen Lebenszyklus.

Form von *Problem-Statements* formuliert und dokumentiert. Im Schritt *Create* soll basierend auf den *Problem Statements* ein *Minimum Viable Product* (MVP) [Liu20] erarbeitet werden, welches einer Kundengruppe mit dem Ziel des Feedbacks zur Verfügung gestellt wird. Die MVPs decken hierbei nur wesentliche Funktionen des zu entwickelnden Produktkonzepts ab, um so möglichst schnell und kostengünstig diese Funktionen am Kunden zu testen. Feedback und die Validierung der Funktionen können durch unterschiedliche methodische Ansätze, beispielweise Beobachtung des Kundenverhaltens, im Schritt *Evaluate* gestützt werden. Der Erkenntnisgewinn durch Feedback wird zur Validierung und Adaptierung des *Problem Statements* verwendet und im zweiten Schritt zur sukzessiven Weiterentwicklung bzw. Verbesserung des Produktkonzepts herangezogen. Somit schließt sich der Kreislauf von *Evaluate* zu *Discover*. Die Erarbeitung von Produktkonzepten und MVPs sowie das folgende Kundenfeedback wird so lange wiederholt bis alle vorab definierten Kriterien erfüllt sind. Beispielhaft können die Attraktivität des Produkts (aus Kundensicht), die Umsetzbarkeit des Produkts (aus Unternehmenssicht) und die Rentabilität des Produkts (aus Unternehmenssicht; ökologisch und ökonomisch) als Kriterien genannt werden. [Gri16; Mei11]

Failure Mode and Effects Analysis (FMEA)

Originär kommt die Failure Mode and Effects Analysis (FMEA) aus der Qualitätssicherung für Raumfahrprojekte [NAS72] und wurde im weiteren zeitlichen Verlauf für weitere Industriezweige (u. a. Automobilbranche) angepasst [Mor21]. Hierbei kommt die FMEA primär in der Fertigungsindustrie als eigenständiges Werkzeug oder als integraler Bestandteil des Qualitätskontrollsystems zum Einsatz [Ouy20]. Der Grundgedanke der FMEA beschreibt eine formalisierte analytische Methodik zur systematischen Erfassung sowie Bewertung möglicher Fehler und der damit einhergehenden potenziellen Risiken [Ben21; Mor21]. Somit kann nicht nur der kausale Zusammenhang zwischen Fehler, Ursache und Wirkung transparent dargestellt werden, sondern es wird darüber hinaus eine frühzeitige Fehleridentifizierung und schlussendlich eine Verbesserung des Produkts/Prozesses ermöglicht [Liu13]. Prinzipiell wird u. a. zwischen FMEA mit dem Fokus auf dem Entwicklungs-/ Konstruktionsprozess (D-FMEA) oder dem Fertigungsprozess (P-FMEA) unterschieden. In beiden Fällen beginnt die FMEA mit der Bildung eines interdisziplinären Teams, das mögliche Fehler eines Produkts oder eines Prozesses systematisch identifizieren soll [Fra01]. Folgend wird das Risiko anhand der Risikoprioritätszahl (RPZ) quantifiziert. Die RPZ berechnet sich durch Multiplikation der Faktoren:

- Auftreten oder Fehlerwahrscheinlichkeit (O)
- Schwere des Fehlers/Ausfalls (S)
- Erkennung oder Fähigkeit einen Ausfall zu prognostizieren (D)

Für alle drei Faktoren werden definierte Skalen zugrunde gelegt, um Transparenz und Reproduzierbarkeit bei der Bewertung zu ermöglichen. Innerhalb der FMEA werden Fehler mit einer großen RPZ höher priorisiert, da angenommen wird, dass eine geringe

Produkt-/Prozesszuverlässigkeit vorliegt. Hoch priorisierte Fehler erfordern weitergehende Maßnahmen zur Reduzierung der Fehlerwahrscheinlichkeit oder der Schwere des Fehlers. [Liu13]

Nachdem die Maßnahmen durchgeführt wurden, werden die RPZ neu berechnet und eine neue Priorisierung vorgenommen. Der Prozess wird solange wiederholt bis die RPZ der Fehler auf ein akzeptables Niveau absinkt. Neben dem durch die RPZ zu ermittelnden Zielniveau können weitere Kriterien (u. a. Effizienz, Kosten) der Maßnahmen als Bewertungsgrundlagen herangezogen werden. [Liu13; Ben21]

Integrierte Produktentwicklung

Die Integrierte Produktentwicklung (IPE) ist einer der verbreitetsten Ansätze zur Integration aller notwendigen Kompetenzen bzw. Unternehmensbereiche (u. a. Vertrieb) für die Produktentwicklung. Hierbei stellt die IPE einen ganzheitlichen Ansatz dar, der durch geeignete Methodiken und Organisationsformen zu ergänzen ist. Berücksichtigung finden u. a. menschliche Denk- und Arbeitsweisen, Teamarbeit, ganzheitliche Organisationsmethoden, Einsatz innovativer Technologien sowie erweiterte Formen von Kommunikations- und Informationssystemen [Vaj14]. Wie die meisten Modelle im Bereich der Produktentwicklung, verfolgt die IPE die allgemeinen Ziele (z. B. Reduktion des Kosten- und Zeitaufwands, siehe Kapitel 1.1), wobei das IPE heutzutage eine humanzentrierte Entwicklungsphilosophie aufweist, die typischerweise zur wettbewerbsfähigen Entwicklung von Produkten mit hoher Qualität bei angemessenen Zeit- und Kostenzielen bzw. minimaler, nachhaltiger Ressourcennutzung genutzt wird. Das Modell startet bei der Ideenfindung bzw. Ermittlung der Marktbedürfnisse bis zur Freigabe eines Produktes. Dabei werden die Teilschritte Produktplanung, Vertrieb und Marketing, Entwicklung, Konstruktion, Produktionsvorbereitung inklusive Betriebsmittelkonstruktion, Prototypenbau und Test durchlaufen [Vaj09; Vaj14].

Der zentrale Aspekt der IPE ist der beidseitige und kontinuierliche Informationsfluss über alle Unternehmensbereiche, der von der IPE in die weiteren Bereiche des Produktlebenszyklus und umgekehrt führt. Durch diesen Ansatz wird sowohl eine vorrausschauende Planung für andere außerhalb der IPE liegende Bereiche als auch durch den Informationsrückfluss von Bereichen außerhalb der IPE eine kontinuierliche Verbesserung innerhalb der IPE ermöglicht. Die dadurch entstehende Informationskreisläufe ermöglichen eine Validierung der vorrausschauenden Planungen und führen somit schlussendlich zur Vorverlagerungen von Entwicklungsaktivitäten. [Vaj14]

Der ganzheitliche Ansatz der IPE führt auch zur Stärkung der Prozesstransparenz, und als direkte Folge können Verschwendungen bzw. Prozessineffizienzen identifiziert und angepasst werden. [Vaj14]

Lean Start-up

Das Lean Start-up stellt eine ganzheitliche Methodik für die kundenzentrierte ressourcenschonende Entwicklung von Produkten und Geschäftsmodellen dar. Das Grundprinzip beruht, ähnlich dem des Design Thinkings, auf der empirischen Validierung von

Hypothesen eines Produktkonzeptes durch Kunden. Erst wenn alle Hypothesen validiert sind, erfolgt die nächste Phase [Bla20]. Dabei werden die folgenden vier Phasen durchlaufen:

1) **Customer Discovery:** Ermittlung von Kundenbedürfnissen und Erstellung von Hypothesen;
2) **Customer Validation:** Validierung der Hypothesen durch Kundentestungen, ggfs. Anpassung der Hypothesen;
3) **Customer Creation:** Vergrößerung des Kundenkreises und Adaption passender Vertriebskanäle;
4) **Company Building:** Standardisierung und Formalisierung von Auf- und Ablauforganisation für den erfolgreichen Produktabsatz.

Zur Validierung der Hypothesen eines Produktkonzeptes werden Mockups, Prototypen oder MVPs erstellt. Zwischen den einzelnen Schritten werden die gesammelten oder gemessenen Erkenntnisse analysiert und anschließend die Hypothesen angepasst. [Bla20]

Münchener Vorgehensmodell

Das Münchener Vorgehensmodell (MVM) stellt eine Weiterentwicklung bekannter Vorgehensmodelle (z. B. Vorgehenszyklus nach Ehrlenspiel) dar, welches mit Unterstützung von Psychologen erarbeitet wurde. Das MVM kann für folgende Zwecke eingesetzt werden [Lin09]:

- strategisches oder operatives Planungshilfsmittel für Produktentwicklungsprozesse
- Hilfsmittel zur Problemlösung innerhalb der Prozessdurchführung
- Werkzeug zur Analyse und Reflexion während und nach den Produktentwicklungsprozessen

Das Vorgehensmodell kann sowohl erfahrungsreiche als auch -arme Anwender unterstützen. Das MVM ist dabei mit weiteren Vorgehensmodelle kompatibel und bietet über die folgenden drei Hauptschritte zur Problemlösung entsprechende Anknüpfungspunkte [Lin09]:

- Klärung Aufgabenstellung
- Lösungsgenerierung
- Entscheidungsfindung

In Analogie zu anderen Vorgehensmodellen können diese Hauptschritte in weitere Einzelschritte aufgegliedert werden, wobei sowohl die sequenzielle als auch die iterative Ausführung der formulierten Schritte möglich sind. Darüber hinaus weist die industrielle Praxis der intensiven Problembefassung und der präventiven Absicherung nachfolgender Schritte ein erhebliches Maß an Bedeutung zu [Lin09]. Das MVM umfasst die folgenden sieben stark miteinander vernetzten Schritte, welche die Flexibilisierung des Entwicklungsprozesses ermöglichen:

- Ziel planen
- Ziel analysieren
- Problem strukturieren
- Lösungsideen ermitteln
- Eigenschaften ermitteln
- Entscheidungen herbeiführen
- Zielerreichung absichern

Je nach Ausgangssituation werden für den Produktentwicklungsprozess einzelne Schritte ausgewählt, deren Reihenfolge zunächst festgelegt und anschließend abgearbeitet wird. Unabhängig von der spezifischen Produktentwicklungssituation kann bei unzureichender Methodenerfahrung auf der oben dargestellten Abfolge der Prozessschritte zurückgegriffen werden. [Lin09]

Ausprägungen spezifischer Entwicklungssituationen oder Neuentwicklungen bedürfen gegebenenfalls einer Abweichung der allgemeingültigen Abfolge. Auch ist eine detaillierte Planung aller Elemente durch fehlende Informationen zu Beginn nicht immer möglich. Deshalb besteht das Erfordernis einer regelmäßigen Reflexion der eigenen Situation und Ergebnisse zur Ableitung notwendiger Anpassungen und der detaillierten Planung der weiteren Vorgehensweise zur Zielerreichung. Zudem kann im Zuge unerwarteter Ereignisse (z. B. technische Probleme, Änderungen der Anforderungen) die Zielsetzung im Laufe des Produktentwicklungsprozess adaptiert werden. Somit fördert das Modell die aktive Prozessgestaltung durch die Entwickler und bildet eine flexible Architektur für eine erfolgreiche Produktentwicklung. [Lin09]

Produktentwicklungsprozess (VDI 2221)

Das Vorgangsmodell in VDI 2221, das auf der Konstruktionsmethodik nach Pahl und Beitz aufbaut, stellt eine allgemeingültige, branchenunabhängige Grundlage des methodischen Entwickelns und Konstruierens technischer Systeme und Produkte dar. In der überarbeiteten Fassung des Technischen Regelwerks VDI 2221 von 2019 wird das Modell, wie in Abbildung A4 dargestellt, definiert.

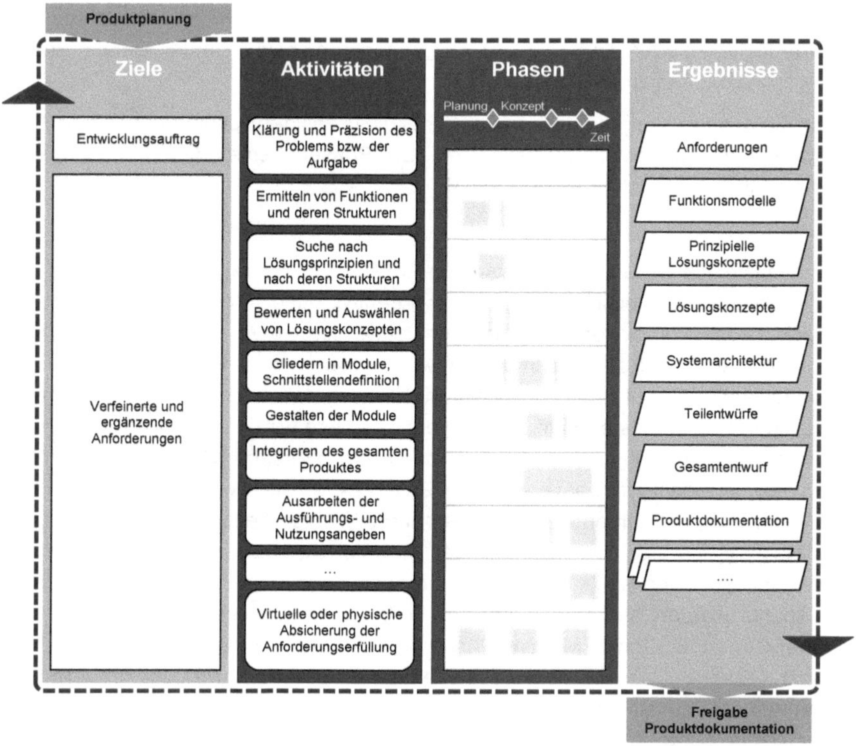

Abbildung A4: Vorgangsmodell zur Produktentwicklung nach VDI 2221

Der Produktentwicklungsprozess nach VDI 2221 beginnt mit dem Entwicklungsauftrag, welcher Ideen, Wünsche, Visionen oder konkrete definierte Anwendungsfälle oder Anforderungen (an Schnittstellen, Funktionen, usw.) beinhaltet. Dieser dient dabei nicht nur als Grundlage für die Angebotserstellung bzw. das Lastenheft, sondern stellt auch eine wichtige Grundlage zur Beurteilung des Produktreifegrads während der Entwicklung dar. [VDI19; Ben21]

Der Konkretisierung und Priorisierung der Anforderungen folgend, wird der Produktentwicklungsprozess in Aktivitäten mit definierten Ergebnissen - mit zunehmendem Detaillierungsgrad vom Konzept bis hin zum ausgestalteten Produkt - gegliedert (siehe Abbildung A4). Die (Teil-)Ergebnisse werden iterativ mit den Anforderungen abgeglichen und adaptiert. Je nach Fortschritt können digitale (u. a. FEM-Simulationen, Berechnungen), physische (u. a. Versuche, Feldstudien) oder kombinierte Validierungen durchgeführt werden. Gemäß den Anforderungen an den Entwicklungsprozess können Entwicklungsphasen dabei organisatorisch oder terminlich zusammengefasst werden. [VDI19]

Die definierten Ergebnisse, welche je einer spezifischen Aktivität bzw. Phase zugeordnet sind, gewährleisten von der prinzipiellen Idee über ein Lösungskonzept bis hin zur

Umsetzung in eine Produktgestalt nicht nur eine umfangreiche Dokumentation, sondern ermöglichen auch die Schaffung von Transparenz bezüglich der Abhängigkeiten einzelner Aktivitäten zueinander. [VDI19]

Durch die iterative Vorgehensweise wird - bei gleichzeitiger Dokumentation der (Teil-) Ergebnisse aus den einzelnen Aktivitäten bzw. Phasen - eine anforderungsgerechte Produktentwicklung sichergestellt. [VDI19]

Scrum

Scrum, das mittlerweile zu den gängigsten Ansätzen für die agile Produktentwicklung gehört, kommt ursprünglich aus der Softwareentwicklung. Diese Methodik kann zur Entwicklung von komplexen Produkten genutzt werden. Im Vergleich zu anderen klassischen Modellen wird zu Beginn des Entwicklungsprozesses keine ausführliche Dokumentation der Spezifikationen erstellt. Stattdessen definieren die Stakeholder eine, aus einigen Sätzen bestehende Produktversion. Diese wird über den *Product Owner* im *Product Backlog* in priorisierte Anforderungen übersetzt, welche im Anschluss durch das *Development Team* erarbeitet werden. Ziel ist die inkrementelle Entwicklung und Validierung bei kurzen Zeitintervallen und in kleinen Feedbackschleifen mit den Stakeholdern. Etwaige Anpassungen der Anforderungen und Priorisierung erfolgen nach jedem sog. Sprint. Als Sprint wird hierbei ein definiertes Zeitintervall bezeichnet. Die Sprints werden durch Produkttests, Reflexion und geeignete organisatorische Maßnahmen (z. B. Scrum Meetings, transparente Zeitplanung und Kommunikation) ergänzt. Dieser Zyklus wird solange wiederholt, bis das finale Produkt zur vollen Zufriedenheit der Stakeholder erarbeitet wurde, wobei dem Kern von Scrum drei Grundprinzipen zugrunde liegen:

- **Transparenz:** offene Kommunikation des Projektfortschritts, der zeitlichen Planung und etwaiger (organisatorischer) Hindernisse. Hierzu wird täglich mit allen Beteiligten ein *Daily Scrum Meeting* abgehalten
- **Validierung:** regelmäßige Überprüfung der Produkteigenschaften, sowohl mit den Stakeholdern (z. B. Kunden) als auch über Produkttests
- **Anpassung:** regelmäßige Re-Validierung und Re-Priorisierung der Anforderungen an ein Produkt

Scrum ist insbesondere durch die flexible Planung, die Transparenz, die regelmäßige Überprüfung der Entwicklungsergebnisse, die Sichtbarkeit von Hindernissen sowie der regelmäßigen (Re-)Validierung und (Re-)Priorisierung der Anforderungen geeignet zur Entwicklung von Produkten, auch wenn die ausgeprägten Hierarchiestrukturen dieses Ansatzes ein hohes Maß an Disziplin erfordern. Ebenso besteht die Gefahr von Effizienzverlusten, wenn Meetings, Analysen, Dokumentation, etc. überhandnehmen. Auch die produktindividuelle Festlegung von Entwicklungsinkrementen und der dazugehörigen Bewertungsgrößen bedürfen ein gewisses Maß an Erfahrung, woraus sich wiederum die organisatorischen und persönlichen Kompetenzen, die für die Durchführung einer Scrum-basierten Produktentwicklung – besonders bei komplexen Produkten – notwendig sind, ableiten lassen.

Stage-Gate-Modell

Das Stage-Gate-Modell nach Cooper stellt ein Vorgehensmodell zur Optimierung von Innovations- und Entwicklungsprozessen dar, dessen prinzipieller Ablauf in der folgenden Abbildung dargestellt ist. [Coo11].

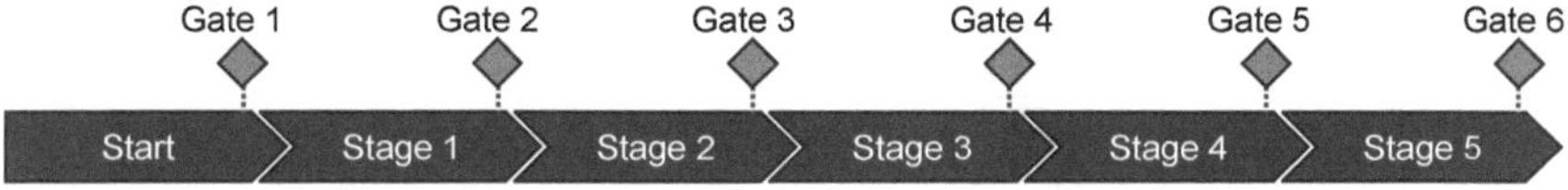

Abbildung A5: Ablauf des Stage-Gate-Modells nach Cooper [Coo11]

Hierbei wird der komplette Prozess in sachlogische Stufen (Stages) durch sogenannte Tore (Gates) gegliedert. Am jeweiligen Tor werden die Resultate des zuvor bearbeiteten Abschnitts bewertet und als Entscheidungsgrundlage über die Weiterführung bzw. den Abbruch des Entwicklungsprozesses herangezogen. Typische, als Entscheidungsgrundlage herangezogene, Bewertungsgrößen sind wirtschaftlich oder technisch geprägt, z. B. die Überziehung des Budgets oder die Realisierung kritischer technischer Funktionen und weisen somit einen qualitätssichernden Charakter auf. Das Modell verfolgt dabei sieben Ziele zur Verbesserung des Prozesses [Coo11]:

- Qualitätsverbesserung der Prozessdurchführung
- schärfere Fokussierung und bessere Prioritätensetzung
- schnelle parallele Prozessabwicklung
- Einsatz eines bereichsübergreifenden Teams
- starke Marktorientierung mit Einbeziehung des Kunden
- detaillierte Informationsgewinnung und Prognosen im Entwicklungsvorfeld
- Entwickeln von Produkten mit Wettbewerbsvorteilen

System Engineering

Das System Engineering (SE), zu dem auch das Model Based System Engineering (MBSE) gehört, stellt einen interdisziplinären ganzheitlichen Ansatz zur Entwicklung und Realisierung von komplexen technischen Systemen dar [Löc18]. Das SE umfasst dabei immer den kompletten Produktlebenszyklus. Neben den Schwerpunkten in der Entwicklung und der Herstellung, werden insbesondere folgende Bereiche berücksichtigt [Jan20]:

- Kosten (u. a. Entwicklungskosten, Produktkosten, Gesamtbetriebskosten, Lebenszykluskosten)
- Zeitplan
- Service, Schulung und Unterstützung (u. a. bei Inbetriebnahme)
- gewünschte Produkteigenschaften (Qualität)
- Einkauf und Verkauf
- Auslaufphase/Recycling

SE bietet durch den ganzheitlichen integrierten Ansatz die Möglichkeit, verschiedene Domänen (z. B. Maschinenbau, Software, Elektrik, usw.) und unterschiedliche Fähigkeiten in einen strukturierten und teamorientierten Prozess einzubinden. Dieser Prozess kann in Abhängigkeit von der Komplexität des Systems auf mehrere Ebenen aufgespalten werden, um damit die Komplexität in handhabbare Teile aufzugliedern. Der Prozess kann dabei Teile oder den kompletten Produktlebenszyklus abdecken. Damit der ganzheitliche Ansatz auch umsetzbar ist, stellt das SE zu jedem einzelnen Prozessschritt ein Methodiken-/Werkzugportfolio zur Verfügung. [INC15; ISO15; Boh05]

SE berücksichtig nicht nur technische, sondern auch die wirtschaftlichen, rechtlichen, sozialen und ökologischen Anforderungen aller Stakeholder. Um zu gewährleisten, dass ein anforderungsgerechtes Produkt realisiert wird, werden die Kosten, der Zeitplan und die Produzierbarkeit bestimmt, kontinuierlich bewertet und es werden ggfs. Anpassungen vorgenommen. [ISO15]

Dem SE liegt dabei die Annahme zu Grunde, dass ein System mehr als die Summe der Subsysteme ist, was auch als emergentes Systemverhalten bezeichnet wird und daher die Gesamtzusammenhänge und Wirkketten betrachtet werden müssen. Bei komplexen rekursiven Systemen kann eine Aufteilung in Subsysteme mit je einem verantwortlichen Systemingenieur erfolgen. Der gesamtverantwortliche Systemingenieur muss somit eine Vielzahl von Disziplinen koordinieren (bspw. Ergonomie, Thermodynamik, usw.), um das Gesamtsystem lauffähig zu halten bzw. zu optimieren. [INC15; ISO15]

TRIZ

TRIZ ist das Akronym für ein russisches Produktentwicklungsmodell, das mit „Theorie des erfinderischen Problemlösens" übersetzt werden kann und ein Portfolio an Werkzeugen für die Produktentwicklung inkludiert [VDI21b; Alt00]. Das Modell basiert auf der Analyse von Patentschriften, durch die Gesetzmäßigkeiten identifiziert werden konnten. Insbesondere die Erkenntnis, dass eine große Anzahl von Erfindungen auf einer kleinen Anzahl allgemeiner Lösungsprinzipien beruht und die Evolution technischer Systeme gewissen Mustern folgt, führte zur Entwicklung von TRIZ. [Orl06]

Das technische Problem wird dabei zunächst in abstrakte Bestandteile heruntergebrochen. Danach wird eine Lösung im abstrakten Raum identifiziert. Die abstrakten Lösungen werden anschließend, durch kreative Methodiken gestützt, in spezifische Lösungen überführt, aus denen schließlich die geeigneten Lösungen ausgewählt werden. TRIZ konzentriert sich dabei auf die Identifizierung des idealen Endergebnisses und führt den Anwender in einem konvergenten Prozess zu Lösungen, wobei Kompromisse als mögliches Ergebnis nicht berücksichtigt werden. Dadurch wird vermieden, dass vorschnell von einem technischen Problem auf eine Lösung geschlossen wird.

Hierbei wird prinzipiell folgender Prozess zur Definition, Analyse und Lösung spezifischer technische Probleme durchlaufen:

- Innovationsprinzipien und Widerspruchstabelle

- Separationsprinzipien zur Lösung physikalischer Widersprüche
- Algorithmus bzw. Schrittverfahren zur Lösung der Erfindungsprobleme (ARIZ)
- System von 76 Standardlösungen und Stoff-Feld-Analyse
- S-Kurven und Gesetze der Entwicklung von Systemen
- Prinzip der Idealität
- Modellierung technischer Systeme mit Hilfe *Kleiner Männchen* (Zwerge-Modelle)

Insbesondere deckt die Identifikation von Widersprüchen und die Anwendung der Lösungsprinzipien mögliche Wissenslücken auf, wodurch die Ausrichtung und Integration neuer Kompetenzen und Technologen im Unternehmen ermöglicht wird. Darüber hinaus kann auf Grund der Analyse von historischen Datensätzen (u. a. Patentschriften) TRIZ auch verallgemeinerte Entwicklungsgesetze zur Vorhersage der Entwicklung technischer Systeme bieten. [Cav01]

V-Modell

Die Entwicklung komplexer mechatronischer Produkte oder cyber-physischer Systeme kann nur durch die integrative interdisziplinäre Zusammenarbeit verschiedener Domänen ermöglicht werden. Das Systems Engineering bietet einen ganzheitlichen Ansatz für den Produktentstehungsprozess solcher Produkte [Rud16]. Ein Modell zur strukturierten Vorgehensweise stellt das V-Modell dar, das in der VDI-Richtlinie 2206 definiert ist und auf drei Strängen basiert [VDI21a]:

- Modellbildung und Analyse des Systems und möglicher Subsysteme
- Systementwicklung
- Anforderungsentwicklung und -management

Das V-Modell beschreibt sachlogisch verknüpfte Aufgaben einer integrativen interdisziplinären Produktentwicklung und stellt somit kein klassisches Ablaufmodell dar. Vielmehr dient das V-Modell als Beschreibungsmodell von vernetzten Aufgaben für die Entwicklung mechatronischer oder cyber-physikalischer Produkte. Wie beim MVM können auch beim V-Modell, je nach Entwicklungssituation, Teilschritte entfallen, reduziert werden und Aufgaben iterativ bearbeitet werden. Ein wesentlicher Vorteil ist die Kompatibilität des V-Modells mit verschiedenen Organisationsformen, wie z. B. agilen oder klassischen Projektmanagementmethoden. [VDI21a]

Als Initiator für die Anwendung des V-Modell können die Kundenbedürfnisse, das aus der Strategieplanung resultierende Geschäftsmodell oder der Entwicklungsauftrag fungieren. Anschließend folgt die Dekomposition (linke Seite des *V*), die Implementierung (Spitze des *V*) und die Integration (rechte Seite des *V*) der Produktentwicklung; diese wird, dann an die Realisierung und Produktion übergeben. [VDI21a]

Es sind verschiedene qualitätssichernde Maßnahmen für den Entwicklungsprozess in das V-Modell integriert. Auf der einen Seite werden kontinuierlich und in beliebiger Detaillierung die Planung und Durchführung der Validierung und Verifikation gefordert. Hierbei wird nicht nur die Notwendigkeit der Validierung („Wird das Richtige entwickelt?“) und der Verifikation („Wird richtig entwickelt?“) der jeweiligen Kernaufgabe bzw. Anforderung beschrieben, sondern auch deren Form. Auf diese Weise wird die Erfüllung der Anforderungen des Kunden und anderer Stakeholder sichergestellt. Eine Nichterfüllung der Anforderung erhöht [Grä12] ebenso wie die unzureichende bzw. unvollständige Anforderungsentwicklung das Risiko des Scheiterns. [VDI21a]

Auf der anderen Seite sind entlang des V-Modell sechs Kontrollpunkte, wodurch eine kritische Reflexion des Progresses vom Produktentwicklungsprojekt über Kontrollfragen gefördert wird, implementiert. Diese sollen dem Anwender helfen, zugehörige Aufgaben strukturiert zu planen, zu adaptieren und durchzuführen. Im Gegensatz zum Stage-Gate-Modell korrelieren die Kontrollpunkte nicht mit der Zeit oder der erfolgreichen Abarbeitung von Aufgaben (Freigabefunktion). [VDI21a]

Bewertung der vorgestellten Methodiken für die Produktentwicklung

Die folgende Tabelle fasst die restlichen identifizierten Methodiken der Produktentwicklung, welche potenziell als Grundlage für die vorliegende Arbeit dienen zusammen. Hierbei erfolgt auch die Bewertung der identifizierten Defizite anhand der Anforderungen für die zu entwickelnde Methodik.

Tabelle A2: Bewertung der weiterführenden restlichen analysierten Methodiken der Produktentwicklung

Legende
● Vollständig erfüllt
◐ Teilweise erfüllt
○ Nicht oder kaum erfüllt

Modell-/Theoriebezeichnung	Eignung zur anwendungs- und branchenzentrierten Bewertung und Auswahl von Produktmerkmalen	Berücksichtigung einer marketing- und technikorientierten Produktplatzierung	Berücksichtigung von wirtschaftlichen und produktionstechnischen Kennzahlen des herzustellenden Produktprogramms	Adaptions- und Transferfähigkeit	Automatisierte Ermittlung quantitativer Bewertungsgrößen auf Grundlage von robusten Informationen/Daten zur Konzeptauswahl	Praxisnahe, spezifische und kundenorientierte Methodik
3-Zyklen-Modell	○	○	○	◐	○	◐
Axiomatic Design (AD)	○	○	○	○	○	○
Concurrent Engineering (CE) / Simultaneous Engineering (SE)	◐	◐	○	●	○	◐
Design Thinking	◐	◐	○	●	○	◐
Failure Mode and Effect Analysis (FMEA)	○	○	○	◐	○	◐
Integrierte Produktentwicklung	◐	◐	◐	●	○	○
Lean Startup	◐	◐	○	●	○	◐
Münchener Vorgehensmodell	◐	○	○	○	○	◐

Legende

● Vollständig erfüllt

◐ Teilweise erfüllt

○ Nicht oder kaum erfüllt

Modell-/Theoriebezeichnung	Eignung zur anwendungs- und branchenzentrierten Bewertung und Auswahl von Produktmerkmalen	Berücksichtigung einer marketing- und technikorientierten Produktplatzierung	Berücksichtigung von wirtschaftlichen und produktionstechnischen Kennzahlen des herzustellenden Produktprogramms	Adaptions- und Transferfähigkeit	Automatisierte Ermittlung quantitativer Bewertungsgrößen auf Grundlage von robusten Informationen/Daten zur Konzeptauswahl	Praxisnahe, spezifische und kundenorientierte Methodik
Produktentwicklungsprozess (VDI 2221)	◐	○	○	○	○	◐
Stage-Gate-Modell	○	○	○	◐	○	○
System Engineering	◐	◐	◐	◐	◐	○
TRIZ	○	○	○	○	○	◐
V-Modell (VDI 2206)	◐	○	○	○	○	◐

Zusammenfassend kann festgehalten werden, dass die restlichen identifizierten Ansätze – weder allein noch in Kombination – nicht die geforderten Anforderungen für die Entwicklung von LPBF-Maschinen, eine systematische Betrachtung von resultierenden wirtschaftlichen (z. B. Herstellungskosten) und produktionstechnischen (z. B. Durchlaufzeit, Maschinenauslastung) Kennzahlen zu gewährleisten, erfüllen. Daraus ergibt sich die Notwendigkeit, einen neuen Ansatz zur Adressierung der Herausforderungen zu entwickeln.

A2 Ergebnisse zur Umfrage Industrial and Application-centric Conceptional Design of Laser Powder Bed Fusion Systems

Zur Ermittlung der aktuellen Herausforderungen bei der Anwendung von Produktentwicklungsmethoden in der AM-Branche, insbesondere bei der Entwicklung von LPBF-Maschinen, wurde eine Online-Fragebogen konzipiert und an 25 LPBF-Maschinenhersteller verschickt. Das Ergebnis der Umfrage kann im Folgenden entnommen werden.

Zur Umfrage eingeladene Unternehmen		
SLM Solutions	3D Systems	Xi'an Bright Laser Tech
EOS	Additive Industries	3D Metalwerks
Aconity3D	Trumpf	Additive Laser Technology
Laser Melting Innovation	GE Additive	Adira
Kurtz Ersa	DMG Mori	AmPro Innovations
Alpha Laser	amace solutions	Aurora Labs
Ermaksan Additive	Farsoon	Hans Laser
Inntec	Guangzhou Lasseradd Additive Technology	Open Additive
Suzhou XDM 3D Printing		

1) Please provide some information about you and your company.		
Answer Choices	Responses	
Name:	13,69 %	23
Company:	13,10 %	22
Address:	0,00 %	0
Address 2:	0,00 %	0
City/Town:	14,29 %	24
State/Province:	0,00 %	0
ZIP/Postal Code:	0,00 %	0
Country:	100,00 %	168
Email Address:	13,10 %	22
Phone Number:	0,00 %	0
	Answered	168
	Skipped	0

2) Which corporate department do you belong to?		
Answer Choices	Responses	
Finance	0,60 %	1
HR	0,00 %	0
IT	0,00 %	0
Logistics	0,00 %	0
Management	3,57 %	6
Marketing	0,60 %	1
Product Development	32,74 %	55
Product Management	12,50 %	21
Production	7,14 %	12
Production Management	11,31 %	19
Purchase	0,00 %	0
Quality	0,00 %	0
Research & Development	29,76 %	50
Sales	1,79 %	3
	Answered	168
	Skipped	0

3) How important is the consideration of customer requirements during LPBF machine development projects?		
Answer Choices	Responses	
Extremely important	54,17 %	91
Very important	35,12 %	59
Somewhat important	7,74 %	13
Not so important	1,79 %	3
Not at all important	1,19 %	2
	Answered	168
	Skipped	0

4) Does your company use methodical approaches to collect and prioritize customer requirements during a machine development project?		
Answer Choices	Responses	
Yes	95,83 %	161
No	2,98 %	5
I do not know	1,19 %	2
	Answered	168
	Skipped	0

5) What methodological approaches are used in your company to collect and prioritize customer requirements in a machine development project?		
Answer Choices	Responses	
Quality Function Development (QFD)	9,32 %	15
Voice of the Customer (VoC), KANO-Survey	7,45 %	12
The theory of inventive problem solving (TIPS, German: TRIZ)	1,86 %	3
Failure Mode and Effects Analysis (FMEA)	6,83 %	11
Lean Start-up, Co-Creation, other agil methods	10,56 %	17
Survey, Interview, external/Internal Feedback (e.g. Customers, Sales)	63,98 %	103
Other (please specify)	0,00 %	0
	Answered	161
	Skipped	7

6) How systematically is this methodological approach implemented/applied?		
Answer Choices	Responses	
No Statement	0,00 %	0
Extremely clearly	5,59 %	9
Very clearly	63,98%	103
Somewhat clearly	27,95 %	45
Not so clearly	2,48 %	4
Not at all clearly	0,00 %	0
	Answered	161
	Skipped	7

7) Please rate the following challenges that you are facing when applying the methodical approach for collecting and prioritizing customer requirement														
Answer Choices	Responses													
	Very Large		Large		Medium		Low		Very low		Does not occur		Total	WAVG*
Identification of the right customer groups	4,97 %	8	14,91 %	24	62,73 %	101	14,29 %	23	0,00 %	0	3,11 %	5	161	3,01
Collecting customer requirements (e.g. getting the wrong requirements, too specific/in-specific, highly varying)	6,21 %	10	48,45 %	78	37,89 %	61	7,45 %	12	0,00 %	0	0,00 %	0	161	3,53
Evaluation and prioritization of customer requirements	13,66%	22	45,96%	74	32,30%	52	6,83%	11	1,24%	2	0,00%	0	161	3,64
Translating customer requirements into technical specifications	31,68 %	51	26,09 %	42	21,12 %	34	14,29 %	23	6,83 %	11	0,00 %	0	161	3,61
The method is not providing clear guidance or long experience of the user is required for successful use	8,07 %	13	21,74 %	35	37,89 %	61	10,56 %	17	13,66 %	22	8,07 %	13	161	2,76
The application of the method is very expensive, work intensive and/or time consuming	5,59 %	9	30,43 %	49	21,74 %	35	22,98 %	37	13,04 %	21	6,21 %	10	161	2,74
							Answered						161	
							Skipped						7	

*WAVG = Weighted Average

8) How important is it to use a methodical approach for the development of new LPBF machines?		
Answer Choices	Responses	
Extremely important	67,86 %	114
Very important	25,60 %	43
Somewhat important	3,57 %	6
Not so important	1,19 %	2
Not at all important	1,79 %	3
Extremely important	67,86 %	114
	Answered	168
	Skipped	0

9) Are methodological approaches used during LPBF machine development projects within your company?		
Answer Choices	Responses	
Yes	94,64 %	159
No	1,19 %	2
I do not know	4,17 %	7
	Answered	168
	Skipped	0

10) What methodological approaches are used in your company to collect and prioritize customer requirements in a machine development project?		
Answer Choices	Responses	
Integrated product development	6,92 %	11
Munich process model	0,00 %	0
Three-Cycle model of product development	0,00 %	0
Agile product development methods (e.g. Scrum)	35,22 %	56
System Engineering, Model-based Systems Engineering	23,90 %	38
Munich Process Model	0,00 %	0
V-Model	4,40 %	7
Conventional product development methods (e.g. Pahl/Beitz, VDI2221)	68,55 %	109
Other (please specify)	0,00 %	0
	Answered	159
	Skipped	9

11) How systematically is this methodological approach implemented/applied?		
Answer Choices	Responses	
No Statement	0,00 %	0
Very satisfied	9,43 %	15
Satisfied	49,69 %	79
Neither satisfied nor dissatisfied	33,33 %	53
Dissatisfied	7,55 %	12
Very dissatisfied	0,00 %	0
	Answered	159
	Skipped	9

12) Please rate the following challenges that you are facing when applying the methodical approach for LPBF machine development projects?														
Answer Choices	Responses													
	Very Large		Large		Medium		Low		Very low		Does not occur		Total	WAVG*.
Identification of the right customer groups	16,4 %	26	51,6 %	82	22 %	35	7,55 %	12	2,52 %	4	0,00 %	0	159	3,72
Collecting customer requirements (e.g. getting the wrong requirements, too specific/in-specific, highly varying)	5,03 %	8	10,06 %	16	22,01 %	35	32,70 %	52	28,30 %	45	1,89 %	3	159	2,25
Evaluation and prioritization of customer requirements	1,26 %	2	5,03 %	8	52,8 %	84	20,1 %	32	11,3 %	18	9,43 %	15	159	2,36
Translating customer requirements into technical specifications	12,58 %	20	38,36 %	61	25,16 %	40	13,84 %	22	6,29 %	10	3,77 %	6	159	3,26
The method is not providing clear guidance or long experience of the user is required for successful use	8,81 %	14	46,54 %	74	22,01 %	35	14,47 %	23	6,92 %	11	1,26 %	2	159	3,32
The application of the method is very expensive, work intensive and/or time consuming	7,55 %	12	15,72 %	25	63,52 %	101	11,32 %	18	1,26 %	2	0,63 %	1	159	3,15
							Answered						159	
							Skipped						9	

*WAVG = Weighted Average

13) How are the general LPBF machine specifications (e.g. number of laser beam sources, dimensions of the build space) determined in early phase of the development project? Please rank, starting with the most relevant (1) down to the less relevant (7).																
Answer Choices	Responses															
	1		2		3		4		5		6		7		Total	WAVG*
Based on customer requirements	16,67 %	28	84,09 %	37	20,24 %	34	17,26 %	29	14,88 %	25	8,93 %	15	0,00 %	0	168	4,82
Based on lead customer requirements	50,00 %	84	104,55 %	46	15,48 %	26	0,00 %	0	3,57 %	6	0,00 %	0	3,57 %	6	168	6,06
Based on the market (e.g. competing products)	15,48 %	26	147,73 %	65	26,79 %	45	11,31 %	19	4,17 %	7	0,00 %	0	3,57 %	6	168	5,36
Based on company or/and employee experience	7,74 %	13	13,64 %	6	11,31 %	19	42,26 %	71	20,24 %	34	3,57 %	6	11,31 %	19	168	3,80
Based on internal requirements/objectives (budget, development time or capacity)	0,00 %	0	43,18 %	19	15,48 %	26	15,48 %	26	23,21 %	39	23,21 %	39	11,31 %	19	168	3,35
Based on external requirements/objectives (infrastructure, knowledge at customer, rules/law)	0,00 %	0	0,00 %	0	7,74 %	13	0,00 %	0	14,88 %	25	30,95 %	52	46,43 %	78	168	1,92
Based on requirements from the workpiece (which are produced on this machine)	0,00 %	0	0,00%	0	7,74 %	13	15,48 %	26	19,05 %	32	34,52 %	58	23,21 %	39	168	2,50
							Answered								168	
							Skipped								0	

*WAVG = Weighted Average

A3 Weitergehende Informationen zur Detaillierung der Methodik

ME2: *Markt- und Kundenanalyse*

Nutzwertanalyse und paarweiser Vergleich

Beim Rangfolgeverfahren werden die einzelnen Kriterien paarweiser verglichen und festgelegt, welches Kriterium wichtiger als das andere ist bzw. ob es als gleich wichtig einzustufen ist. Dafür werden die folgenden Bewertungen $r_{n,m}$ in die Gewichtungstabelle eingetragen [Bre97]:

- 0: Kriterium K_n ist gleich wichtig wie Kriterium K_m
- 1: Kriterium K_n ist weniger wichtig als Kriterium K_m
- 3: Kriterium K_n ist wichtiger als Kriterium K_m

In Abbildung A6 ist eine exemplarische Gewichtungstabelle dargestellt.

Legende
Paarweiser Vergleich:
0 Weniger wichtig
1 Gleich wichtig
3 Wichtiger

	m	1	2	3	...	m	
	Kriterium	Kriterium 1	Kriterium 2	Kriterium 3	Kriterium ...	Kriterium K_m	Summe
n	**Kriterium**						
1	Kriterium 1		1	3	0	0	$\sum r_{1,m} = 4$
2	Kriterium 2	1		3	1	1	$\sum r_{2,m} = 6$
3	Kriterium 3	0	0		3	3	$\sum r_{3,m} = 6$
...	Kriterium ...	3	1	0		1	$\sum r_{...,m} = 5$
n	Kriterium K_n	3	1	0	1		$\sum r_{n,m} = 5$
	Summe	$\sum r_{n,1} = 7$	$\sum r_{n,2} = 3$	$\sum r_{n,3} = 6$	$\sum r_{n,...} = 5$	$\sum r_{n,m} = 5$	$\sum r_{n,m} = 26$
	Gewichtung g_z	0,27	0,12	0,23	0,19	0,19	$\sum g_z = 1$

Abbildung A6: Exemplarische Gewichtungstabelle zur Bestimmung des Gewichtungsfaktors g_z je Kriterium K_n

Anschließend werden die Bewertungen zeilen- und spaltenweise aufsummiert und in die Gewichtungstabelle aufgenommen. Die fehlerfreie Ausfüllung der Gewichtungstabelle ist dann gegeben, wenn für die aufsummierten Spalten und Zeilen das gleiche Ergebnis resultiert. [Bre97] Der Gewichtungsfaktor g_z lässt sich im Anschluss wie folgt ermitteln:

$$g_z = \frac{\sum_{n=1}^{m} r_{n,z}}{\sum_{n=1}^{m}\sum_{m=1}^{n} r_{n,m}}, mit\ m = n \qquad \text{A.1}$$

mit

g_z	Gewichtungsfaktor für das z-te Kriterium K_z
$r_{n,m}$	Bewertung des Kriteriums K_n in der n-ten Zeile zum Kriterium K_m in der m-ten Spalte
$\sum_{n=1}^{m} r_{n,z}$	Summe der Bewertungen in einer ausgewählten Spalte z
$\sum_{n=1}^{m}\sum_{m=1}^{n} r_{n,m}$	Summe aller Bewertungen

Die berechneten Gewichtungsfaktoren für die Kriterien werden, wie in Abbildung A7 beispielhaft dargestellt, in die Nutzwertanalyse aufgenommen.

Legende
Werteskala zur Bewertung
0 Unbefriedigend **3** Gut
1 Gerade noch tragbar **4** Sehr Gut (Ideal)
2 Ausreichend

z	Kriterium	g_z	Segment 1		Segment 2		Segment 3		Segment ...		Segment i	
			$n_{z,i}$	$N_{z,1}$	$n_{z,i}$	$N_{z,2}$	$n_{z,i}$	$N_{z,3}$	$n_{z,i}$	$N_{z,...}$	$n_{z,i}$	$N_{z,i}$
1	Marktgröße	0,27	2	0,54	4	1,08	1	0,27	...	...	...	...
2	Marktwachstum	0,12	3	0,36	2	0,24	2	0,24	...	...	...	...
3	Kaufkraft der Kundenunternehmen	0,23	4	0,92	0	0	0	0	...	...	...	...
4	...	...	...	...	...	...	...		...	...	...	...
5	...	...	...	...	...	...	...		...	...	...	...
	Gew. Nutzwert *Marktattraktivität*		$\sum N_{z,1} = 1{,}82$		... = 1,32		... = 0,51		...		...	
6	...	...	...	...	...	...	...	...	...	...	...	...
7	...	...	...	...	...	...	...	...	...	...	...	...
z	Korruptionsrisiken	0,19	4	0,76	3	0,57	1	0,19	...	...	...	...
	Gew. Nutzwert *Marktrisiko*		$\sum N_{z,1} = 0{,}76$		... = 0,57		... = 0,19		...		...	

Abbildung A7: Nutzwertanalyse zur Bestimmung der Marktattraktivität und des Marktrisikos für die definierten Segmente

Die Bewertung $n_{z,i}$ der einzelnen Kriterien K durch den Anwender erfolgt für die Marktattraktivität und das Marktrisiko je Segment i separat. Hierzu wird eine reduzierte ordinale Punktbewertungsskala nach [VDI98] verwendet, weil größere Punktbewertungsskalen ebenso mehr und tiefergehende Informationen über das jeweilige Segment zur eindeutige Abgrenzung der Bewertungen voneinander notwendig machen. Die Nutzwertanalyse kann um weitere unternehmensspezifische Kriterien erweitert werden. Hierbei erfolgt die Berechnung des gewichteten Nutzwerts $N_{z,i}$ für das Segment i und jeweilige Kriterium K durch folgende Formel [Zan14]:

$$N_{z,i} = g_z * n_{z,i} \quad \text{A.2}$$

mit

$N_{z,i}$ gewichteter Teilnutzwert des Segments i

$n_{z,i}$ Bewertung durch den Anwender mit Punktbewertungsskala 0 bis 4

g_z Gewichtungsfaktor für das z-te Kriterium K_z

Zur Berechnung des Gesamtnutzwerts N_i für das Segment i werden die Teilnutzwerte $N_{z,i}$ aufsummiert [Zan14]:

$$N_i = \sum_{z=1}^{r} N_{z,i} \quad \text{A.3}$$

mit

$N_{z,i}$ gewichteter Teilnutzwert des Segments i

r max. Anzahl an Kriterien

z z-tes Kriterium

ME4: *Profilierung des Produktprogramms*

Methodik nach CONNER ET AL.

Die Methodik nach CONNER ET AL. ermöglicht die Klassifizierung der Bauteile nach der in Abbildung 6-7 dargestellten Segmente [Con14; Kol21].

Das System zur Klassifikation basiert auf drei Attributen: Produktionsvolumen, Komplexität und Individualisierung (siehe Abbildung 6-7). Diese Attribute spannen einen aus acht Segmenten bestehenden Raum auf. [Con14]

Das Produktionsvolumen bezieht sich auf die Herstellungsmenge in einem definierten Zeitraum. Die Komplexität bezieht sich auf die Anzahl der Bauteil-Features, sowie auf die Geometrie und die Lage der Letzterer. Je komplexer ein Bauteil ist, desto schwieriger, wenn nicht gar unmöglich, ist die Herstellung mit den herkömmlichen subtraktiven oder formgebenden Fertigungstechnologien. Die Individualisierung reicht über eine an die Anatomie des Patienten adaptierte Herstellung von Implantaten bis hin zur Fertigung von Kunstwerken, wobei die Einzigartigkeit ein wesentliches Erkennungsmerkmal der Individualisierung darstellt. [Con14]

Im Anschluss zur kurzen Definition der acht Segmente, erfolgt die Erläuterung des Prozesses zur Klassifizierung. Das System zur Klassifikation nach CONNER ET AL. kann für alle AM-Technologien gleichermaßen verwendet werden. Da in der vorliegenden Arbeit der Fokus auf der Verarbeitung von Metallen mittels LPBF liegt, erfolgt die Klassifizierung ausschließlich für metallische Bauteile:

1. **Mass Manufacturing**
   Die konventionelle Fertigung mittels ur- und umformenden Fertigungstechnologien ist in erster Linie auf die Herstellung von kostengünstigen Bauteilen in

großen Stückzahlen unter Nutzung von Skaleneffekten ausgerichtet. Hierbei können einzelne Bauteile, welche keine Individualisierung benötigen, zu komplexeren Systemen, z. B. Gasturbine, zusammengesetzt werden. Die Einrichtung von Fertigungssystemen oder -linien ist typischerweise kapitalintensiv, da für die Herstellung Vorrichtungen, Betriebsmittel und Werkzeuge erforderlich sind. [Con14]

2. **Manufacturing of the Few**
   Dieses Segment beschreibt Produkte mit reduzierter Komplexität und Individualisierung bei gleichzeitig geringem Produktionsvolumen. Es gibt keine branchenübergreifende Definition von Klein-/Kleinstserien, daher muss diese Wertegrenze in Abhängigkeit der Branche von dem Anwender festgelegt werden. Einen Indikator zur Festlegung der Wertegrenze stellt der Einfluss der Kosten für den Vorrichtungs- und Werkzeugbau auf die Bauteilkosten dar. Ein weiterer Indikator ist die Vorlaufzeit für den Vorrichtungs- und Werkzeugbau, welche typischerweise größer ist als die eigentliche Herstellung der Bauteile. Beispiele für dieses Segment sind die Herstellung von Werkzeugen und Vorrichtungen wie auch von Produktprototypen. [Con14]
3. **Complexity Advantage**
   Dieses Segment beinhaltet Bauteile mit erhöhter Komplexität, um die Funktionalität oder Ästhetik zu steigern. Im Gegensatz zu konventionellen Verfahren führt eine erhöhte Komplexität nicht zu Mehrkosten und bedingt durch den schichtweisen Aufbau hängen die Kosten hauptsächlich von dem umzuschmelzenden Bauteilvolumen dessen Verteilung in der Bounding Box ab. Durch die Adaption der Bauteilkonstruktion zur fertigungsgerechten Auslegung für AM, auch als Design for Additive Manufacturing (DfAM) bezeichnet, können die Vorteile der Herstellung mittels AM gesteigert werden. So kann zum Beispiel eine Baugruppe in ein monolithisches Bauteil überführt werden (Integralbauweise), es können weitere Funktionen in ein Bauteil integriert (Funktionsintegration), die Funktionen durch komplexere Geometrien verbessert (Funktionsverbesserung) werden oder Gewichtseinsparungen durch Leichtbau erzielt werden. [Con14]
4. **Mass Complexity**
   Komplexe, jedoch nicht individualisierte, Bauteile mit einem höheren Produktionsvolumen als im dritten Segment werden diesem Segment zugeordnet. Ein beispielhaftes Serienprodukt für das vierte Segment mit hoher Komplexität, jedoch ohne Individualisierung, ist die mittels LPBF hergestellte GE Fuel Nozel. [Con14]
5. **Customized for the Individual**
   Dieses Segment umfasst Produkte mit geringer Komplexität und niedrigem Produktionsvolumen, jedoch mit hohem Individualisierungsgrad. Hierzu zählen beispielweise patientenindividuelle Prothesen, individualisierte Konsumgüter (u. a. Schmuck) als auch die Reparatur von Bauteilen (z. B. Motorwellen, Spritzgusswerkzeuge, Tiefziehwerkzeuge) mittels AM. [Con14]

6. **Mass Customization**
   Die individualisierte Massenfertigung ist mittels konventionellen Fertigungsverfahren eine große Herausforderung und wird daher bereits heutzutage mittels AM realisiert. Beispiele hierfür sind patientenindividuelle Zahnersatz, kundenspezifische Leichtathletikspikes oder individualisierte Konsumgüter (u. a. Türklinken). [Con14]
7. **Artisan Product**
   Die Verwendung konventioneller Fertigungsmittel zur Herstellung einzigartiger Kunstwerke bzw. handgefertigter Bauteile mit untypischen Designmerkmalen (z. B. Strukturbionik) ist kostspielig, arbeitsintensiv und zeitaufwendig. Dieses Segment umfasst hochkomplexe wie auch hochgradig individualisierte Bauteile, z. B. aero-dynamische Bauteile aus der Formel 1 oder Kunstwerke. [Con14]
8. **Complete Manufacturing Freedom**
   Das höchste Ziel jeder Fertigungstechnologie in Bezug auf die drei Attribute ist die Fähigkeit, hochkomplexe und hochgradig individualisierte Bauteile ohne Beschränkungen des Produktionsvolumens herstellen zu können. Bauteile können diesem Segment nur theoretisch zugeordnet werden. Auch gibt es aktuell keine Anwendungsbespiele, die alle Anforderungen erfüllen. Die Produktivität und zur Verfügung stehenden Bauräume von additiven Fertigungstechnologien sind zurzeit begrenzt. [Con14]

Bewertungstabelle Geometry for Additive Manufacturing (GAPS)

LPBF-Arbeitsblatt „Geometry for Additive Part Selection" (GAPS-Arbeitsblatt)

Hinweis: Je höher die Gesamtpunktzahl, desto weniger ist das Bauteil für das LPBF geeignet *) Bei max. Bepunktung dieser Kategorie, LPBF nicht empfohlen

Punkte	Überhang	Überbrückungen	Ecken der XY-Querschnittsebene	Löcher/Bohrungen		Gesamt-punktzahl
5	Freitragende Überhänge ≥ 7,62 mm und können **keine** Stützstruktur haben	Überbrückungen ≥ 15,24 mm und können **keine** Stützstruktur haben	Querschnitte in den zur Bauplatte parallelen Ebenen haben meist spitze Ecken	Die Löscher/Bohrungen sind so ausgerichtet, dass der zirkulierende Querschnitt senkrecht oder schräg zur Bauplatte verlaufen und nicht aufgebohrt werden können		
3	Freitragende Überhänge ≥ 7,62 mm und können Stützstruktur haben	Überbrückungen haben eine Länge von mehr als 15,24 mm und können Stützstruktur haben	Querschnitte in den zur Bauplatte parallelen Ebenen haben meist abgerundete Ecken, wobei einige dieser Radien < 3 mm oder einige Ecken nicht abgerundet sind	Die Löscher/Bohrungen sind so ausgerichtet, dass der zirkulierende Querschnitt senkrecht oder schräg zur Bauplatte verlaufen und aufgebohrt werden können		
1	Freitragende Überhänge ≤7,62 mm	Überbrückungen ≤ 15,24 mm	Querschnitte in den zur Bauplatte parallelen Ebenen haben alle abgerundete Ecken mit Radien ≥ 3 mm	Die Löscher/Bohrungen sind so ausgerichtet, dass der zirkulierende Querschnitt parallel zur Bauplatte verlaufen und/oder aufgebohrt werden können		
Punkte	**Oberflächengüte***	**Taschen-abmessungen**	**Selbststützender Winkel**	**Höhe-Breite-Verhältnis***	**Toleranzen**	**Gesamt-punktzahl**
5	≤ 120 µm und mechanische Nachbearbeitung ist unerwünscht	Taschen ≥ 15,24 mm in Tiefe und Länge	Winkel ≤ 25° zur Horizontalen sind selbststützend	≥ 30:1	≤ 1,524 mm und mechanische Nachbearbeitung ist nicht erlaubt oder gewünscht	
3	120 µm bis 300 µm	Taschen größer 15,24 mm in Tiefe oder Länge	Winkel zwischen 25° und 45° zur Horizontalen sind selbststützend	Zwischen 30:1 und 20:1	Kleiner als 1,524 mm und mechanische Nachbearbeitung ist erlaubt oder gewünscht	
1	≥ 300 µm	Taschen ≤ 15,24 mm in Tiefe und Länge	Winkel ≥ 45° zur Horizontalen sind selbststützend	≤ 20:1	≥ 1,524 mm	

0 — 5 — 10 — 15 — 20 — 25

← LPBF geeignetste Lösung → | ← LPBF berücksichtigen → | ← LPBF nicht empfohlen →

Abbildung A8: Bewertungsschema der GAPS-Methodik

ME5: *Parametrisierung der Maschine*

Maschinenstrukturmodell

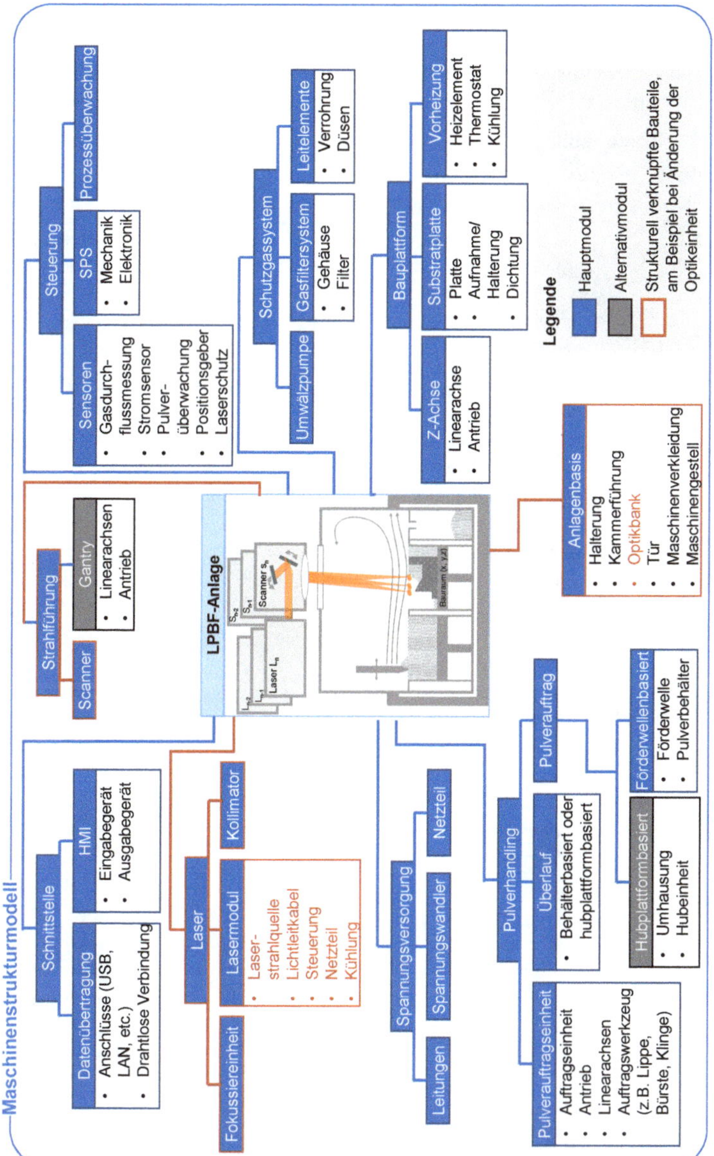

Abbildung A9: Maschinenstrukturmodell für eine gantry- oder scanner-basierte LPBF-Maschine ohne Anspruch auf Vollständigkeit (vergrößerte Darstellung)

Modulabhängigkeit zu Hauptdifferenzierungsmerkmale

Die folgende Tabelle stellt die Abhängigkeit der einzelnen LPBF-Maschinenmodule zu den gewählten Maschinenmerkmalen dar. Das Kostenverhalten wurde dann wiederum verwendet, um die parametrischen Kostenfunktionen basierend auf den Maschinenmerkmalen zu erzeugen, um diese für die Berechnung der wirtschaftlichen Kennzahlen heranzuziehen.

Tabelle A3: Kostenabhängigkeit der Maschinenmodel zu den gewählten Maschinenproduktmerkmale

Modul	Baugruppe	Abhängigkeit	Kostenverhalten
Maschinenbasis	Maschinenverkleidung	B_s	Lineares Verhalten
	Maschinengestell	B_s	Lineares Verhalten
	Halterung	-	Annähernd Konstant
	Prozesskammerführung	B_s	Lineares Verhalten
	Optikbank	-	Annähernd Konstant
	Tür	B_s	Lineares Verhalten
Bauplattform	Z-Achse	B_s	Lineares Verhalten
	Substratplatte	B_s	Lineares Verhalten
	Vorheizung	B_s	Lineares Verhalten
Schutzgassystem	Umwälzung	-	Annähernd Konstant
	Filterung	-	Annähernd Konstant
	Strömungsleitende Elemente	-	Annähernd Konstant
Steuerung	Sensoren	-	Annähernd Konstant
	SPS/Steuerungscomputer	-	Annähernd Konstant
	Prozessüberwachung	-	Annähernd Konstant
Strahlführung	Scanner	n_{OE}	Exponentielles Verhalten
	Gantry	n_{OE}	Lineares Verhalten
Schnittstellen	Datenübertragung	-	Annähernd Konstant
	HMI	-	Annähernd Konstant
Laser	Fokussiereinheit	n_{OE}	Lineares Verhalten
	Lasermodul	n_{OE}	Exponentielles Verhalten
	Kollimator	n_{OE}	Exponentielles Verhalten
Spannungsversorgung	Elektrische Leitungen	-	Annähernd Konstant
	Netzteil	n_{OE}	Lineares Verhalten
	Spannungswandler	-	Annähernd Konstant
Pulverhandling	Pulverauftragseinheit	B_s	Lineares Verhalten
	Überlauf	-	Annähernd Konstant
	Zustellzylinder	B_s	Lineares Verhalten
	Förderwelle	B_s	Lineares Verhalten

Slicingparameter

Die folgenden Abbildungen stellen die einstellbaren unterschiedlichen Slicingparameter der verwendeten Software dar. Ebenso sind die Vektorentypen, welche die Zeitdauern für t_{Scan}maßgeblich beeinflussen dargestellt.

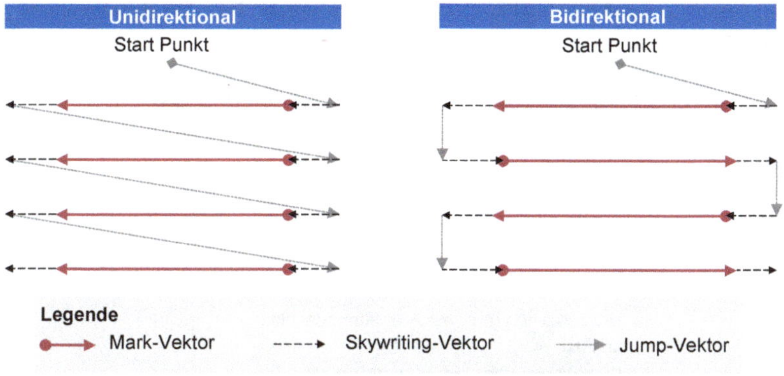

Abbildung A10: hatchingPattern (Unidirektional und Bidirektional)

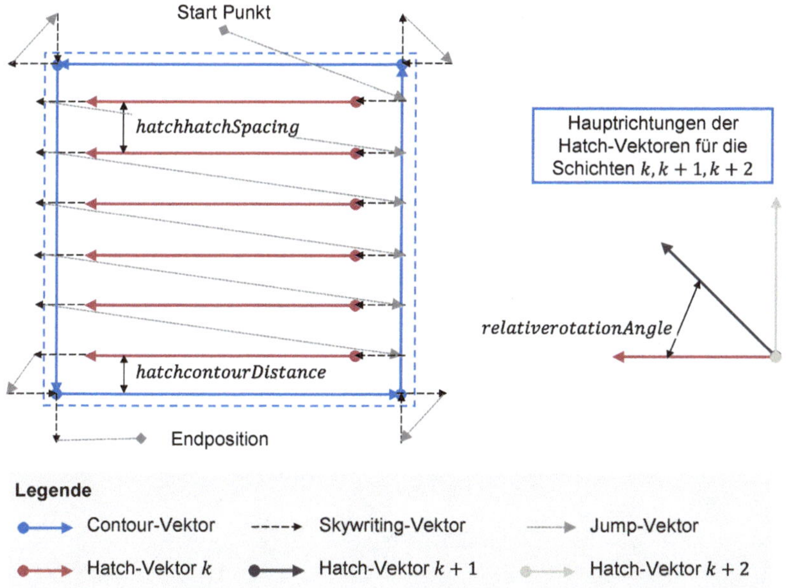

Abbildung A11: Geometrische Zusammenhänge der Slicingparameter (Unidirektional)

Betriebsstunden

Zur Ermittlung des Maschinenstundensatz muss eine Abschätzung der Betriebsstunden getroffen werden. Die folgende Tabelle stellt den Berechnungsweg exemplarisch für eine durchschnittliche Maschinenlaufzeit von 12 Stunden pro Tag dar.

Tabelle A4: Ermittlung der maximal zur Verfügung stehenden Betriebsstunden einer LPBF-Maschine

Maschine	Herleitung der Betriebsstunden			
LPBF-Maschine	Operator	Beschreibung	Einheit	Ergebnis
		Kalendertage	d	365,0
	-	Samstage	d	52,0
	-	Sonntage	d	52,0
	-	Feiertage und Brauchtumstage	d	13,0
	-	Urlaubszeiten (nur, wenn Betrieb geschlossen ist)	d	4,0
	-	Planbare/geplante Stillstandstage/Jahr (z. B. Wartung, Instandhaltung)	d	10,0
	-	Sonstige planbare/geplanten Stillstandstage (z. B. Tag der offenen Tür)	d	8,0
	=	Mögliche Laufzeit pro Jahr in Tagen	d	226,0
	×	Laufzeit in Stunden pro Tag	h	12,0
	=	Maximal mögliche Kapazität pro Jahr und Maschine	h	2.712,0

ME8: Auswahl Maschinenkonzept - *Automatisierungspotenzial*

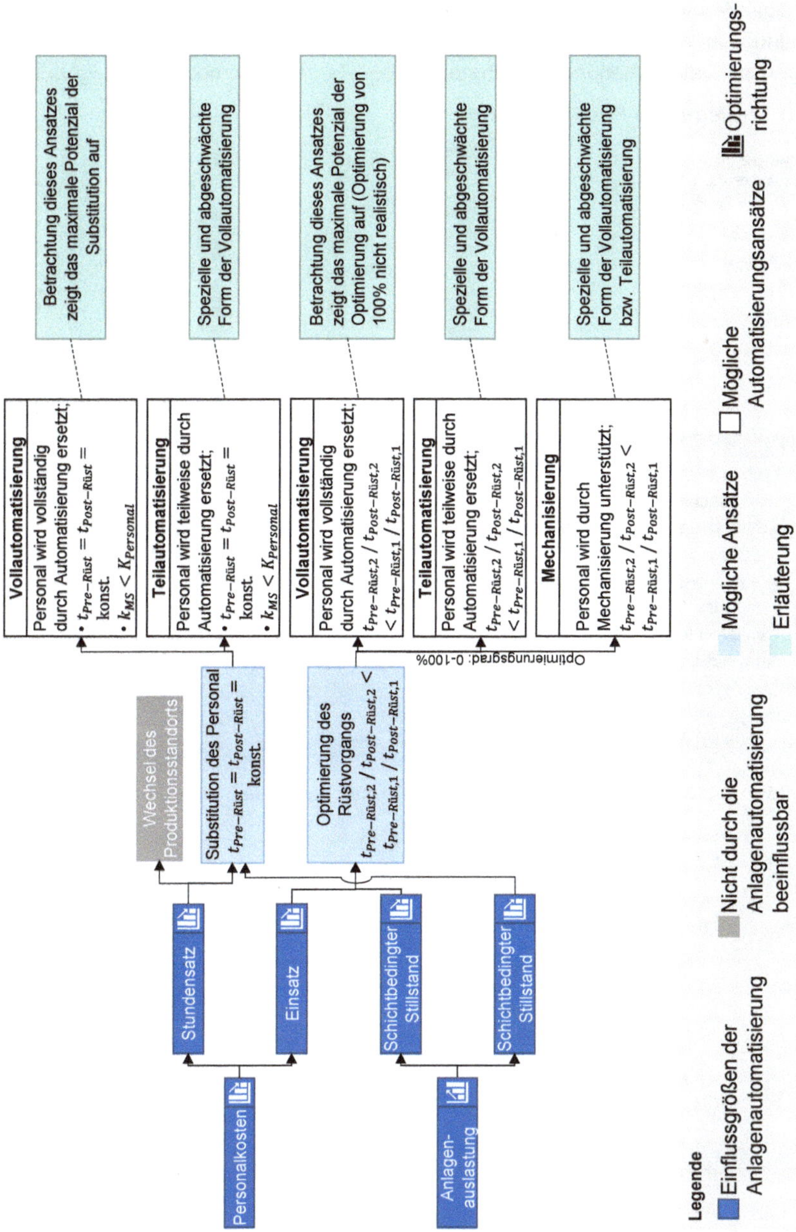

Abbildung A12: Ansätze zur Automatisierung einer LPBF-Maschine

A4 Weitergehende Informationen zur Methodenanwendung

Im folgenden Kapitel können die kompletten Tabellen bzw. Zahlenwerte für den Anwendungsfall entnommen werden. Darüber hinaus sind auch weitergehende Erläuterungen zur Datenerhebung oder Erstellung der Regressionsmodelle angegeben.

ME1: *Strategische Positionierung*

Legende
Paarweiser Vergleich:
0 Weniger wichtig
1 Gleich wichtig
3 Wichtiger

n	Kriterium	1 Marktgröße	2 Marktwachstum	3 Kaufkraft der Kundenunternehmen	4 Durchschnittliche Rendite	5 Wettbewerbersituation/-position	6 Vorwissen, Erfahrung oder existierende Anwendungen	Summe
1	Marktgröße		1	1	1	1	3	7
2	Marktwachstum	1		3	1	1	3	9
3	Kaufkraft der Kundenunternehmen	1	0		0	3	3	7
4	Durchschnittliche Rendite	1	1	3		3	3	11
5	Wettbewerbersituation/-position	1	1	0	0		3	5
6	Vorwissen, Erfahrung oder existierende/potenzielle Anwendungen	0	0	0	0	0		0
	Summe	6	6	12	5	16	25	39
	Gewichtung g_z	0,103	0,077	0,179	0,051	0,205	0,385	1

Abbildung A13: Ergebnis des Paarweisen Vergleichs für die Kriterien der Marktattraktivität

Legende
Paarweiser Vergleich:
0 Weniger wichtig
1 Gleich wichtig
3 Wichtiger

n	Kriterium \ m	7 Änderung von Normen, Rechte und Regeln	8 Konkurrenz (Wettbewerber, Kunde, Lieferant, Substitution)	9 Korruptionsrisiken	10 Preiselastizität	11 Investitionsverhalten	Summe
7	Änderung von Normen, Rechte und Regeln		1	0	3	0	4
8	Konkurrenz (Wettbewerber, Kunde, Lieferant, Substitution)	3		0	3	1	7
9	Korruptionsrisiken	0	0		3	0	3
10	Preiselastizität	3	1	3		0	7
11	Investitionsverhalten	3	1	3	3		10
	Summe	23	19	11	30	5	31
	Gewichtung g_z	0,290	0,097	0,194	0,387	0,032	1

Abbildung A14: Ergebnis des Paarweisen Vergleichs für die Kriterien der Marktrisiken

Legende
Werteskala zur Bewertung
0 Unbefriedigend **3** Gut
1 Gerade noch tragbar **4** Sehr Gut (Ideal)
2 Ausreichend

z	Kriterium	g_z	$n_{z,1}$	$N_{z,1}$	$n_{z,2}$	$N_{z,2}$	$n_{z,3}$	$N_{z,3}$	$n_{z,4}$	$N_{z,4}$	$n_{z,5}$	$N_{z,5}$
			Segment 1		Segment 2		Segment 3		Segment 4		Segment 5	
1	Marktgröße	0,103	4	0,412	3	0,309	3	0,309	4	0,412	4	0,412
2	Marktwachstum	0,077	2	0,154	2	0,154	2	0,154	1	0,077	1	0,077
3	Kaufkraft der Kundenunternehmen	0,179	3	0,537	2	0,358	3	0,537	1	0,179	4	0,716
4	Durchschnittliche Rendite	0,051	2	0,102	2	0,102	2	0,102	2	0,102	2	0,102
5	Wettbewerbersituation/-position	0,205	3	0,615	2	0,41	2	0,41	4	0,82	4	0,82
6	Vorwissen, Erfahrung oder existierende Anwendungen	0,385	2	0,77	2	0,77	2	0,77	0	0	1	0,385
	Gew. Nutzwert *Marktattraktivität*		2,59		2,103		2,282		1,59		2,512	
7	Änderung von Normen, Rechte und Regeln	0,290	1	0,29	1	0,29	1	0,29	1	0,29	1	0,29
8	Konkurrenz (Wettbewerber, Kunde, Lieferant, Substitution)	0,097	2	0,194	2	0,194	2	0,194	2	0,194	2	0,194
9	Korruptionsrisiken	0,194	1	0,194	1	0,194	1	0,194	1	0,194	1	0,194
10	Preiselastizität	0,387	2	0,774	2	0,774	2	0,774	2	0,774	4	1,548
11	Investitionsverhalten	0,032	1	0,032	2	0,064	1	0,032	1	0,032	1	0,032
	Gew. Nutzwert *Marktrisiko*		1,484		1,516		1,484		1,484		2,258	

Abbildung A15: Ergebnis der NWA zur Bewertung der Marktsegmente

ME2*: Markt- und Kundenanalyse*

Tabelle A5: A₊ und B₊ Kundenunternehmen im Geschäftsfeld in NRW

Kundenunternehmen	Ort	Beschäftigte	Umsatz [Mio. €]	Kundenanteil	Kumulierter Umsatz
Int***********	Düsseldorf	17	304,5	0,11%	1,94%
Möl***********	Bielefeld	2	0,26	0,22%	1,94%
Hyp***********	Neuss	27	118,538	0,33%	2,70%
Alu***********	Schalksmühle	8	0,117	0,44%	2,70%
Nab***********	Düsseldorf	37	102	0,55%	3,35%
ENE***********	Bochum	21	92,953	0,66%	3,94%
Mas***********	Siegen	50	72	0,77%	4,40%
Düc***********	Langenfeld (Rheinland)	5	61,183	0,88%	4,79%
Alu***********	Unna	1	57,25	0,99%	5,15%
Met***********	Dinslaken	35	46,01	1,10%	5,45%
KYO***********	Neuss	43	42,596	1,21%	5,72%
Hei***********	Dortmund	42	40,374	1,32%	5,97%
EUW***********	Wuppertal	41	40	1,43%	6,23%
R +***********	Bocholt	18	40	1,54%	6,48%
UAC***********	Düsseldorf	3	38,097	1,65%	6,73%
KSK***********	Schwerte	20	37,262	1,76%	6,96%
DS-***********	Dortmund	3	35,695	1,87%	7,19%

Kundenunternehmen	Ort	Beschäftigte	Umsatz [Mio. €]	Kundenanteil	Kumulierter Umsatz
Nis***********	Düsseldorf	27	35,146	1,98%	7,42%
Ant***********	Mönchengladbach	27	34,439	2,09%	7,64%
Sul***********	Bonn	10	31,725	2,20%	7,84%
Pic***********	Finnentrop	45	30,05	2,31%	8,03%
HAP***********	Remscheid	50	30	2,41%	8,22%
MBG***********	Ahaus	43	30	2,52%	8,41%
Tsu***********	Düsseldorf	38	30	2,63%	8,60%
POS***********	Köln	20	30	2,74%	8,79%
Hin***********	Lippstadt	23	29	2,85%	8,98%
Wol***********	Düsseldorf	22	28,3	2,96%	9,16%
JCB***********	Frechen	44	27,549	3,07%	9,33%
DST***********	Neuenrade	23	27,4	3,18%	9,51%
Ele***********	Eschweiler	8	27,023	3,29%	9,68%
Jüc***********	Dülmen	48	27,01	3,40%	9,85%
Car***********	Altena	30	27	3,51%	10,02%
DSD***********	Essen	1	26	3,62%	10,19%
ZCC***********	Düsseldorf	13	25,285	3,73%	10,35%
Bru***********	Dortmund	42	24,743	3,84%	10,51%
MAU***********	Brühl	23	23,504	3,95%	10,66%
DUR***********	Wuppertal	34	23	4,06%	10,81%
The***********	Aachen	16	22,9	4,17%	10,95%
Wie***********	Petershagen	45	22,16	4,28%	11,09%
DUM***********	Mönchengladbach	47	21,98	4,39%	11,23%
HOE***********	Neuss	50	21,26	4,50%	11,37%
SL ***********	Hilden	25	21,212	4,61%	11,50%
Sta***********	Mülheim an der Ruhr	41	21,144	4,72%	11,64%
Sie***********	Mülheim an der Ruhr	35	21,116	4,83%	11,77%
GMA***********	Wuppertal	33	21	4,94%	11,91%
Geb***********	Hagen	25	21	5,05%	12,04%
Kli***********	Mönchengladbach	50	20,505	5,16%	12,17%
Bos***********	Viersen	44	20,14	5,27%	12,30%
LFD***********	Dortmund	40	20	5,38%	12,43%
SOL***********	Siegen	19	19,9	5,49%	12,55%
Fei***********	Büren	26	19,799	5,60%	12,68%
Ber***********	Hemer	49	19,41	5,71%	12,80%
SUN***********	Erkelenz	40	19,363	5,82%	12,93%
NTN***********	Mettmann	46	19,344	5,93%	13,05%
Eur***********	Moers	20	19,055	6,04%	13,17%
S. ***********	Lüdenscheid	50	18,64	6,15%	13,29%
Act***********	Kerpen	12	18,501	6,26%	13,41%
LZM***********	Dortmund	8	18,225	6,37%	13,52%
Fri***********	Gütersloh	45	18,04	6,48%	13,64%
BSN***********	Simmerath	39	18,01	6,59%	13,75%
Vor***********	Herne	45	18	6,70%	13,87%

Kundenunternehmen	Ort	Beschäftigte	Umsatz [Mio. €]	Kundenanteil	Kumulierter Umsatz
Eng***********	Preußisch Oldendorf	45	18	6,81%	13,98%
"JO***********	Attendorn	38	18	6,92%	14,10%
MPG***********	Menden (Sauerland)	32	18	7,03%	14,21%
Mah***********	Werl	22	18	7,14%	14,33%
ZH ***********	Datteln	12	17,527	7,24%	14,44%
BEK***********	Harsewinkel	28	17,5	7,35%	14,55%
B. ***********	Dormagen	44	17,425	7,46%	14,66%
Hob***********	Attendorn	36	17	7,57%	14,77%
Sch***********	Herne	32	17	7,68%	14,88%
Gru***********	Gütersloh	30	17	7,79%	14,99%
WÜR***********	Willich	32	16,693	7,90%	15,09%
Top***********	Menden (Sauerland)	43	16	8,01%	15,19%
Pal***********	Minden	28	16	8,12%	15,30%
Hei***********	Bielefeld	27	16	8,23%	15,40%
Dra***********	Castrop-Rauxel	15	16	8,34%	15,50%
Pet***********	Gescher	26	15,855	8,45%	15,60%
Gal***********	Halver	38	15,52	8,56%	15,70%
BES***********	Remscheid	48	15,36	8,67%	15,80%
Fel***********	Köln	11	15,32	8,78%	15,90%
Tri***********	Heiligenhaus	39	15,275	8,89%	15,99%
Kur***********	Bielefeld	29	15,2	9,00%	16,09%
Rid***********	Gevelsberg	33	15,108	9,11%	16,19%
Geb***********	Schloß Holte-Stukenbrock	50	15	9,22%	16,28%
NOR***********	Mönchengladbach	50	15	9,33%	16,38%
Fri***********	Altena	48	15	9,44%	16,47%
COR***********	Willich	47	15	9,55%	16,57%
WIR***********	Wipperfürth	47	15	9,66%	16,66%
Isi***********	Velbert	45	15	9,77%	16,76%
Bus***********	Burbach	44	15	9,88%	16,85%
Ott***********	Wuppertal	40	15	9,99%	16,95%
Hem***********	Kleve	40	15	10,10%	17,05%
pro***********	Hückeswagen	33	15	10,21%	17,14%
Wol***********	Netphen	14	15	10,32%	17,24%
Sie***********	Siegen	41	14,5	10,43%	17,33%
Gey***********	Köln	28	14,5	10,54%	17,42%
tub***********	Münster	40	14,34	10,65%	17,51%
Fuh***********	Steinheim	48	14,2	10,76%	17,60%
Ban***********	Schwerte	39	14,13	10,87%	17,69%
K. ***********	Inden	49	14	10,98%	17,78%
Gün***********	Arnsberg	41	14	11,09%	17,87%
Bür***********	Gelsenkirchen	34	13,832	11,20%	17,96%
Fol***********	Köln	3	13,749	11,31%	18,05%
Bül***********	Neuenrade	50	13,73	11,42%	18,14%
KIS***********	Dortmund	35	13,69	11,53%	18,22%

Kundenunternehmen	Ort	Beschäftigte	Umsatz [Mio. €]	Kundenanteil	Kumulierter Umsatz
Fis***********	Neunkirchen	31	13,52	11,64%	18,31%
Wil***********	Olpe	47	13,51	11,75%	18,39%
Völ***********	Remscheid	45	13,25	11,86%	18,48%
TUN***********	Monheim am Rhein	33	13,23	11,96%	18,56%
V+S***********	Hagen	33	13,159	12,07%	18,65%
Hei***********	Mönchengladbach	34	13,08	12,18%	18,73%
Dav***********	Wuppertal	47	13,027	12,29%	18,81%
UKB***********	Burbach	48	13,02	12,40%	18,90%
MUN***********	Aachen	43	13	12,51%	18,98%
Geo***********	Iserlohn	41	13	12,62%	19,06%
ELT***********	Baesweiler	11	13	12,73%	19,15%
MAX***********	Essen	14	12,906	12,84%	19,23%
Goe***********	Erkrath	46	12,896	12,95%	19,31%
Her***********	Rhede	47	12,89	13,06%	19,39%
Hel***********	Kirchlengern	45	12,843	13,17%	19,47%
STA***********	Freudenberg	37	12,8	13,28%	19,56%
Iso***********	Büren	50	12,5	13,39%	19,63%
NiR***********	Hückelhoven	32	12,5	13,50%	19,71%
Esm***********	Erkrath	49	12,43	13,61%	19,79%
Tre***********	Münster	24	12,341	13,72%	19,87%
Ben***********	Lüdenscheid	50	12,2	13,83%	19,95%
Jos***********	Sundern (Sauerland)	40	12,2	13,94%	20,03%
SUR***********	Willich	50	12,1	14,05%	20,10%
JCB***********	Frechen	5	12,05	14,16%	20,18%
Ber***********	Hagen	50	12,01	14,27%	20,26%
Fou***********	Hemer	49	12	14,38%	20,33%
Nie***********	Heiligenhaus	47	12	14,49%	20,41%
EEP***********	Gelsenkirchen	45	12	14,60%	20,49%
Wer***********	Bielefeld	36	12	14,71%	20,56%
VeR***********	Ratingen	33	12	14,82%	20,64%
Ket***********	Unna	30	12	14,93%	20,72%
C &***********	Hamm	28	12	15,04%	20,79%
Hem***********	Oberhausen	24	12	15,15%	20,87%
AuC***********	Sendenhorst	15	12	15,26%	20,95%
Hau***********	Krefeld	10	12	15,37%	21,02%
Alf***********	Ennepetal	44	11,976	15,48%	21,10%
Eng***********	Neuenrade	45	11,8	15,59%	21,17%
Zoz***********	Wenden	19	11,8	15,70%	21,25%
Tec***********	Werl	48	11,75	15,81%	21,32%
KPO***********	Iserlohn	42	11,75	15,92%	21,40%
Met***********	Hückeswagen	47	11,6	16,03%	21,47%
GER***********	Brakel	42	11,59	16,14%	21,55%
EHA***********	Siegen	44	11,5	16,25%	21,62%
Lem***********	Moers	39	11,5	16,36%	21,69%

Kundenunternehmen	Ort	Beschäftigte	Umsatz [Mio. €]	Kundenanteil	Kumulierter Umsatz
eht***********	Bad Honnef	38	11,5	16,47%	21,77%
HAN***********	Witten	40	11,27	16,58%	21,84%
BED***********	Ratingen	49	11,2	16,68%	21,91%
Buc***********	Grevenbroich	50	11,189	16,79%	21,98%
Arc***********	Weilerswist	33	11,125	16,90%	22,05%
Kar***********	Burbach	50	11	17,01%	22,12%
Spr***********	Nettetal	48	11	17,12%	22,19%
R. ***********	Plettenberg	47	11	17,23%	22,26%
Mar***********	Halver	43	11	17,34%	22,33%
WTT***********	Wermelskirchen	41	11	17,45%	22,40%
Hek***********	Velbert	40	11	17,56%	22,47%
HEU***********	Solingen	35	11	17,67%	22,54%
Ric***********	Werdohl	30	11	17,78%	22,61%
Wal***********	Plettenberg	27	11	17,89%	22,68%
Sin***********	Kreuztal	45	10,979	18,00%	22,75%
KUP***********	Mönchengladbach	36	10,95	18,11%	22,82%
Kom***********	Oelde	30	10,85	18,22%	22,89%
Dav***********	Remscheid	46	10,716	18,33%	22,96%
STA***********	Köln	15	10,66	18,44%	23,03%
car***********	Dortmund	42	10,512	18,55%	23,09%
P.F***********	Wuppertal	43	10,5	18,66%	23,16%
Out***********	Krefeld	30	10,418	18,77%	23,23%
Püs***********	Lüdenscheid	50	10,4	18,88%	23,29%
Med***********	Ahaus	41	10,4	18,99%	23,36%
Hes***********	Dinslaken	38	10,2	19,10%	23,43%
Fri***********	Schalksmühle	37	10,2	19,21%	23,49%
H. ***********	Wenden	20	10,175	19,32%	23,56%
HUM***********	Spenge	46	10,06	19,43%	23,62%
Mar***********	Hagen	38	10,054	19,54%	23,68%
War***********	Rüthen	42	10,023	19,65%	23,75%
J &***********	Wenden	50	10	19,76%	23,81%
Alt***********	Rahden	50	10	19,87%	23,87%
Blö***********	Lienen	49	10	19,98%	23,94%
Gesamtumsatz aller 4.554 Unternehmen: 15.696 Mio. EUR					

Charakterisierung von Interviewpartnern zur Aufnahme von Anforderungen

Legende
- ● Vollständig …
- ◕ Übermäßig ….
- ◑ Teilweise ….
- ◔ Theoretisch ….
- ○ Nicht ….

…. gegeben

	Vorwissen/Erfahrung			Anwendungen		Investitionsklima	
	Additive Manufacturing	Subtraktive Fertigung, Fügeverfahren & Qualitätssicherung	Eigene LPBF-Maschine	Aktuelle Anwendungen	Potenzielle Anwendungen	Investitionen > 50 T€	Investitionen ≤ 50 T€
I01	Theoretisch	Teilweise	Nicht	Nicht	Nicht	Nicht	Theoretisch
I02	Nicht	Teilweise	Nicht	Nicht	Nicht	Nicht	Theoretisch
I03	Teilweise	Übermäßig	Nicht	Nicht	Teilweise	Nicht	Nicht
I04	Theoretisch	Vollständig	Nicht	Nicht	Nicht	Theoretisch	Teilweise
I05	Nicht	Theoretisch	Nicht	Nicht	Nicht	Nicht	Nicht
I06	Übermäßig	Teilweise	Vollständig	Übermäßig	Theoretisch	Teilweise	Teilweise
I07	Theoretisch	Theoretisch	Nicht	Nicht	Teilweise	Nicht	Theoretisch
I08	Nicht	Übermäßig	Nicht	Nicht	Teilweise	Nicht	Teilweise
I09	Theoretisch	Teilweise	Nicht	Nicht	Teilweise	Nicht	Nicht
I10	Nicht	Teilweise	Nicht	Nicht	Nicht	Nicht	Theoretisch
I11	Nicht	Nicht	Nicht	Nicht	Nicht	Nicht	Theoretisch
I12	Übermäßig	Vollständig	Vollständig	Teilweise	Teilweise	Theoretisch	Übermäßig
I13	Nicht	Teilweise	Nicht	Nicht	Nicht	Nicht	Theoretisch
I14	Nicht	Teilweise	Nicht	Nicht	Teilweise	Nicht	Nicht
I15	Nicht	Teilweise	Nicht	Nicht	Nicht	Teilweise	Teilweise
I16	Theoretisch	Übermäßig	Nicht	Nicht	Teilweise	Nicht	Teilweise
I17	Nicht	Teilweise	Nicht	Nicht	Nicht	Nicht	Nicht
I18	Nicht	Übermäßig	Nicht	Nicht	Nicht	Teilweise	Übermäßig
I19	Nicht	Übermäßig	Nicht	Nicht	Nicht	Nicht	Theoretisch

Abbildung A16: Vollständige Übersicht und Charakterisierung der Interviewpartner

Tabelle A6: Übersicht zu Kundenforderungen und Produktmerkmalen

CR	Kundenanforderung	w	$C_{SW,i}$
Aufstellbedingungen			
1	Gewicht kleiner 1t	0,0153	0,4774
2	Flächenbedarf kleiner 3m²	0,0176	0,4774
3	Keine besondere Stromversorgung, max. 3,6kW	0,0174	0,4527
4	Keine besondere Medienversorgung, z. B. Maschinenkälte	0,0098	0,2185
5	Keine speziellen Lager für Pulver, direkt in Kapseln lagern oder in der Maschine	0,0235	0,1763
Verarbeitung von Werkstoffen			
6	Verarbeitung von Fe-Legierung	0,0381	0,0705
7	Verarbeitung von Al-Legierung	0,0079	0,0705
8	Verarbeitung von Ni-legierung	0,0057	0,0705
9	Verarbeitung von Ti-Legierung	0,0025	0,0705
10	Verarbeitung von wasserverdüstem Material	0,0114	0,0705
11	Resultierenden Eigenschaften vergleichbar mit deren von konventionellen Materialien	0,0233	0,0705
Anlagenmerkmale			
12	Anlagenpreis kleiner 50.000€	0,0504	0,0464
13	Bauraum min. 150 x 150 x 150 mm³	0,0126	0,0418
14	Reinigbarkeit (keine Hinterschnitte, glatte Oberflächen, etc.)	0,0146	0,0400
15	Intelligente LPBF-Anlage (z. B. erkennt automatisch geringen Pulvervorrat, etc.)	0,0128	0,0169

DR	Produktmerkmal	$D_{rT,i}$
Aufstellbedingungen		
1	Gewicht	0,6509
2	Aufstellfläche	0,6419
3	Stromversorgung	0,4908
4	Schutzgas	0,4751
5	Weitere Versorgungsmedien (z. B. Druckluft)	0,4441
Verarbeitung von Werkstoffen		
6	Verarbeitung von Fe-Legierung	0,4338
7	Verarbeitung von Al-Legierung	0,3646
8	Verarbeitung von Ni-Legierung	0,3375
9	Verarbeitung von Ti-Legierung	0,3075
10	Verarbeitung von wasserverdüstem Pulver möglich	0,2914
11	Reinheit der Schutzgasatmosphäre	0,2898
12	Reinigbarkeit der LPBF-Anlage	0,0198
Anlagenmerkmale		
13	Laserleistung	0,2131
14	Anzahl der Laserstrahlquellen	0,1970
15	Bauraum	0,1948

CR	Kundenanforderung	w	$C_{SW,i}$
16	Massives Maschinengestell, robuste Konstruktion	0,0102	0,0010
17	Einfache, verständliche Bedienbarkeit und Menuführung	0,0107	0,0030
18	Gute Bedienbarkeit des HMI	0,0036	0,0040
Pulvermanagement			
19	Kapslung des Pulvermanagement	0,0428	0,1400
20	Automatisierung der Pulveraufbereitung (keine Peripherie)	0,0657	0,0950
21	Automatisierung der Pulverabsaugung nach Beendigung des LPBF-Prozesses	0,0384	0,1700
Arbeitssicherheit			
22	Laserschutzklasse 1	0,0370	0,0745
23	Passivierung von Filter direkt in Anlage durch z. B. Weiß öl, Kalk, etc. möglich	0,0160	0,06505
24	Geringe Exposition/Kontakt mit Pulver	0,0377	0,0725
25	Geringe Atemschutzmaske, keine spezielle Schulung/PSA gewünscht	0,0109	0,07785
Service			
27	Selbstwartung möglich	0,0478	0,0000
28	Ähnliche/gleiche Wartungs-/Rüstmaterialien wie bei WZM (keine doppelte Lagerhaltung gewünscht)	0,0194	0,0000
29	Wartungsarm	0,0357	0,4774
Software			
30	Adaptive Prozessführung	0,0456	0,4527

DR	Produktmerkmal	$D_{rT,i}$
16	Schichstärke	0,1793
17	Scangewindigkeit	0,1793
18	Fokusdurchmesser	0,1772
Pulvermanagement		
19	Exposition	0,1685
20	automatische Pulveraufbereitung	0,1556
21	gekapseltes Pulverhandling	0,1544
Arbeitssicherheit		
22	Laserschutzklasse	0,1186
23	Atemschutzklasse	0,1159
Service		
24	Selbstständige Wartung	0,1094
25	Rüst- und Wartungsmaterialien über Drittanbieter erhältlich	0,0047
26	Zugänglichkeit von Hebewerkzeugen	0,0505
Software		
27	Anbindung über LAN/W-LAN	0,0353
28	Steuerung und Überwachung über App/Software per Remote Zugriff	
29	Vordefinierte Herstellungsprofile (Gute Qualität, hohe Produktivität)	0,6509

CR	Kundenanforderung	w	$c_{SW,i}$
31	Einfache, effiziente Datenaufbereitung mit definierten Profilen (z. B. hohe Produktivität, hohe Qualität)	0,0567	0,2185
32	Integration in Netzwerk über LAN/W-LAN	0,0246	0,1763
33	Überwachung über App/Software, Remote Zugriff	0,0456	0,0705
Zubehör/ Erweiterbarkeit			
34	Stickstoffgenerator	0,0309	0,0705
35	Prozessbeobachtung	0,0346	0,0705

DR	Produktmerkmal	$D_{rT,j}$
30	Adaptive Prozessführung	0,6419
31	Selbstregulierende LPBF-Anlage (z. B. zu wenig Pulver) bzw. intelligente Anlage	0,4908
Zubehör/ Erweiterbarkeit		
32	Stickstoffgenerator	0,0338
33	Prozessbeobachtung	0,4338
34	Remote Zugriff / OPCUA	0,4338

ME3: *Wettbewerberanalyse*

#	Kriterium	Wettbewerberprodukt 1 MPRINT+	Wettbewerberprodukt 2 Alpha140	Wettbewerberprodukt 3 M100	Wettbewerberprodukt 4 TruPrint1000	Wettbewerberprodukt 5 XM200C	Wettbewerberprodukt 6 Panda (klein)	Wettbewerberprodukt 7 EP-M150	Wettbewerberprodukt 8 EP-M150 Pro	Wettbewerberprodukt 9 Sharp 150	Wettbewerberprodukt 10 3DLAM Mid	Wettbewerberprodukt 11 SLM125
	Durchschnittlicher Produktpreis [€]	84.900 €	89.900 €	333.480 €	163.000 €	62.000 €				keine Angabe		200.000 €
	Abgesetzte Menge in 2019	2	2	133	165	0				0		102
	Umsatz in 2019 [€]	169.800 €	179.800 €	44.352.840 €	26.895.000 €	- €				- €		20.400.000 €
	ABC-Klassifizierung	C	C	A	A	-	-	-	-	-	-	B
1	Hersteller	One Click Metal	Kurtz ERSA	EOS	Trumpf	XACTMETAL	Open Additive	Eplus 3D	Eplus 3D	Prima Additive	3DLAM	SLM Solution
2	Modell	MPRINT+	ALPHA 140	EOS M100	TruPrint 1000	XM200C	PANDA (klein)	EP-M150	EP-M150 PRO	Sharp 150	3DLAM Mid	SLM 125
3	Land	Deutschland	Deutschland	Deutschland	Deutschland	USA	USA	China	China	Italien	Russland	Deutschland
4	Laserleistung	200 W Faserlaser	140 W Faserlaser, 200 W Diodenlaser	200 W Faserlaser	200 W Faserlaser	100 W bzw. 200 W Faserlaser	500 W Faserlaser	200 W bzw. 500 W Faserlaser	200 W bzw. 500 W Faserlaser	300 W bzw. 200 W (Grün) Faserlaser	300 W bzw 500 W Faserlaser	400 W Faserlaser
5	Fokusdurchmesser	45 µm	140 µm	40 µm	30-55 µm	>20 µm	keine Angaben	40 - 70 µm	70µm	35 - 100 µm	57 µm	70 - 100 µm
6	Ablenkkinematik	Scanner	Gantry	Scanner	Scanner	Gantry	Scanner	Scanner	Scanner	Scanner	Scanner	Scanner
7	Scangeschwinigkeit	bis 3 m/s	keine Angabe	bis zu 7,0 m/s	keine Angabe	650 mm/s	bis 5 m/s	bis 8 m/s	bis 8 m/s	bis 5 m/s	bis 4 m/s	bis 10 m/s
8	Bauvolumen	150 x 150 x 150 mm³	Ø 140 x 200 mm³	Ø 100 x 95 mm³	Ø 100 x 100 mm³	127 x 127 x 127 mm³	152 x 152 x 241 mm³	Ø 150 x 120 mm³	Ø 153 x 240 mm³	Ø 150 x 160 mm³	Ø 150 x 220 mm³	125 x 125 x 125 mm³
9	Schichthöhe	20 - 80 µm	30 - 90 µm	keine Angabe	30 - 55 µm	20 - 100 µm	keine Angabe	200W: 20 - 50µm 500W: 20 -100µm	20µm -100µm	20 µm - 120 µm	keine Angabe	20 - 75 µm
10	Werkstoffe	Fe-Basis, Al-Basis, Ti-Basis. Ni-Basis	Fe-Basis, Al-Basis, Ti-Basis. Ni-Basis, Co-Basis, Cu-Basis	Fe-Basis, Al-Basis, Ti-Basis. Ni-Basis	Fe-Basis, Al-Basis, Ti-Basis. Ni-Basis, Co-Basis, Cu-Basis	Fe-Basis, Al-Basis, Ti-Basis. Ni-Basis	Fe-Basis, Al-Basis, Ti-Basis. Ni-Basis	Fe-Basis, Al-Basis, Ti-Basis. Ni-Basis, Co-Basis, Cu-Basis	Fe-Basis, Al-Basis, Ti-Basis. Ni-Basis, Co-Basis, Cu-Basis	Fe-Basis, Al-Basis, Ti-Basis. Ni-Basis, Co-Basis, Cu-Basis	Fe-Basis	Fe-Basis, Al-Basis, Ti-Basis
11	Datenauf-bereitungssoftware	MPREP	LMI Slice AM	EOSPRINT, Netfabb, Magics	TruTops Print	keine Angabe	Open Machine Control	EP Control, EPHatch	N/A	Netfabb, Magics	keine Angabe	Netfabb, Magics
12	Schutzgas	N	N oder Ar	N oder Ar	N oder Ar	N oder Ar	N oder Ar	N oder Ar	N oder Ar	N oder Ar	Ar	N oder Ar
13	Stromversorgung	230 V, 16A, 50/60 Hz	230 V, 50 Hz, 16 A, 3kW	240 V, 1,7 kW	230 V, 9A, 50/60Hz	240 V, 50/60 Hz, 2 kW	keine Angabe	220V, 50/60Hz, 3KW, 16A	220V, 50/60Hz, 3KW, 16A	380 V / 50 Hz / 6 kW / 32A	220 V / 15 A	400 Volt 3NPE, 32 A, 50/60 Hz, 3 kW
14	Abmessungen	1,1 x 1,9 x 0,79 m³	1,7 x 0,9 x 1,5 m³	0,8 x 1 x 2,3 m³	1,5 x 1,7 x 7,3 m³	0,6 x 0,6 x 1,3 m³	keine Angabe	1,8 x 0,8 x 1,8 m³	2,2 x 0,8 x 2 m³	1,8 x 1,2 x 2,2 m³	0,76 x 1,5 x 1,9 m³	1,4 x 0,9 x 0,25 m³
15	Gewicht	450 kg	ca. 500 kg	580 kg	650 kg	205 kg	keine Angabe	900 kg	1500 kg	1800 kg	keine Angabe	700 kg
16	Netto-Preis [€]	84.900	89.900	333.480	163.000	62.000	210.000	119.500	133.400	keine Angabe	155.800	200.000
17	Schutz-gasverbrauch	keine Angabe	40 l/min (Fluten) 6 l/min (Prozess)	600 l/min (Fluten) 2 l/min (Prozess)	keine Angabe	keine Angabe	keine Angabe	keine Angabe	keine Angabe	3 l/min (Prozess)	3 l/min (Prozess)	70 l/min (Fluten) 0,6 l/min (Prozess)
18	Optionales Zubehör	Auspackstation	keine Angabe	Nassab-scheider, Strahlkabine, Prozess-beobachtung	Performance-, Pulverbett-, Coniditon-Monitoring	keine Angabe	keine Angabe	keine Angabe	keine Angabe	keine Angabe	keine Angabe	Prozessbeobachtung (MPM, LPM) und Siebstation
19	Aufbaurate	keine Angabe	keine Angabe	keine Angabe	2 - 18 cm³/h	keine Angabe	keine Angabe	5-7.5 cm³/h bei zwei OE: 8.5-12.75 cm³/h	5-7.5 cm³/h bei zwei OE: 8.5-12.75 cm³/h	2 - 50 cm³/h	keine Angabe	bis zu 25 cm³/h

Abbildung A17: Ergebnis der Analyse der Wettbewerberprodukte

ME4: *Profilierung des Produktprogramms*

Tabelle A7: Bauteilportfolio zur Validierung der entwickelten Methodik

Nr.	Bauteilbezeichnung	Dimension in x, y, z [mm]			Volumen V [cm³]	Oberfläche A [cm²]	Abbildung
1	Bauteil 1	99,15	61,58	64,02	48,290	225,629	
2	Bauteil 2	203	26	20	43,857	343,882	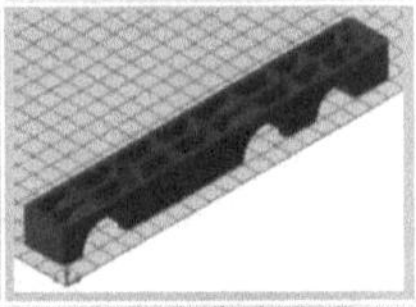
3	Bauteil 3	100	35	35	33,252	223,369	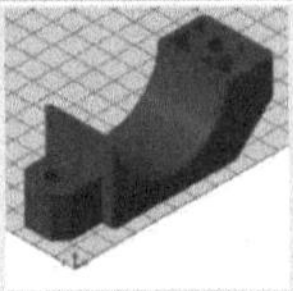
4	Bauteil 4	86	93,5	88,86	218,868	670,186	
5	Bauteil 5	143	144,9	77,55	138,163	1008,367	
6	Bauteil 6	91,58	49	44	30,211	118,115	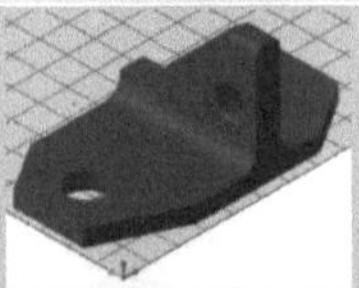
7	Bauteil 7	100	50	52,39	170,922	281,077	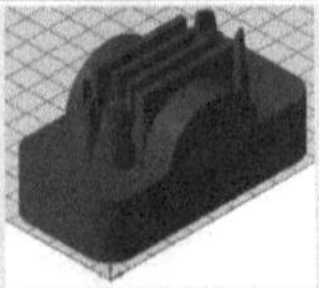
8	Bauteil 8	127,1	150,46	15	54,854	920,875	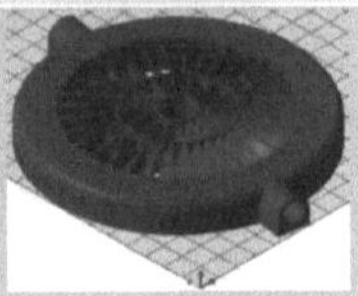

Nr.	Bauteilbezeichnung	Dimension in x, y, z [mm]			Volumen V [cm³]	Oberfläche A [cm²]	Abbildung
9	Bauteil 9	110,5	73	57,99	56,04	372,761	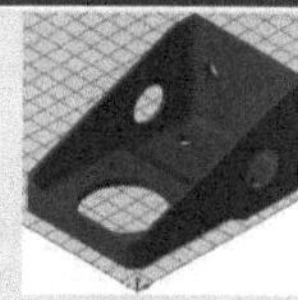
10	Bauteil 10	52,96	31,89	60,21	8,94	96,1	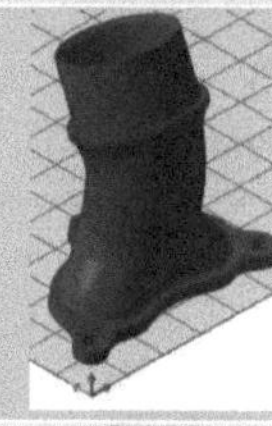
11	Bauteil 11	14,4	14,39	71	2,491	20,269	
12	Bauteil 12	125,61	50,29	181,57	76,132	357,307	
13	Bauteil 13	169,15	283,73	91,19	941,012	1369,024	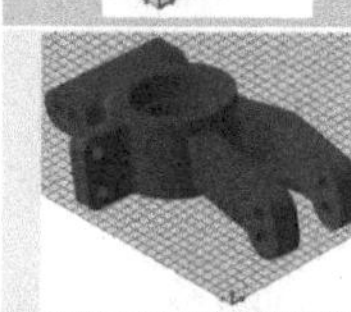
14	Bauteil 14	54,2	54,2	21	8,813	90,398	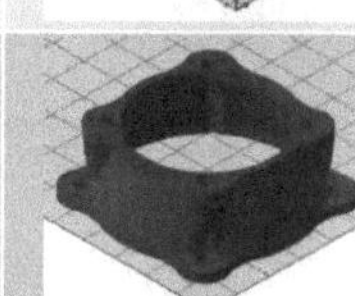
15	Bauteil 15	42,99	42,99	17,28	3,499	50,662	

ME5: *Parametrisierung der Maschine*

Berechnung der Zeitdauer für die Rüstvorgänge

Tabelle A8: Ermittlung von Referenzzeiten für die Rüstvorgänge

Aktion	Formel	Erläuterung	Referenzzeit
		Pre-Rüstvorgang $t_{Pre-Rüst.}$	
Reinigung der Optik	$t_{Reinigen,OE} = 120\,s * n_{OE}$	Die Referenzzeit wird mit der Anzahl der Optikeinheiten (n_{OE}) multipliziert	120 s
Reinigung der Substratplatte	$t_{Reinigen,Sub} = \frac{30\,s}{62.500\,mm^2} * B_x * B_y$	Das Verhältnis Zeit zur Referenzfläche wird mit den Abmessungen in x- und y-Richtung der Substratplatte multipliziert	30 s
Einbau der Substratplatte	$t_{Einbau} = n_{Schraube} * 30\,s + t_{transport}$	Die Anzahl der Schrauben wird mit der Referenzzeit multipliziert. Die Zeit für den Transport $t_{transport}$ kann in Abhängigkeit des Fördermechanismus gewählt werden: 30 s = Tragen, manuell 5 min = Verwendung Hubwagen 10 min = Verwendung Kran	30 s
Einführung des Pulvers	$t_{Pulver} = B_x * B_y * B_h * 1{,}3 * \frac{120s}{5*10^6 mm^3}$	Das zu füllende Volumen für den Baujob multipliziert mit dem Sicherheitsfaktor 1,3 und der Referenzzeit	120 s pro 5 l
Verdichtung des Pulvers	$t_{Verdichtung} = B_x * B_y * B_h * 1{,}3 * \frac{60s}{5 * 10^6 mm^3}$	Die Zeit für das Verdichten hängt von der zu verdichtende Pulvermenge ab und wird über das zu füllende Volumen für den Baujob berechnet	60 s pro 5 l
Ausrichtung der Substratplatte	$t_{Ausichtung} = 200\,s$	Ist für alle Maschinen annähernd Konstant	200 s
Wechsel des Beschichters	$t_{Beschichter} = 40s * \frac{B_y}{250\,mm}$	Die Zeit wird über das Verhältnis der Beschichtungsbreite der betrachteten Maschine B_y und der Beschichtungsbreite der Referenzmaschine und der Multiplikation mit der Referenzzeit ermittelt	40 s
Pulverauftrag der ersten Schicht	$t_{Beschichter} = 270\,s$	Der erste Pulverauftrag ist manuell durchgeführt und ist annähernd Konstant für alle Maschinen	270 s
		Post-Rüstvorgang $t_{Post-Rüst.}$	
Absaugung verunreinigtes Pulver	$t_{Verun.Pulver} = \frac{\vec{B}_S * 75\,s}{250 * 250 * 325\,\text{mm}^3}$	Die Zeit wird entsprechend des Bauraums auf Basis der Referenzzeit hochskaliert: Bilden des Verhältnisses der Bauraumvolumens der betrachten Maschine $\vec{B}_S$ und der Referenzmaschine (250 x 250 x 325 mm³) und der Multiplikation mit der Referenzzeit.	75 s
Reinigung des Bauraums	$t_{Reiningen} = \frac{\vec{B}_S * 150\,s}{250 * 250 * 325\,\text{mm}^3}$	Die Zeit wird entsprechend des Bauraums auf Basis der Referenzzeit hochskaliert: Bilden des Verhältnisses der Bauraumvolumens der betrachten Maschine $\vec{B}_S$ und der Referenzmaschine (250 x 250 x 325 mm³) und der Multiplikation mit der Referenzzeit.	150 s

Aktion	Formel	Erläuterung	Refe-renzzeit
Ausbau der Substratplatte	$t_{Ausbau} = n_{Schraube} * 30\,s + t_{transport}$	Die Anzahl der Schrauben wird mit der Referenzzeit multipliziert. Die Zeit für den Transport $t_{transport}$ kann in Abhängigkeit des Fördermechanismus gewählt werden: 30 s = Tragen, manuell 5 min = Verwendung Hubwagen 10 min = Verwendung kran	30 s

Datenaufbereitung

Zur Bestimmung der benötigten Zeitdauer für die Datenaufbereitung wurde von 20 Bauteilen die Zeit bei der Datenaufbereitung von drei unterschiedlichen Personen (alle mit mehr als 3 Jahren Berufserfahrung in der Datenaufbereitung für das LPBF) erfasst, der Mittelwert berechnet und eine Regressionsgrade über die Bauteilkomplexität C ermittelt. Verwendet wurden eine einheitliche Konfiguration und Version der Software Magics (Version 26; der Firma Materialise). Die Vektorisierung und Slicing werden hierbei nicht berücksichtigt, da diese stark abhängig von der Computerhardware und der Parallelisierung der Software ist. Das folgende Ergebnis soll auf Grund der starken Abhängigkeit von Lerneffekten, Erfahrung und verwendeter Software ausschließlich als Orientierung bei der Ermittlung der Durchlaufzeiten im Kapitel 1 dienen.

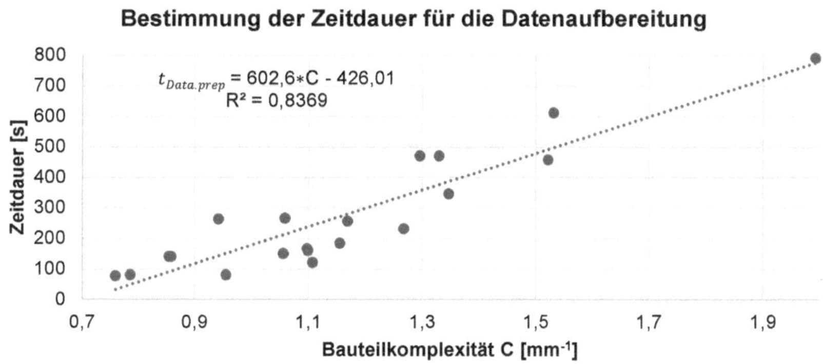

Abbildung A18: Bestimmung der Regressionsgrade für die Berechnung der Zeitdauer der Datenaufbereitung

Maschinenkosten

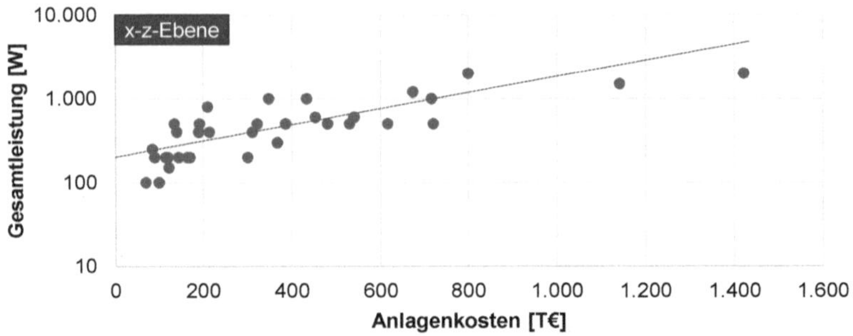

$$k_{M,S} = -90130{,}27\,€ + 137923{,}56\,€ * n_{OE} + 220{,}20\,\frac{€}{W} * P_{L,Gesamt} - 163{,}1\frac{€}{mm} * B_z + 1316{,}72\,\frac{€}{mm} * B_x$$

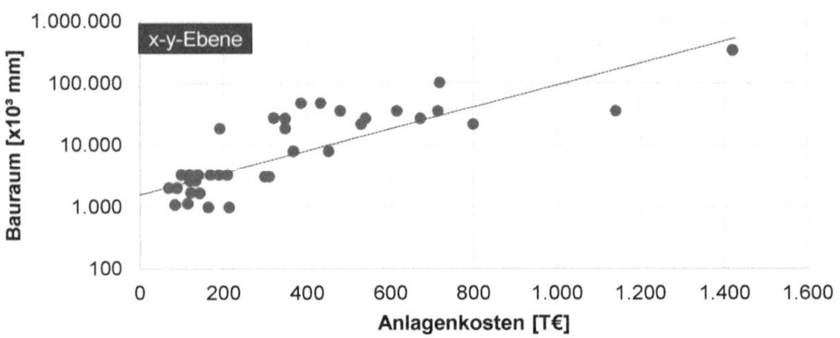

Abbildung A19: Diagramm zur Darstellung der Kosten der LPBF-Maschinen in Abhängigkeit des Bauvolumens und der Anzahl der Gesamtleistung und Anzahl der Optikeinheiten

Schutzgas

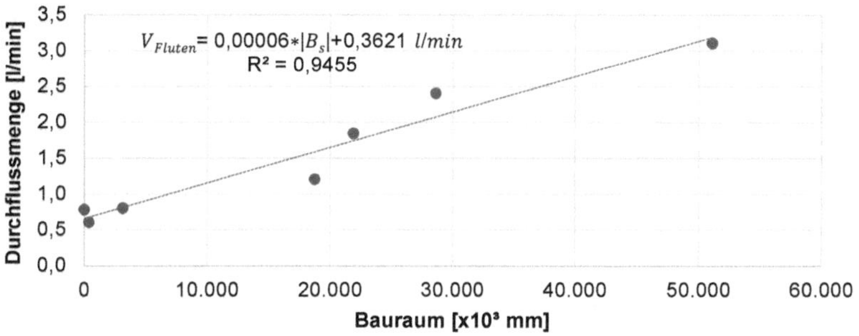

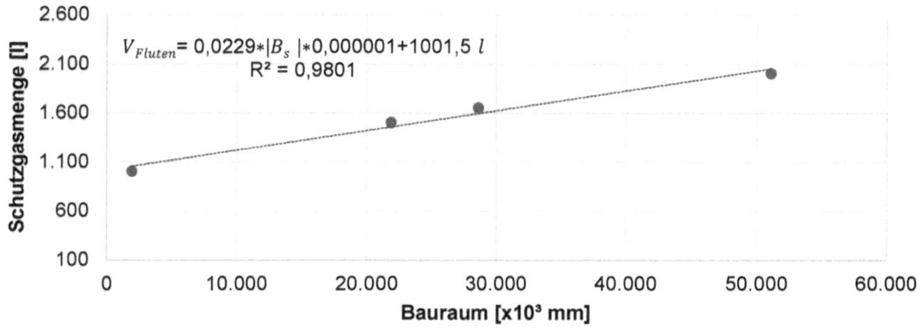

Abbildung A20: Diagramm zur Darstellung des zur Flutung benötigten Schutzgases in Abhängigkeit des Bauvolumens und der Filtereinheit

Flächenbedarf

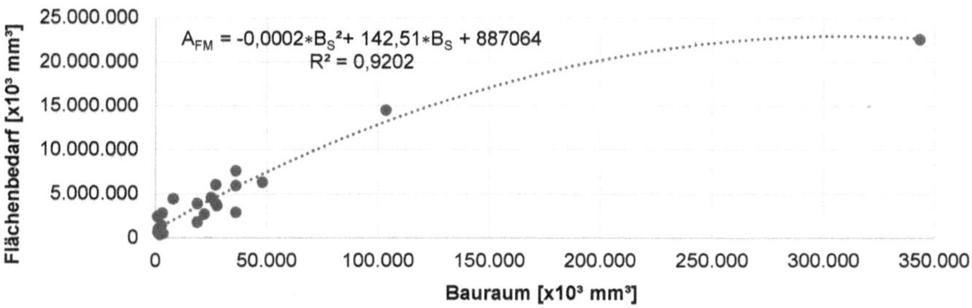

Abbildung A21: Diagramm zur Darstellung der Grundfläche von LPBF-Maschinen in Abhängigkeit ihres Bauraums

Tabelle A9: Eingangsgrößen für AA

	Parameter	Wert
Notwendig	jumpSpeed	6000 mm/s
	markSpeed	800 mm/s
	markcontourSpeed	370 mm/s
	laserFocusShift	0,1 mm
	staticDelay	0,052 s
	jumpDelay	370 µs
	markDelay	300 µs
	polygonDelay	200 µs
	skyWritingMode	SkyWriting 3
	Nprev	150 µs
	Npost	100 µs
	timeLag	280 µs
	limitAngle	30°
	nOE	n_{OE}
	ScanFieldOverlap	S_O
	plattformDimension	B_x, B_y
	plattformLiftRate	5 mm/s
	plattformLiftAcceleration	0,738421 mm/s^2
	plattformLiftDelay	0
	inertatmosphereTime	B_x, B_y, B_z
	coatingSpeed	200 mm/s
	distance	B_x
	forewardDelay	1,034 s
	backwardDelay	-
	acceleration	974,48791 mm/s^2
	isBidirectional	false
	preheatingTemperature	-
	maximumPreheatingTemperatur	800°C
Optional	heatingRate	-
	roomTemperature	20°
	Oberfläche	Bauteilspezifisch
	Downskin Parameter	
	LaserSpeed	
	OverhangAngle	33,69°
	Upskin Parameter	
	LaserSpeed	
	PatternHatchLength	1000 mm

	Parameter	Wert
	ExtendInto	0
	OverhangAngle	90°
	Contour Parameter	
	LaserSpeed	
	MarkingMode	No
	Höhe	Bauteilspezifisch
Notwendig	Volumen	Bauteilspezifisch
	BoundingBox	Bauteilspezifisch
	hatchingPattern	Stripes
	hatchcontourDistance	
	hatchhatchSpacing	0,2
	relativerotationAngle	47°
	layerThickness	0,03 mm
	layerThickness	0,03 mm

ME6: *Klassifizierung und Priorisierung von Kundenanforderungen*

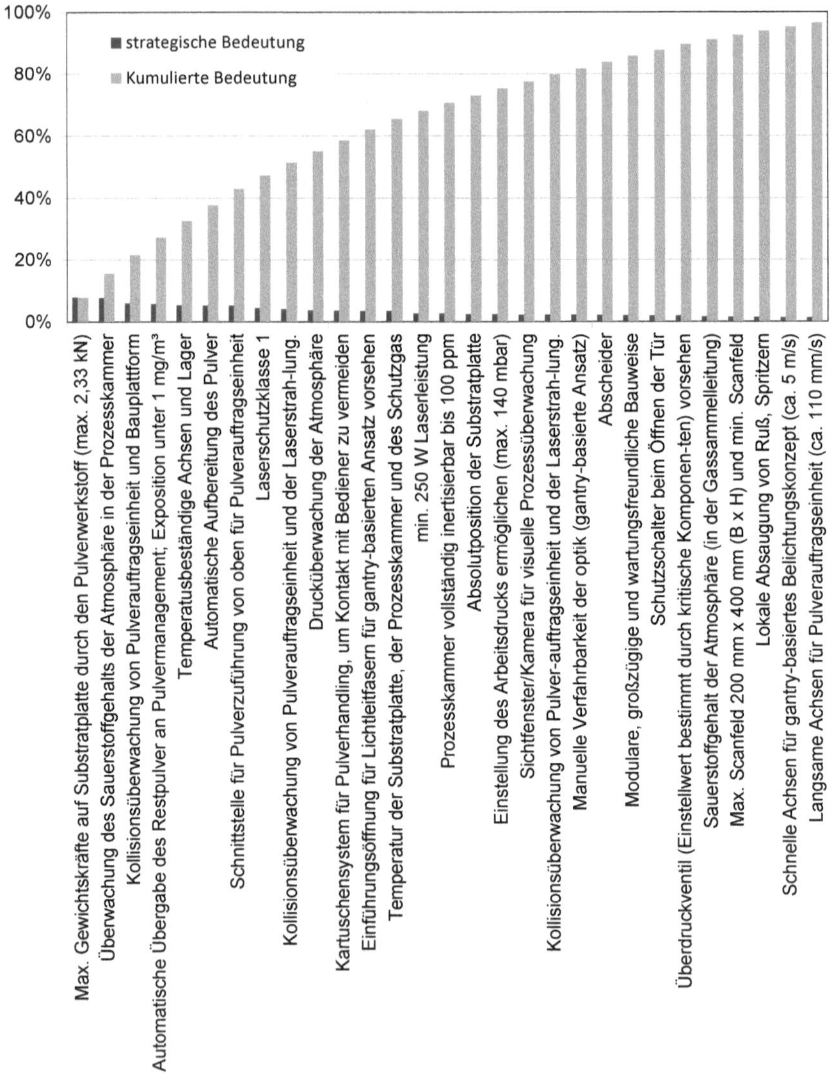

Abbildung A22: Pareto-Diagramm - Strategische Bedeutung der Produktmerkmale

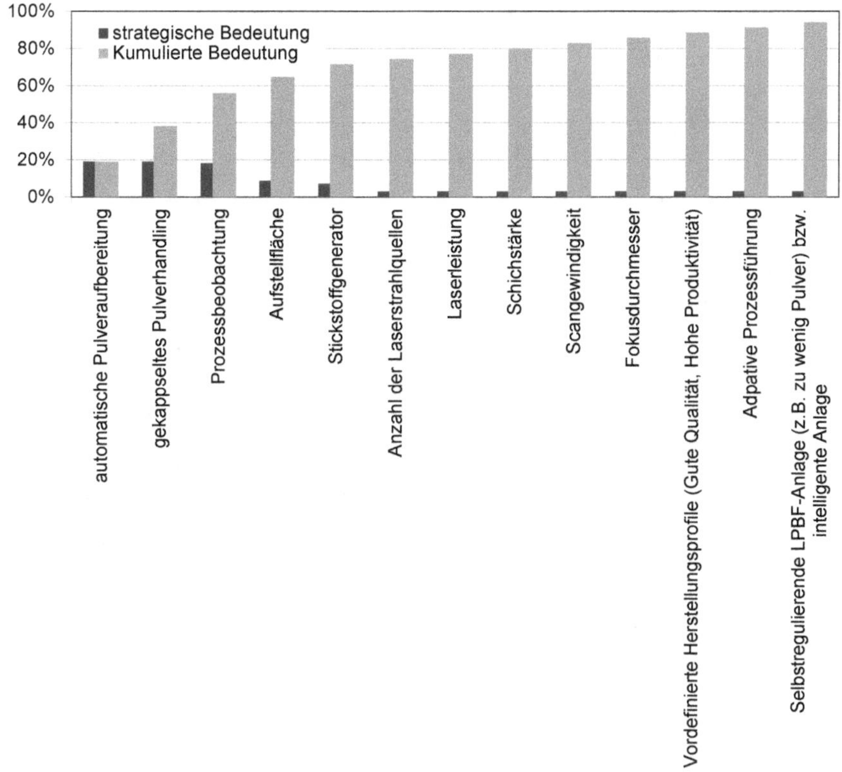

Abbildung A23: Pareto-Diagramm - Strategische Bedeutung der Qualitätsmerkmale

ME7: Erzeugung und Bewertung von Maschinenkonzepten

Maschinenkonzepte

Anlagenkonzept 1.	1	2	3	4	5	6	7	8	9	10	11	12	13	14	15	16	17	18	19	20	21	22	23	24	25	26	27	28	29	30	31	32	33	34	35	36	37	38	39	40	41	42	43	44	45	46	47	48	49	50	51
Optikeinheiten	1																																																		
Bauraum																																																			
X-Richtung [mm]	10	11	12	13	14	15	16	17	18	19	20	21	22	23	24	25	26	27	28	29	30	31	32	33	34	35	36	37	38	39	40	41	42	43	44	45	46	47	48	49	50	51	52	53	54	55	56	57	58	59	60
Y-Richtung [mm]	10	11	12	13	14	15	16	17	18	19	20	21	22	23	24	25	26	27	28	29	30	31	32	33	34	35	36	37	38	39	40	41	42	43	44	45	46	47	48	49	50	51	52	53	54	55	56	57	58	59	60
Z-Richtung [mm]	20	20	20	20	20	20	20	20	20	20	20	20	20	20	20	30	30	30	30	30	30	30	30	30	30	30	40	40	40	40	40	40	40	40	40	40	40	40	40	40	40	40	40	40	40	40	40	40	40	40	40
Ablenkkinematik	Gantry/Scanner																																																		

Anlagenkonzept 2.	1	2	3	4	5	6	7	8	9	10	11	12	13	14	15	16	17	18	19	20	21	22	23	24	25	26	27	28	29	30	31	32	33	34	35	36
Optikeinheiten	2																																			
Bauraum																																				
X-Richtung [mm]	25	26	27	28	29	30	31	32	33	34	35	36	37	38	39	40	41	42	43	44	45	46	47	48	49	50	51	52	53	54	55	56	57	58	59	60
Y-Richtung [mm]	25	26	27	28	29	30	31	32	33	34	35	36	37	38	39	40	41	42	43	44	45	46	47	48	49	50	51	52	53	54	55	56	57	58	59	60
Z-Richtung [mm]	30	30	30	30	30	30	30	30	30	30	30	40	40	40	40	40	40	40	40	40	40	40	40	40	40	40	40	40	40	40	40	40	40	40	40	40
Scanfeldüberlapp																																				
Variante 1 [%]	45	45	45	45	45	45	45	45	45	45	45	45	45	45	45	45	45	45	45	45	45	45	45	45	45	45	45	45	45	45	45	45	45	45	45	45
Variante 2 [%]	15	15	15	15	15	15	15	15	15	15	15	15	15	15	15	15	15	15	15	15	15	15	15	15	15	15	15	15	15	15	15	15	15	15	15	15
Ablenkkinematik	Scanner																																			

Anlagenkonzept 4.	1	2	3	4	5	6	7	8	9	10	11	12	13	14	15	16	17	18	19	20	21	22	23	24	25	26	27	28	29	30	31
Optikeinheiten	4																														
Bauraum																															
X-Richtung [mm]	30	31	32	33	34	35	36	37	38	39	40	41	42	43	44	45	46	47	48	49	50	51	52	53	54	55	56	57	58	59	60
Y-Richtung [mm]	30	31	32	33	34	35	36	37	38	39	40	41	42	43	44	45	46	47	48	49	50	51	52	53	54	55	56	57	58	59	60
Z-Richtung [mm]	30	30	30	30	30	30	40	40	40	40	40	40	40	40	40	40	40	40	40	40	40	40	40	40	40	40	40	40	40	40	40
Scanfeldüberlapp																															
Variante 1 [%]	45	45	45	45	45	45	45	45	45	45	45	45	45	45	45	45	45	45	45	45	45	45	45	45	45	45	45	45	45	45	45
Variante 2 [%]	15	15	15	15	15	15	15	15	15	15	15	15	15	15	15	15	15	15	15	15	15	15	15	15	15	15	15	15	15	15	15
Ablenkkinematik	Scanner																														

Anlagenkonzept 6.	1	2	3	4	5	6	7	8	9	10	11	12	13	14	15	16	17	18	19	20	21
Optikeinheiten	6																				
Bauraum																					
X-Richtung [mm]	40	41	42	43	44	45	46	47	48	49	50	51	52	53	54	55	56	57	58	59	60
Y-Richtung [mm]	40	41	42	43	44	45	46	47	48	49	50	51	52	53	54	55	56	57	58	59	60
Z-Richtung [mm]	40	40	40	40	40	40	40	40	40	40	40	40	40	40	40	40	40	40	40	40	40
Scanfeldüberlapp																					
Variante 1 [%]	45	45	45	45	45	45	45	45	45	45	45	45	45	45	45	45	45	45	45	45	45
Variante 2 [%]	15	15	15	15	15	15	15	15	15	15	15	15	15	15	15	15	15	15	15	15	15
Ablenkkinematik	Scanner																				

Anlagenkonzept 8.	1	2	3	4	5	6	7	8	9	10	11
Optikeinheiten	8										
Bauraum											
X-Richtung [mm]	50	51	52	53	54	55	56	57	58	59	60
Y-Richtung [mm]	50	51	52	53	54	55	56	57	58	59	60
Z-Richtung [mm]	40	40	40	40	40	40	40	40	40	40	40
Scanfeldüberlapp											
Variante 1 [%]	45	45	45	45	45	45	45	45	45	45	45
Variante 2 [%]	15	15	15	15	15	15	15	15	15	15	15
Ablenkkinematik	Scanner										

Abbildung A24: Beispielhafte verwendete Maschinenkonzepte

Optik-einheiten	Anlagen-konzept	Bx [cm]	By [cm]	Bz [cm]	Maschinenkosten scanner-basierte LPBF-Maschine	Maschinenkosten gantry-basiete LPBF-Maschine
1	1	10	10	20	234.923,92 €	154.987,34 €
1	2	11	11	20	248.091,11 €	155.508,55 €
1	3	12	12	20	261.258,31 €	156.079,40 €
1	4	13	13	20	274.425,50 €	156.699,89 €
1	5	14	14	20	287.592,70 €	157.370,02 €
1	6	15	15	20	300.759,89 €	158.089,79 €
1	7	16	16	20	313.927,08 €	158.859,19 €
1	8	17	17	20	327.094,28 €	159.678,24 €
1	9	18	18	20	340.261,47 €	160.546,93 €
1	10	19	19	20	353.428,67 €	161.465,25 €
1	11	20	20	20	366.595,86 €	162.433,22 €
1	12	21	21	20	379.763,05 €	163.450,82 €
1	13	22	22	20	392.930,25 €	164.518,06 €
1	14	23	23	20	406.097,44 €	165.634,94 €
1	15	24	24	20	419.264,64 €	166.801,47 €
1	16	25	25	30	416.121,84 €	175.773,75 €
1	17	26	26	30	429.289,03 €	177.672,45 €
1	18	27	27	30	442.456,23 €	179.645,61 €
1	19	28	28	30	455.623,42 €	181.693,23 €
1	20	29	29	30	468.790,62 €	183.815,30 €
1	21	30	30	30	481.957,81 €	186.011,84 €
1	22	31	31	30	495.125,00 €	188.282,83 €
1	23	32	32	30	508.292,20 €	190.628,28 €
1	24	33	33	30	521.459,39 €	193.048,19 €
1	25	34	34	30	534.626,59 €	195.542,56 €
1	26	35	35	30	547.793,78 €	198.111,39 €
1	27	36	36	40	544.650,99 €	216.837,78 €
1	28	37	37	40	557.818,18 €	220.461,44 €
1	29	38	38	40	570.985,37 €	224.184,38 €
1	30	39	39	40	584.152,57 €	228.006,60 €
1	31	40	40	40	597.319,76 €	231.928,10 €
1	32	41	41	40	610.486,95 €	235.948,87 €
1	33	42	42	40	623.654,15 €	240.068,92 €
1	34	43	43	40	636.821,34 €	244.288,26 €
1	35	44	44	40	649.988,54 €	248.606,87 €
1	36	45	45	40	663.155,73 €	253.024,76 €
1	37	46	46	40	676.322,92 €	257.541,92 €
1	38	47	47	40	689.490,12 €	
1	39	48	48	40	702.657,31 €	
1	40	49	49	40	715.824	
1	41	50	50	40	728	
1	42	51	51	40		
1	43	52	52	40		
1	44	53	53			
1	45	54	54			
	46	55				

Abbildung A25: Ausschnitt der berechneten Maschinenkosten für gantry- und scannerbasierte LPBF-Maschinen

A5 Prototypische Software

Ablauf

Das Ziel der prototypischen Software *Additive Advisor* ist die Berechnung von wirtschaftlichen und produktionstechnischen Kennzahlen zur Bewertung von Maschinenkonzepten anhand von Fertigungsszenarien. Die folgende Abbildung beinhaltet das Ablaufdiagramm der entwickelten Software (siehe Abbildung A26).

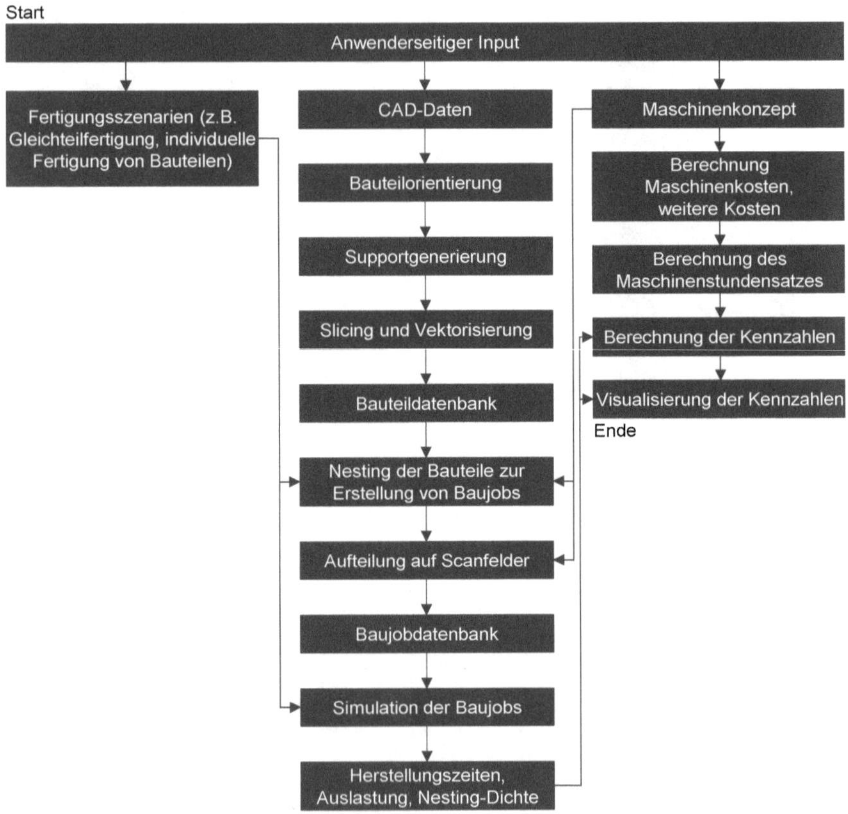

Abbildung A26: Ablauf-Diagramm der Software

Nesting

Das Nestingmodul wird über eine Schnittstelle in AA eingebunden. Dadurch kann zu einem späteren Zeitpunkt der verwendete Algorithmus gegen einen anderen ausgetauscht werden (z. B. für die Verwendung für MJF, da wird ein 3D-Nesting notwendig). Darüber hinaus können so verschiedene Nester bei gleichbleibenden Szenarien miteinander vergleichen werden.

Der Nesting- Algorithmus funktioniert auf Basis der minimalen und maximalen Koordinaten des Bauteils in x- und y-Richtung. Darüber wird eine Bound Box erzeugt, die dann zum Nesting verwendet wird. Der Ablauf ist in Abbildung A27 dargestellt.

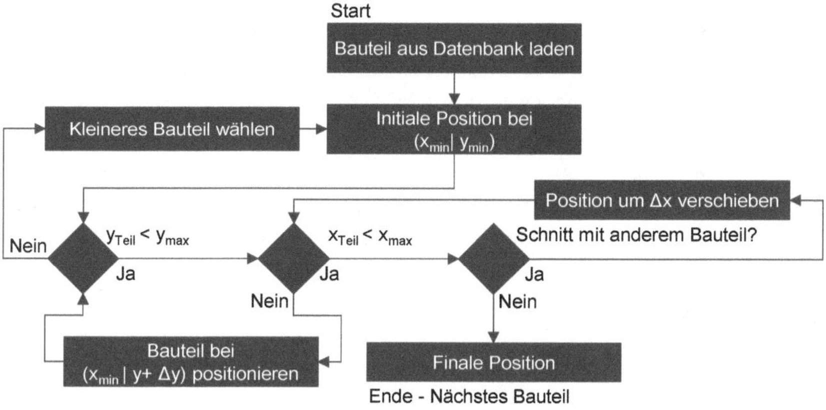

Abbildung A27: Ablauf-Diagramm des Nestings mit Kollisionsprüfung

Der Ablauf wird solange wiederholt bis der Bauraum gefüllt ist, indem ein Bauteil durchläuft ohne eine finale Position zu erhalten. Der vollständig gefüllte Bauraum wird als Baujob gespeichert. Verbliebenen Bauteile werden dann nach der gleichen Logik in einen neuen Baujob positioniert.

Scanfeldaufteilung

Da die beim Slicen gebildeten Vektoren nicht anhand der Scanfeldern, sondern entsprechen der Geometrie des Bauteils gebildet werden, berücksichtigen diese die Scanfelder nicht. Daher muss in einem nachgelagerten Schritt jeder Vektor hinsichtlich der Zuordnung zu einem Scanfeld untersucht werden. Dabei muss letztlich jeder Vektor eindeutig einem einzelnen Scanfeld zugeordnet werden. Der Ablauf ist in Abbildung A28 dargestellt.

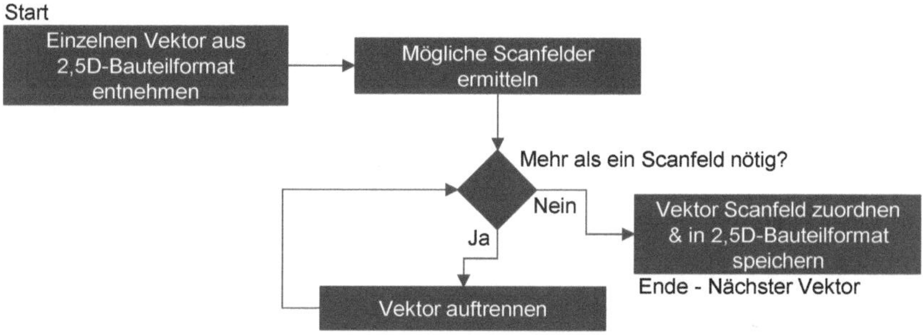

Abbildung A28: Ablauf-Diagramm zur Vektorenauftrennung

Um den Aufwand zu reduzieren, können statt einzelnen Vektoren auch zusammengefasste Vektorblöcke überprüft werden. Dazu können beispielsweise Bounding-Boxen solcher Gruppen hinsichtlich einer eindeutigen Überlagerung mit einem Scanfeld untersucht werden. Liegt eine solche Eindeutigkeit vor, können entsprechend alle Vektoren der Gruppe dem entsprechenden Scanner zugewiesen werden.

Sind einzelne Vektoren so lang, dass diese nicht in ein einzelnes Scanfeld passen, werden diese aufgeteilt. Dabei wird der Vektor so geteilt, dass die Auftrennung mittig im Überlappbereich der Scanfelder liegt.

Für den Fall, das Vektoren so liegen, dass sie komplett im Überlapp zweier oder mehr Scanfelder liegen, werden diese Anhand ihres geometrischen Schwerpunktes zugeordnet. Dabei wird eine Mindestanzahl an Vektoren in einem Scanfeld geachtet, um eine gleichmäßige Auslastung der Scanner zu ermöglichen.

FSC
www.fsc.org
MIX
Papier | Fördert gute Waldnutzung
FSC® C083411

Zeitfracht Medien GmbH
Ferdinand-Jühlke-Straße 7
99095 Erfurt, Deutschland
produktsicherheit@kolibri360.de